100個
不為人知的
人體知識

魯道夫・申達 Rudolf Schenda◎著
陳敏、毛小紅、劉沁莉◎譯

有荒謬、有奇蹟，還有趣味與知識
00個關於人體的歐洲民間小故事，一個一個告訴你

好讀出版

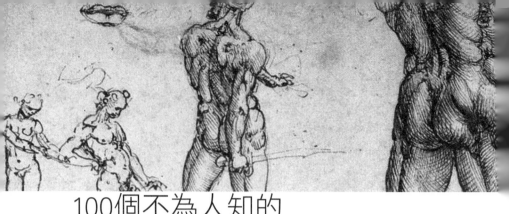

100個不為人知的
人體知識

目錄

100個不為人知的
人體知識

緒論

　　日常生活中，沒有什麼比講述人體器官及其形形色色的故事更具吸引力了，嘲笑別人的駝背或衰老總是令某些人興頭十足。一個人是否健康？不僅能夠自我察覺，也很容易被他人發現。清晨，別人可以從我們的外表看出前一天的身體情況；傍晚，人的外表則顯現出當天的身體變化。無論何時何地，人們總會找到一個合適的話題，將談話引向某種疾病，以及能夠治癒這種疾病的某位專家。當人們在寫信、記日記或撰寫回憶錄時，總樂於描寫身體、壽命、生病的經歷，並回想起有關四肢與臟器的趣聞軼事。與其把這些故事講給醫生聽，倒不如講給拉長耳朵的文學家們聽，他們一定會心花怒放的。

誰來講述人體的故事？

　　在二十世紀，醫學科學始終在嚴謹探索和實踐中迅速發展。其中引人入勝的故事或名醫層出不窮，但流傳範圍往往侷限於病友之間。文學家們過於關注文學的歷史性或思想性，很少涉足這個高度發展的醫學領域。現代化的醫學圖書館，常擁有數以萬計深奧而精華薈萃的醫學書籍，這些書籍會讓人深刻印象，但同時也會令文學家們不知所云。即便是專業醫生，也不可能詳盡地研究這些藏書。可

見，文學家是沒有資格對醫學進行品頭論足的，受醫學教育的人占少數，因此醫學知識也只有這些少數的專業人士了解。

不過人體學的排他性和專業性並沒有如此嚴重。十六、十七世紀的醫生大多出於善意，以易於理解的形式，透過口頭、實踐或者書面文字，完全樂意把醫學知識介紹給非專業人士。這些醫生的目的，在於使患者及其家屬在沒有醫生的緊急情況下自救。女伯爵曼斯費爾德（Dorothea von Mansfeld，1482～1578年），以及巴洛克時代的伊利亞娜（Eleanore von Wurttemberg）和女公爵奧薩利雅（Eleonora Maria Rosalia），都是當代的傑出女醫生。然而，在嚴肅的醫學科學之外，那個時代還存在著大量稀奇古怪而有趣的醫學娛樂。

赫維西（Theodor Andreas von Hellwig）自稱為「Hiatrophilus」，意思是「醫生的朋友」。1728年，他在自己的一本《聰明詼諧的醫生》的前言裡寫到，希望高尚的醫學初學者，能對這美好的藝術感興趣。這類小品的目的不僅僅是讓讀者向專家求教，而且「從各種各樣有趣的冒險經歷，令人發笑的治療過程以及醫療事件中，從業醫生也可以找到娛樂。學者或非學者都能從中得到有利的知識和樂趣。的確，這些小作品的確使人獲益匪淺。因為笑是最好的藥物。」《聰明詼諧的醫生》的內容，主要收錄

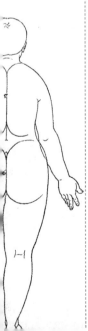

人體的傳說、人體的歷史與有關人體的報導，缺乏醫學知識者應當是這本書的主要讀者。作者「娛樂」的本意在於進行啓蒙教育，讀者是否相信書中的故事，是否試用書中的滑稽藥方，是否向專業人士咨詢，完全取決於自己。與其說作者是醫生的朋友，倒不如說他是病患的知音，應該說他是在與病患交朋友，而不是在與醫生交朋友。他是行醫施藥的初學者，像尊敬神明一樣非常尊敬醫務人士，但他通常寧願請醫生看病，接受有效的藥物或外科治療。在這本關於人體故事書中，作者並非想教導醫學人士，最多只是想引起專業人士對某個故事或傳奇的興趣。

誠然，這本書所產生的作用還是得到了高度肯定，並使部分醫生意識到了人體研究的偏執和傳統理念的頑固，同時也意識到理念是可以改變的。

本書目的

本書希望糾正一些論點，如動物學家德斯蒙德·摩里斯（Desmond Morris）和戴爾·古斯里（Verhaltensforscher R. Dale Guthrie）等的論點：「人類本來就是動物，現在仍然沒有改變——求偶時發出特有的信號，俊美年輕的身體是以繁殖爲首要目標，並不斷

追求性行爲，自然災害和人工技術對人所帶來的危害無處不在，經常給人體以致命的傷害，甚至導致死亡……。」但是，這些觀點似乎低估了人類的生活如同冬青樹的葉子一樣平淡無味，如此的看法不僅太過簡化，也忽略了人類各年齡層以及共同生活的歷史。人體形態和功能的多樣性、必須完成的使命，以及人類必須配合的文化特色和時代潮流要求的文化變異等等，都會因爲退化而回歸原點。人體的複雜性並非只透過幾次簡單的考察就能弄得清楚，只有透過多方面的研究比較，才能充分地解釋錯綜複雜的人體。

另一方面，本書還不配戴上百科全書的桂冠。在鬆散的章節中，只講述了最重要的人體部位（指千百年來大部分民族都有的類似概念和觀點的部位），首先講述皮膚，然後從頭部開始，逐漸講到腳趾。當然，這種劃分和架構並沒有涵蓋身體的全部，因爲還缺少關於行爲和姿勢的詳細論述。勞動和休息，美麗或醜陋，歡樂與悲哀，興奮與惱怒，以及性愛、受傷、殘廢，抵抗力低下和生病，幼年、青年與老年，疼痛和摔倒，生與死……等話題，在本書中都沒有談到。

歷史學家卡洛琳・貝納姆（Caroline Bynum）曾問道，人體的整個運作到底是爲什麼？人們（這裡主要指從近代早期開始的歐洲人，也就是說，在一個文化區域中帶

有典型歷史發展印記的人群），女人和男人不只是依照永恆生物理論活著，同時，他們的身體與精神、社會、心理和經濟動態息息相關，而且受許多事情的影響，例如身體的感覺、身體的說話方式和身體對外在環境的體驗，並決定了社會的身體形象和身體語言（或者集體象徵標誌）。「今天懷孕！」學者杜登（Barbara Duden）在《女性身體》一書中這樣說完全是正當的，她希望生物學的規律像幾百年前一樣延續不變，但是實際上她錯了，社會上避孕和墮胎手術一如既往地存在著。在本書的〈其他情況〉一章中，我們將更了解人體的波動狀態。

同時，人體對我們來說，其祕密一直被籠罩在堅硬外殼之下，我們唯有打開它才能了解真相。孟德斯鳩 1721 年在他的《波斯人的信札》書中說：「如果將三角形視為上帝，那麼，上帝就有三條邊和三個角。」同樣，囿於強烈的文化差異和歷史變遷的影響，人類對上帝的概念源於對人體自身的描述。廣告業中最能夠說服我們的用語，就是「女人就是女人」和「男人就是男人」。

因此，有關中世紀晚期的女神祕主義者和狂熱主義者所獲得的關於天國裡人體的經驗，就像卡洛琳·貝納姆曾經描述的那樣，這些不尋常的論述在這裡是不值一提的。神聖身體中的血液、心臟、皮膚、骨骼、包皮或汗液會造就完全不同的外觀、嗅覺和內在構造。每一次對陌生國度

的考察，每一次古籍中的心靈之旅都揭示出不同的、全新的身體世界；是的，在令人驚異的繽紛生活中，在日常生活的每一分鐘裡，我們都會發現這個塵世要比宗教界或者唇膏廣告、拳擊廣告等更加豐富多彩，更加朦朧，更加可怕。

全身所包括的內容

事實上，人類的身體、精神和心靈三者形成了一個統一體，不可否認，人體還是一個完美、偉大的綜合體，然而，這個觀點是否絕對正確還有爭議。 1785 年，莫里茲（Karl Moritz， 1756 ～ 1793 年）在書中描寫一個名叫安東的旅遊者的自我：「在晚上入睡之前，他經常生動地想像自己的身體被分解，並且被摔成碎塊。他在自我毀滅思想本身，對他來說，這不僅是愉快的，甚至在某種程度上引起了他的快感。」可是，這種分裂身體的思想不僅僅是一個青年恐懼不安的白日夢，他有著過於虔誠的信仰並且受過粗暴毆打式的教育，另外，這個青年最喜愛的遊戲是破壞完好的世界。

書本中所描寫的虛幻的以及現實生活中真人的肢體，在我們的眼前胡亂地堆放、飛散。例如小孩子從連環畫中

剪下小丑玩偶讓他們跳舞；異教的英雄在西西里木偶劇場
中被查理大帝的騎士肢解；舞台上好像真的散放著肢體
（它們一開始就被設計成可分解的）時；大屠殺之後遍地
都是胳膊、腿、腳、頭、內臟、腦漿時，人類的肢體一而
再、再而三地出現，這在信仰基督教的歐洲國家的文學和
繪畫藝術裡是現實的和象徵心理的。這種方法得出這樣一
個結論：「人類身體是一個完美的整體。」這樣的概念，
在「健康民族」或者「強健人民身體」的政治意識型態中
很容易被接受。在西班牙布爾克斯的奧古斯汀教堂中，珍
藏了一幅耶穌受難像，其著名之處在於據說它能為人治病
療傷──據傳尼苛德莫（Nicodemus）親手製作了這幅畫
像，這幅畫由各個可活動的四肢組成。 1500 年，虔誠的
天主教信徒伊莎貝拉女王帶走這個塑像上的釘子，把它當
作聖人的遺物收藏起來，因為她覺得被釘在十字架上的木
手臂就像是一具真實屍體的手臂。

在舊基督教中，有著各種模式的殉教和處決傳說，這
些傳說同時引發了一些問題，即在最後審判日，那些殘缺
的身體是如何復活的，在這些傳說和問題當中都大量存在
著肢解人體的現象。但是，將人類視作是一個可彎曲、可
模塑的人體模型，則始於十八、十九世紀初期的工業化和
機械化時代。在文明化的過程中，身體各部分具備勞動能
力的看法具有更重要的意義，那時人們不被視為一個整體

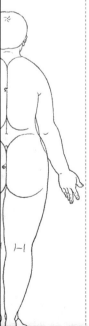

1-1

使用，而是被看成單一的、具有靈活關節及強壯肌肉的骨骼和四肢的擁有者——卓別林就曾在電影《摩登時代》中演出了工廠的傀儡工人如何運作。

而現代引起轟動的墜機事件中，也會出現四肢分離的情況。救護人員在救護過程中總會遇到哪些部分屬於哪個身體的問題，這類事件往往使我們更加注意日常生活中的身體感覺，但是這種感覺很少會向我們顯示身體健康，通常只是提供身體的某部分不舒服的訊息。一般不會是整個身體都覺得疼痛，感到疼痛的可能是某個具體的部位：頭部，或是身體背部的某個位置。或許真像聖經所說，在人世間受到苦難、重罰並且被分解的身體，最終會化為塵埃並隨風送上天空，不斷地接近天堂，繼而成就為一個輝煌的完美整體。

這個整體由重組的身體和過去的靈魂組成。這就是中世紀的《世界末日審判》裡所描繪的。但是，書裡認為，大部分的人都是罪人，肢體將被四處亂扔到惡魔梅迪凱倫的深淵裡，並且還會被粉碎或者肢解，遺骸只剩下零散的身體部分。就像在聖經中所記載的那個身體被支解的女妾，最後她的身體割分成十二塊，送到以色列的所有部落，作為以色列的罪惡標誌。在我們的日常生活中不也如此？無論是張三還是李四，當他們來到醫院的時候，很少被視為「一個整體」，而是被診斷為「髖骨骨折」或「胃

腫瘤」。所以，在深入探討人體的血管之前，我們應該先
弄清楚胳膊、腿、肺和肝的新生和老化才是。

女性和男性的身體有很大差異嗎？

　　隨著改革時代的到來，兩性問題簡直泛濫成災。 1531
年，以亞里斯多德的名義所提出的疑難問題中，第三個問
題就針對了男女差別：「為什麼女人的頭髮比男人留得
長？」中世紀的學者聖馬格納斯（Saint Albertus
Magnus）當時是這樣回答的：「女性的體內比男性含有更
多的水分，因此更潤澤，而且她們頭部的水分含量更高，
因此更加有利於頭髮的生長。這也正是為什麼，女性大多
會有月經，並被月經所困擾。」

　　第八個問題是：「為什麼女性不像男性那樣毛茸茸
的？」亞里斯多德認為：「女性之所以沒有那麼濃密的體
毛」，是因為人體內的水分含量顛倒過來了，促使毛髮過盛
生長的體液被女性以月經排出體外，且因為女性透過這種
方式清理自身，因而較少患有炎症和潰瘍，老年婦女甚至
會長鬍子，那是因為透過鬍子可以讓潮濕的體液流出。」
義大利波隆納的面相學家克科勒圖斯（Bartholomaeus
Coclitus）在 1530 年出版的《自然法則學》中寫到，男

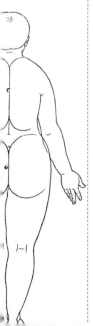

1-1

性與女性之間存在著「巨大的差異」：「男性的生理狀況使他的行為粗獷猛烈，善於相處，易於忙亂，更具寬容；但是女性則更加敏感、慈善，多具仁愛之心。自然界安排好了一切，人體的所有現象都是天意使然。」

直到十八世紀，人們的意識中還頑強地保留著這些錯綜複雜且十分混亂的觀點。 1992 年，學者杜登在第五屆維茲堡學術研討會上發表了一個主題「男人與女人——女人與男人」，開始與我們現在先進的觀點徹底地劃清界限：「作為人體歷史學家，我能確定，今天在這裡所講述的與在十八世紀所描述的根本不同。」。無疑地，這位女歷史學家所指出的主題（從八零年代至今世紀都有熱烈的討論），基本上與過去那些關於性別差異巨大的問題相距甚遠：這樣的主題是性別研究，也就是與帶有社會或者文化因素的性別差異研究。

從另一方面來看，性行為和現代兩性關係、社會關係中的女性主義和女性視角、語言和日常生活中的性（Sexismus ，性理所當然地被認為，男性擁有絕對優勢）；或者研究主題有時也包括：男性對現代女性獨立奮鬥所持的積極觀點，性器官、整型、性高潮或錯誤性行為等廣泛話題的討論。實際上，人體的圖像在社會上會不斷地被重新製作或者修改。當然，除此以外，也會有未經改動、原始的人體圖像，例如身體的生理狀態和人類「生與

死」的自然法則。我們在日常生活中從頭到腳的各種感覺，健康與生病不斷相互交替出現，也都屬於上述的自然法則。

　　儘管對於自身身體部位和其改變通常都是錯誤的認知和思考聯想，但它還是存在著很多不變的定律（尤其是關於自覺或非自覺的觀點和態度方面）。因此，本書中多次指出，以前（這裡大多是指近代早期）那些有關人體的觀點，對人體所做的觀察和對人體所實施的手術在今天看來已經顯得陳舊了，或者真的已經完全屬於歷史了。當然，書中同樣不斷地強調，此書中所謂的「身體的知識」，與現今其它流行的介紹範圍和傳統的概念有所不同。

　　十七、十八世紀的醫學研究證明，過去大部分男性醫生對待女性病患和男性病患的方法有所不同，女性多未能得到與男性病患相等的重視和待遇，而且醫生在治療年輕女性時比治療老年婦女更加小心謹慎，治療富有的女病患，也比治療窮病患來得更加小心翼翼。醫生對於女性病患（當然是那些生得起病的女士們）的醫療費用有著更高的期待，但是對女患者本身卻較少有同情心。相較之下，就女性病患的去世和未能成功拯救男性病患而言，前者對醫生的心理造成的折磨更少些。有些出版的醫學案例報導中披露了這裡所說的一切，其中所談到的問題肯定能寫成一篇深刻的研究論文。

1-1

關於女性身體與男性身體具有差異這一論題，是否能得到具說服力的成果，目前尚無定論。首先最根本的問題是，人類的身體是否能以令人滿意的模式來加以描繪。

人體的奧祕

當你瀏覽歐洲國家的各種詩歌文選時，可以發現其中有的歌頌美女、愛情悲劇，有的歌頌生活樂趣和死亡，有的歌頌祖國和思鄉之痛，有的歌頌動物、植物、汪洋大海、暴風雨和雷鳴，但是人體之美卻鮮少被提及，更別說個別的人體器官。假如有一首十四行詩或者悲歌的題目為《在我左邊的胳膊上》、《克萊麗的腳世界》或《頭之頌歌》，聽起來就特別可笑。因為這些徹頭徹尾的生活化與詩歌的高雅格格不入，而且互相矛盾。直至二十世紀，詩人們仍拒絕在作品中讚美身體部位的美、用處，也不談身體奧祕和人類之所以偉大的相關性，因為這樣會使作品愈發顯得粗魯。只有知識淵博但文才淺薄的醫學家們會著書立傳，獻詞於人體及其器官的說明與讚美。

如果我們手邊有一本暢銷的現代插圖人體百科全書，是否就可以認為這書參透了人體的奧秘呢？每一根纖維，每一滴體液，每一個細胞，能夠描述人體所有的細枝末節

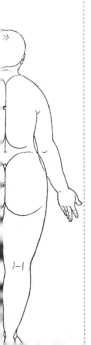

嗎？當然不是。人體比書中任何一次仔細的解剖都還要細微，人體系統要比各個生理器官還要複雜，如同心理學家格列高里（Richard Gregory）於 1987 年在《牛津思想指南》所描寫的那樣。不要說一本書，即使一整個圖書館其對人體奧秘的說明與的描述也無法令大多數讀者認可。

上述原因促使人們不斷嘗試著去進一步描述人體或重述人體。這些努力既讓人感到擔憂，但又不可否認其中存在著一些盲目成功的機會，例如借用這種方式，探索重寫有關人體外貌和存在的各種藝術史、神話、報導和歷史。例如麥特（Peter von Matt）在他的書中時常強調人類的表情根本無法具體描述。但是從文學大師們（如卡夫卡等）引人入勝的描述中卻又可以證實，文學家們的確不斷成功地描述著男女兩性的神情，而且還向我們展示出真實生動的三維立體的人物面貌。

這裡接著又出現了一個問題，人體部位的描述是否與整個人體的描述相衝突──我們只能承認描述的近似性，人體仍然是並且一直是一個未知體。

人體的未知數

並非所有時代都普遍存在著關於人體的敘述性文章，

直到十八世紀末，尤其是二十世紀初才出現人體意識的概念，而二十世紀其實就是生理學飛速發展的時代。

十三世紀末期，在義大利托斯卡納地區的一部小說集《諾維里諾》中，男女主角均是以無形體的奇特狀態出現：他們是可敘述的人，有豐富的作為，又有幽默的語言，但缺乏臉部輪廓特徵、表情和身體四肢。現代文學改編者布希（Aldo Busi）和科維托（Carmen Covito）在 1992 年改編這些作品時，未意識到今天的敘事風格用在那個時代的文章中是極不恰當的，所以他們將原文中「捧起聖水」譯為將手指插進聖水裡；將「他整理包裹」譯為「他用自己的手整理包裹」。這些現代譯者的新版本中，一些文章和人物雖然變得更生動，但卻給讀者一個錯誤的印象，因為《諾維里諾》的主角既沒有手也沒有腳。

那麼，我們批評舊版的《諾維里諾》什麼呢？莫里茲作品中年輕的旅遊者安東有身體嗎？當然有，他扭傷的腳令他痛苦了四年之久，當他站在位高權重的人物面前時，心怦怦直跳，在布倫瑞克那個極度膽怯但又粗暴的製帽匠那兒工作時，他嬌嫩的小手伸入滾燙的染料裡和冰冷的黃銅液中，備受摧殘。作品還暗示主角有尿床的問題。這是我們從書中所獲得的所有關於安東身體的訊息。

文學中存在這種現象的原因，是那些虔誠的宗教信徒，長期不懈地堅持著中世紀的禁慾觀點。人們把自己的

身體蔑視為赤裸的物質，只有靈魂才需要慰藉。幾百年
來，禁慾被視為人生的信條。什麼是禁慾呢？禁慾指的是
對肉體的清苦修行和對人類慾望的抑制，同時也意味著上
帝對我們的懲罰，以及人們應該自我體罰。這個苦難文學
的核心是「Mort」，即「死」，這是所有生物的終極目標。

　　我們需要一個全新的道德理念，從而能夠在整個生命
旅程中，使人類作為一個精神、心靈與肉體的統一體獲得
充分的照顧，早期啟蒙運動者們堅定地提出這種觀點，高
度重視精神與肉體的統一。這個觀點大概最早出現在蘇格
蘭人休謨（David Hume，1711～1776年）所著的《人
類天性論》書中，或者是他的〈關於道德本源的調查〉一
文中。休謨寫道：「在新的資產階級啟蒙運動的社會思想
中，修道士的美德是毫無用處的。為了達到全新的忠實自
我，讓社會交際變得愉快，甚至於達到自我消遣娛樂的目
的，需要人們（當然首先是男人）從現在開始接受自己的
身體，並且使精神、心靈與身體共同發展。」

　　雖然在文藝復興時代已經產生了一批傑出的人體解剖
學家，如威尼斯的貝尼代特（Alessandro Benedetti，十
五世紀下半葉），亦或是比利時的瓦塞琉斯（Andreas
Vesalius，1514～1564年），但是那個時代的大部分醫
生都滿足於信仰古希臘時期的醫生蓋倫（Galenus，131
～201年）所提的人文主義原則，而厭惡對人體內部進行

的經驗性的實踐。他們自然也包括那些不具備醫學和神學教育的民眾，一般民眾們認為這些手術是一種罪惡，因為他們根本不能想像被手術的身體如何能夠復活。直至十八世紀早期，社會還常常禁止醫生深入觀察人體內部。

　　專業人士首先在哺乳動物身上進行解剖練習，特別是對豬進行解剖，那個時候對豬的解剖是不會引起爭論的。羅梭（Guillaume Loyseau）是一個來自法國加斯科的外科醫學教授，他在法國國王亨利六世宮中任職，其著作《觀察》一書中描述過人體解剖的情況：「在大約十七世紀初葉，有位醫生解剖了一具男屍。死者因為在飯後不久就將所有食物吐出，根本無法進食，不久就死了。醫生對引起死亡的病因產生強烈的好奇心，於是想出了一個狡猾的辦法讓他可以成功解剖這具屍體：「我認為並且也堅信，死者的病因根本就沒有正確地被診斷出來，因此我把屍體送到藥劑師那裡，他帶我們到一間地下室，這個房間極為隱祕。幾乎是在違背親屬意願的情況下，我解剖了這具屍體，看到了極其可怕且印象深刻的現象，我倒希望根本就沒有看過這些。」

　　在那個時候，只有極少數醫生敢於冒險進行這種解剖人體的嘗試。1628 年，哈維（William Harvey，1578～1657 年）發現了血液循環的祕密，直至 1651 年，法國人尚‧佩奎特（Jean Pecquet，1622～1674 年）發現

了淋巴循環。然而，這些發現只是仍處於狗體解剖試驗階段。 1620 年，瑞士巴塞爾的醫生兼植物學教授鮑欣（Caspar Bauhin， 1560 ～ 1624 年）的《解剖理論》一書中，法蘭克福的出版商兼雕刻師布萊（Johann Theodor de Bry， 1561 ～ 1623 年）將銅版畫插圖加進該書的扉頁上，其中有一幅輪廓清晰的人體插圖。這幅圖展示了人體所有的外部形象和完整精細的內部架構，被譽爲「栩栩如生的圖畫」，同時也在觀察者面前豎起了一個活生生的紀念碑。然而，爲了這些版畫，作者曾經付出昂貴的代價。看來，要讓廣大公眾熟悉這些知識，還有很長的路要走。

　　十七世紀，解剖發展成爲一個學術領域。起初只是針對專家，後來也包括學醫的初學者。 1632 年，林布蘭（Rembrandt van Rijn）畫了一幅名爲《解剖課》的油畫。更早在 1498 年，荷蘭畫家大衛（Gerard David， 1460 ～ 1523 年）畫了一幅關於索賄法官西薩姆斯警惕故事的圖畫。這個故事敘述了波斯國王甘比西斯三世審判敲詐勒索法官的事件：在畫面上，不是橫躺著一個蒼白的屍體，而是一個活著的男子，戴著枷鎖，幾乎全裸，多名劊子手拽著他四肢和身軀，再將其撕裂。

1-1

人體只是一件物品

　　從懲罰教育的觀點出發，人體就是一件物品。這樣的說法在林布蘭看來不僅是殘忍的，而且是不科學的，他更願意把觀察者的注意力引向扉頁背面的七個圖像，和醫生共同觀察解剖學家在這些方面所運用的解剖知識，而不是觀察躺在那兒的屍體。畫家反正只是站在向後的胳膊旁，難為情地把屍體解剖性地畫出來。說「屠宰」會讓藝術家變成屠夫，而說「解剖」則會使其成為現代醫學藝術。1653 年 12 月，丹麥解剖學家巴托利努斯（Thomas Bartholinus， 1616 ～ 1680 年）公開解剖了一具六十歲的女屍，這個婦女由於謀殺兒童而被砍頭（《解剖學的歷史》， 1654 年）。 1662 、 1663 年，博物學家路德拜克（Olof Rudbeck， 1630 ～ 1702 年）在瑞士烏普莎拉大學創立了解剖劇場，至今人們還可以到這裡參觀。在三十年戰爭後變革的幾十年中，解剖學有了許多新的發現。

　　或許是由於十八世紀啟蒙運動的作家總是迴避關於人體的描述，所以才導致了醫學史的滯後發展。如果讀者嘗試在著名作家的著名作品中搜尋有關人體的證據，結果只會失望。

　　莫里茲被譽為敏銳的心理學家，他在義大利撰寫的文章中，同樣很少涉及這些內容，根本就沒有觀察那些愛好

運動、身材健美的羅馬人，倒是古希臘羅馬的雕塑深深地吸引了他。例如在羅浮宮裡的《擊劍者》雕塑：「最初，我與一位來自柏林的解剖學家（我很懷疑）一起觀看這些雕像，他從充滿藝術的表面看到人體構造的內部，卻找不到任何肌肉，這表示了這位所謂的解部學家並不具備高深的解剖學知識。雕像所有肌肉都緊繃著，擊劍者的一隻腳和一隻胳膊向前伸出，而其他部分則向後伸出。」莫里茲記道：「貝尼尼將《擲鐵餅的大衛》塑造成一個緊咬雙唇，正在將鐵餅投向遠方的形象。」1788 年 1 月 9 日，莫里茲再次觀察羅浮宮的《擊劍者》：「左大腿處的每一塊肌肉都向後延伸，而整個上身都向前彎弓著」。 1 月 12 日，《觀景殿的阿波羅》所展示出的精確性令莫里茲感到震驚：「雕塑的手指曲線如此的精緻，像是人類控制萬物、將其掌握於股掌之中的力量標誌，他的胳膊線條也很柔和。」與其這樣仔細的觀察雕像，不如多著眼於當時的義大利人。

近幾年，越來越多的比較文學研究轉向研究人體，特別是身體語言。比較文學研究者希望查明，在十八世紀末期，有哪些國家的哪些醫生最先開始描述女性和男性的身體，以及男女各自的外形和體面的著裝。另外還包括，在十九世紀時如何將對人體現實主義的描寫轉為自然主義的描寫。

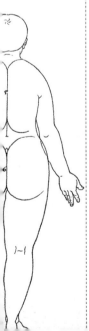

圖一

　　傅科（Michel Foucault）在 1963 年的《醫學觀察》中提及，醫生採用新的觀測方法來看人體（一種特別的醫學臨床觀點）：「他們將人體（男/女）模型放置在面前（自從骨骼的大型圖片出版、凡爾賽宮展出人體肌肉模型之後，這種模式已很普遍了），然後對照這些模型，診斷那些病人的病因何在。」而病患個體則隸屬於一個理想的人體模型，換言之，病患個體是「個別的、客觀的、物質的人體」。自此，病患成為一個沒有自己行為或思想，僅僅是客觀的物體。而把病患從熟悉的環境拉到實驗室或者醫院裡研究，這種過程和病因的劃分則被解釋為機構權力的行為。

　　不過，女權主義者所提及的，這種權利專以男性為出發點，尤其反對女性的參與，因此，病患客體化的原則就不能說是為了去除對於男性的過度關注。而當我們必須討論到「支配」（權利與統治）這個主題時，就一定會涉及另外一個話題——「暴力」（損害或治癒觀點下的身體暴力），這些將在本書中一再地被提到。

來自外部的力量

　　今天，很多醫學知識已經普及，甚至連我們這些「客

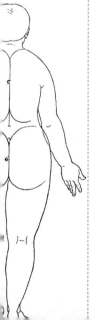

觀物體」也或許有幸能榮升爲醫生隊伍中的一員，因此人們會認爲憑藉我們自己的生活模式、理智和所擁有的完備的醫學技能，可以製造和輕易地控制人體。但是，我們可能也在自欺欺人，忽略了來自外部的力量。這種力量在我們的周遭無處不在，時時刻刻地作用於我們的身體，但我們卻看不到它。

　　人體的各個部分具有各自不同的特徵，它們時時向外界展示著自己，包括皮膚和頭髮，也因此或多或少無助地聽任自然或文化力量的擺布。身體可以透過衣服和房屋來抵禦氣候所引起的不適，但仍有無法抗拒的自然力量存在著，諸如風、水、火、岩石等，足以消滅人類的身體。世間還存在著無數的「疾病之箭」（一種古老形象的想像，也就是今天我們所說的傳染病），大自然以可怕的力量射出這枝箭，給人類致命的打擊、摧毀。另外還有人類自己製造出的武器，使人類遭受形形色色的傷害，從輕傷到足以致命的重傷。這些都屬於一個古老的主題——「人類的不幸」，指的是身體無時無刻都可能受傷。

　　身體多次受到傷害甚至造成嚴重的身體殘障，對於本書的讀者們來說也是不可避免的。暴力（造成身體損傷的物理力量）並不是隨時隨地存在，也不是自然法則，但在大多數的人類文化體制下，它被視爲等同於不可避免的疾病。在人類前期和後現代中，由於人類無止境的貪欲之

戰，將人類引向了屠殺、集體滅亡和數百萬的犧牲，與此同時也有無數虐待和折磨的私刑、刑訊、謀殺、敵殺，以及遭遇所謂的意外死亡（實際上只不過是一種委婉的說法），太多太多的理由總是讓我們想到身體損傷這個話題。即使有無數意義的紀念碑因而建立，所有這些都只不過是想要迷惑活著的人——「人體是一個毫無瑕疵、適於美學觀賞的物體。」

因此，使用暴力和外來的力量兩者必須劃分清楚。所謂的外來力量是指在醫療器材或者第三者的協助下，醫生用手和胳膊為病患所實施的力量（這讓人聯想到牙醫），人們對於這些基於職責所使用的外力很少用批評的眼光來看。我們已經知道，從施暴者與受難者的角度，都指出暴力與血、恐懼甚至死亡等古老而駭人的描寫有著相關的影響。因此，在本書中沒有任何理由可以閉口不談關於疾病、醫治失敗等痛苦的記憶。

人體的演出和美學

亮麗的廣告模特兒每天都衝擊著我們的視野，令人羨慕不已。她們美麗的外表，是人們公認的魅力要素的完美結合，這些要素包括絢麗的頭髮、潔白的皓齒、誘人的雙

唇、滑潤的肌膚、強健的肌肉、永恆的青春與健美的體態。

在這裡，完美和誘人的體形不是我們要討論的重點，特別是那些所謂的健身學，這對我們來講是過於通俗。眾所周知，直至十七、十八世紀人體的衛生情況還非常差，直到十九世紀初期，新的衛生意識才取得一些進步：首先，這種衛生意識教育人們注意身體、衣著和房間的整潔和衛生，即保持光潔、明淨和潔白；二戰以後，由於人們每天都需要清洗身體的油脂和氣味，於是化學清潔劑產生了。

後來，彩妝界和廣告媒體促進了它的廣泛流行。此時還出現了關於人體的新理念：瘦削的身體、被陽光曬得黝黑的皮膚、沒有皺紋的青春和健康的體質。這些不再是衡量是否勝任工作的標準，而是用於評價自我（理論家稱之為自我參考值）：我很瘦，褐色皮膚十分光滑，肌肉發達而且沒有體臭，其他方面都不重要。

在此期間，廣告業發展為一個獨立的行業。或許，在現實社會中，廣告業已經找到了自己存在的合理性。它為人們提供了工作與麵包（給男人的是更多的麵包，給模特兒的則是更多的工作），而對於廣告工業與電影工業的批評研究者來說，它提供的不再是被掩蓋的符號體系或者符號學的祕密，而是一個全新的認識。三十年前，羅蘭・巴

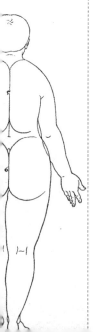

1-1

特（Roland Barthes）就已經教導我們如何正確地解讀這些符號了。遊樂場上的廣告永遠是在教孩子們如何自吹自擂。人們明白，所有的野狼都只吃粥是多麼的不可信。五光十色的廣告圖片向人們展示的知識畢竟有限，僅限於了解人體日常生活中的成就和失敗。關於人體更為重要的問題則需要我們更加仔細，更加深入地去探討。

人體特有的知覺

有關人體的歷史書中只記錄了極少的重大訊息：從十八世紀末開始，德國衛生事業的組織者考慮要將整個醫學事業系統化、法治化，他們認為應該為病患構建一個嚴格的科學國家醫務行業。但在那個時代，人體並非都能受到同等的對待，不能像當時官方的醫學或者現在的美容業所做到的那樣。無法遮蓋也無法隱藏的特殊氣味，以及不斷出現的成見、固執、執拗、反對，所有這些因素都構成了高度專業性醫學的首要障礙。當男醫生為女病患看病時，這個原則更是特別有效。

當越多粉霜或者噴劑的廣告不斷地出現眼前，醫學體系的技術化和專業化程度也越來越高，生活中疾病的藥物治療愈來愈有效，就越導致人體的改變和使人體自己找到

出口，或是使人從事件中找到一點自尊心（例如「我自己做到了」或是「我和別人不一樣」）。

隨著人口的不斷增長，災害和不幸對人類的打擊愈來愈令人觸目驚心。普通藥皂、自我用藥、貧民窟中不合格的藥店或者奇蹟般的康復，這些是不是已經離我們很遙遠了？還是恰恰相反？這兩種可能性都值得我們不斷地去探討所有相關的原因，在大學裡教授的現代醫療學知識和在這些方面所做的實踐並不少。這兩者都是不可或缺的。

人體比任何一種機器都要穩定牢固，人體比任何一種幫浦馬達都要結實耐用，價廉物美，而且它還是環保型的，不會破壞環境，同時比任何一種兆瓦功率的原子能發電站都安全。儘管沒有鋼筋鐵骨，人體卻非比尋常的硬朗，又特別的敏感，它需要被高度重視、不斷撫摸，每天還需要仔細的身心護理。

要重視我們的身體，就應該比醫生還要清楚地認識自己的身體（畢竟醫生在行醫和詢問我們身體狀況時，往往用不了半個小時）。很多人對自己身體內部的了解並不比對汽車的馬達知道的更多，他們認為重要的是只要「這東西」能營運就行了。如果人們知道那裡鋪設著「軟管」，那麼一旦「軟管被老鼠啃咬」之後，這些了解就十分有用了。人體中存在著比傳感電纜更重要的生命必需品，需要我們去了解和認識。

1-1

人體，只存在外形上的差異。一些很有影響力的畫家（例如波特羅 Botero）或設計師（例如巴菲特 Buffet）。把人體一會兒塑造成胖的，一會兒又塑造成瘦的。在每一次時裝流行換季，設計師都會擬定出他們所謂的理想的模特兒樣式，這些無性別區分的人體模特兒就像寫在人類身體上的格言或標語，一會兒流行這樣的人體風格，一會兒又流行那樣的人體風格。我們使用美體小舖（Body-shop）的產品，在鏡子前面勾畫出符合潮流的自我理想形象。然而，不管在歐洲流行的是美國化的風格、打扮、穿洞藝術、整型或生活態度，頭痛、流感、腰酸背痛和消化不良都不會消失，更不要說那些孜孜不倦地工作，卻很少得到讚揚的各種器官──心肌和胃、肝、膽囊或者肺。

儘管今天的主觀文化世界，比起希波格拉底（古希臘醫學之父）的時代，已經有翻天覆地的變化，人體的器官卻依然忠於職守，沒有任何改變。因此我們雖然處於現今的社會，但我們仍然可以體驗到本書中所介紹的古老神話和傳說故事。

本書希望能夠幫助讀者更加了解自己，促使讀者深入思考自己的身體及其各種功能，以及身體的脆弱之處、美妙之處和禁忌之處。如果誰不喜歡這本書，那麼只能歸結為我們再也熟悉不過的一句老話：「眾口難調（要迎合大眾的口味是不可能的事）。」

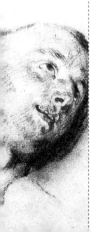

　　人類的皮膚（haut），專業術語稱之為 dermis 或者 corium，是個極其複雜的組織。它容納了無以計數的神經、血管、腺體和髮根，還包括皮膚深層的皮下組織和廣泛覆蓋於其上的表皮。表皮沒有知覺和血管，又稱上皮層。皮膚面積約為 1.6 ～ 1.8 平方公尺，重量可達體重的 18 ％。

　　皮膚並不僅僅是指外在的表層或者人的最表層。關於皮膚有許多嚴肅或者戲謔的說法，如皮、皮毛、皮相、獸皮、臭皮囊等等。這個覆蓋層實際上也可以叫做外表，它完全包裹了我們的身體，將我們像打包一樣地裝進去。皮膚像一間茅屋一樣保護著我們，它彷彿就是我們的全部。這是一種比喻的說法。

　　我們可以稱讚一個好同事，他有正派、誠實或者勇敢的外表。「別惹毛我（德語：Geh mir von der Pelle）」不僅是指「別碰我」，而且還應當理解為一種宣告：「讓我徹底安靜下來。」成功地將一個人的「皮膚從危險中救出」，就是說「他得救了」。假如一個人有意冒險，最糟糕的情況下他就得「用皮膚做代價」。一個人不可能脫離自己的皮膚而生存，多數情況下，他也不想「在別人的皮相下生存」這個意思是說，一個人的皮膚和他的本體始終是一致的，就像童話中的公主安妮‧波爾（皮諾 Charles Perrault 童話《驢皮公主》，1694 年）所作的那樣。

　　故事中，皇后臨死前要求國王只能再娶比自己更美的女人，但除了自己的女兒安妮公主，無人能比的上死去的皇后。安妮皇后為逃避父親的逼婚，便躲藏在一張土金色的毛驢皮囊中，裝成馬廄中的女僕：「安妮公主把自己塗得非常難看，走遍大街小巷，問有誰願意收她做女僕。然而，即使粗人和窮人都離她遠遠的，把她看成令人討厭的邋遢鬼，更沒有絲毫的憐憫，像垃圾一樣的把她丟在路邊。」

　　但是，儘管公主刻意偽裝扭曲自己天生麗質的皮膚外表，最終，真相還是暴露出來，公主的身分還是被自己真實的外表洩露出來。在不得已的情況下，人們往往利用化妝和變裝來掩飾自己的真實身分，然而，這不僅僅讓自己變得陌生，從而迷惑他人的行為，而且也是一種自我欺騙。

　　北歐神話《尼伯龍根的指環》屠龍英雄齊格菲裹上一種具有保護功能的神奇硬質皮膚，然而他把自己雙肩部位的皮膚裸露在外，因此這裡成了他的致命傷。另外一個傳說故事說：如果將一個人的皮膚奪走，這個人將隨著表層皮膚的遠去而徹底消失，這個人至多只是一個面目全非、歪曲變形而無名的 ecorche（解剖桌上的剝皮標本），被陳列在某個關於醫學史的博物館裡。

　　在古代異教和基督教中，關於神界和聖地的故事裡講

述了許多傳說，例如關於森林之神吹笛者馬西亞斯和十二門徒聖巴托羅繆（St. Bartholomaus）後期神話。這兩個領域（神界和聖地）只涉及到表面的非凡力量。

　　奧林普斯之子馬西亞斯是笛子的發明者，他向阿波羅挑戰，與阿波羅的基塔拉琴（有 7 ～ 18 根弦的古希臘弦樂器）比賽。因為阿波羅有權力根據個人的喜好對待馬西亞斯，所以馬西亞斯如果聰明的話，就應該輸掉這場比賽。然而，比賽之後，阿波羅神隨意悠閒地撥弄著自己的琴弦，馬西亞斯卻在勝利之後失去了自己的笛子，再也不能炫耀自己的吹奏才能了。簡言之，阿波羅為了報失敗之恨，把馬西亞斯綁在樹上，當作捕獲的獵物一樣撕裂他，撕下他的皮來蓋住他的耳朵。

　　奧維德（Ovidius，西元前）寫下了這個血腥故事的詳細情節，使人想起在痛苦叢生的醫學圓形大劇場上演的古怪之幕。受折磨者呵斥道：「你（阿波羅）為什麼把『我』，從我這裡搶走？」因為，這樣的懲罰剝奪了馬西亞斯的「我」。

皮膚──懲罰

　　來自義大利熱那亞的主教瓦拉金（Jacobus von

Voragine）在他的《傳說大觀》一書中，對於聖巴托羅繆之殉道講得非常含糊。他寫道：「人們並不清楚聖者是否受過十字釘刑，是被砍頭還是剝皮？因此人們也許會假設：『他在開始被施以十字釘刑，然後被抬走，再被剝皮，使他受到更大的痛苦，最後砍掉他的頭。』」

後來的聖經傳記作者論證，以慘無人道而臭名昭著的國王阿斯提雅各斯的確殺害了聖巴托羅繆，聖巴托羅繆因此被載入圖畫和傳記之中。在這些畫和傳記之中，他有時以手拿銳利的刀斧形象出現，有時將自己的皮掛在胳膊上。米開朗基羅就曾經在《最後的審判》中將聖者畫成這個樣子。

1624 年，西班牙畫家利貝拉（Jusepe de Ribera）住在義大利那不勒斯期間，他的一幅銅版畫上展示了這樣的畫面——行刑者正從被綁在樹上的裸體聖者右上臂處剝去他的皮膚。然而，這裡我們應該不僅僅想到的是表面上的疼痛，就像馬西亞斯所受的痛楚一樣，我們更應該意識到剝皮所象徵的懲罰和悲痛。

「巴托羅」的肉體身分地位極低，人世間生命短暫，在殉道中完全被消滅；以『真我』的身分出現的巴托羅繆斯卻具有崇高的地位，得以永生的身分流芳萬年。這種想像似乎在暗示他們把自己的肉體視為殉道的象徵，因此肉體不是居於自我之上，而是居於自我之外。

曾經在高山牧區廣泛流傳的關於牧民們的「褻瀆傳說」、「懲罰傳說」和「警世傳說」中，有很多這樣的本體與生命消亡的剝皮傳說。這些傳說講述那些破壞了肌膚相親禁令的人被施以剝皮的懲罰，不過這跟基督教的節欲道德無關。

傳說中提及，曾有一群單獨生活在山區的人，他們在山間茅屋中一起製作一個與眞人一般大小的木偶。十九世紀的學者卡門尼什（Nina Camenisch）認爲，在這些傳說中所記述的玩笑與過分胡鬧的行爲掩蓋了下列的事實——小伙子們與人偶鬼混。

另一個學者傑克林（Dietrich Jecklin）隱晦地寫道：「這些放縱的牧人像孩子一樣撫摸這個木偶。」總而言之，他們認爲這些男人用這個木偶來滿足他們的性欲。民俗學家繼續寫道：「這種行爲被發現以後，帶頭者被剝皮（因爲與一個自製的性對象發生交配行爲被看成是死罪，或者被施以死刑作爲最嚴重的懲罰行爲）。而這張皮會被製成一個沾滿血污的帳篷，放置在犯罪者的牧區小屋之上。」

在地中海的島嶼地區，流傳著這樣一篇滑稽的傳說，名爲《消逝的老婦》，同樣表現出對性欲和婦女的敵視。故事講的是一個老婦希望擺脫她充滿皺紋的皮膚，能夠重現美麗，被人追求。有個又老又醜的婦人叫多娜，她漂亮

的妹妹向她建議，應該去找澡堂的美容師（過去這一行業的人員還兼作澡堂管理及簡易外科治療。）那裡尋求幫助，她妹妹還送她十二枚金幣。

　　多娜拿著這些金幣走了。她沒有走多遠，就遇到美容師，並向他說道：「剝掉這張皮！」這個美容師聽了之後說：「妳瘋了嗎？何必如此受罪？」多娜說：「別害怕！這裡有錢，你想要多少就拿多少！」美容師被金幣所吸引，心想：「要怎麼做才好？剝她的皮，好，就剝她的皮吧！」他打量著老婦，說道：「坐在這兒吧！可是妳必須堅強一些。」然後，多娜被安置到一張椅子裡，美容師手拿剃刀開始把她額頭上的一塊皮去掉。當美容師去掉第一塊皮膚的時候，多娜驚叫起來：「啊！啊！」「要不我們停下來吧？」「不！師傅，繼續剃，我希望變得像我妹妹一樣漂亮。」

　　於是，美容師繼續剃皮，但當他剃到脖子時，美容師割斷了她的喉嚨，多娜死了。美容師一見如此，便叫來店對面的兩個泥瓦工，因為他們目擊這裡所發生的一切，所以美容師希望他們證明多娜之死與自己無關。後來殯葬業者來了，他們便把多娜的屍體帶走埋掉。

　　自從奧維德（古羅馬詩人）的作品重新在中世紀流傳，馬西亞斯的故事也配上了巴洛克式的插圖重新出版，聖巴托羅繆的傳說則在教堂中不斷地被傳述，留給人們深

刻的印象。但這些對於更為人道的思想和行為的影響幾乎沒有多少幫助。

在集體意識中，存留有古代的法律制裁的陰影，這些只與「皮膚和頭髮」有關：剃光頭髮或者公開鞭笞裸體，比起砍掉手和脖子甚至身體的其他部分來，更具羞辱性。而「人類屠夫」是個辱罵性的字眼，每當我們說到這個字眼，總是將它與對人類的極端蔑視和滅絕人類的罪行聯繫起來。但是，這個字眼並不隨著集中營、種族滅絕或者大屠殺的罪行的終結而終結，而是不斷地出現在最新的時事報導中。

從外界進入皮膚內部

「我只使用水和ＸＸ香皂護理我的皮膚。」一個模特兒在香皂廣告中這樣說。這些電視廣告編造起謊言實在是頭頭是道，事實上，在我們的日常生活中，除了水和肥皂之外，一個美麗少女的皮膚要承受的東西更多。我們的皮膚隨時隨地受到外界的影響，為了避免受風、天氣、冷熱的煩擾，人類用動物的皮毛（獸皮、毛、絲）或者植物的纖維（大麻、亞麻、棉花）製作成一種附加的「表皮」來保護自己，也就是所謂的衣物，衣物是除了食品和房屋之外

整個人類最基本的必需品。儘管感覺靈敏的皮膚被裹在這些保護物的下面，但是它在人類的感覺器官中覆蓋面最大，並且不得不持久地抵禦著來自外部的侵擾和影響。

我們不可能像丹麥公主克莉斯汀（Hans Christian Andersen，1805～1875年）那樣極其敏感，隔著很多層床墊還能覺察到床墊下有一粒豌豆。但是，我們的皮膚能夠感覺到最輕微的空氣流動，並且在指尖或者手掌接觸到體表之前就可以感覺到它的到來。透過神經，皮膚對看不見的光線或者空氣污染也會做出反應。皮膚的感覺不僅僅能感覺機械的碰觸或者撫摸，而且還能感覺精神、心靈、社會、感情和健康。胎兒和新生兒透過皮膚與母親建立最初的聯繫，然後才與世界發生接觸。在孩子的成長（不僅僅是在單親家庭人群中）過程中，肌膚相親的溫暖對於孩子的成長發育和社會化是一個非常重要的原素。

在許多民族中，大量的宗教接納儀式和過渡儀式中，一個親近神靈的賜福者（宗教的神職人員、神父、薩滿多等）用水、油或者香膏輕觸受洗禮者的皮膚，以此保佑他肉體健康，拯救他的靈魂以及提升他的社會經濟地位，再者使他的生活水準進一步提升。賜福者還要為亡者舉行臨終塗油禮，使其在另一個世界裡開創一個新的生活篇章。此外，當一個愛我們的人輕柔地撫摸我們時，我們的皮膚也會感到無比的舒適與安慰。

　　然而，我們的皮膚在這個世界所遇到的不僅僅是賜福和撫摸。基督教殉道者聖賽巴斯蒂安的美麗身體和裸露的皮膚裡插了許多箭，他被視為是免受瘟疫的守護者，因為他的外形使人們認為能夠透過他的犧牲把大部份在我們周遭四處亂飛的疾病之箭引開，或者直接阻止它們。來自外部的災禍似乎很好奇，像一個剛撿起堅果的孩子般無辜，迫切地想知道在人類柔嫩的外殼裡隱藏著什麼。因此，疾病從身體的表面開始刺它、咬它、割它，侵入到皮膚的下面，並趨向於人體內部的核心地帶。

　　許多關於這個主題的故事都涉及到跳蚤對人類皮膚的騷擾，儘管我們對此並不忌諱什麼，但是這樣的故事讀起來總是令人感到不舒服。皮膚受到刺激之後會發紅、發腫，然後被擦傷、刺穿、撕破，最後完全被撕碎、扯破。十九世紀，一個流行的小冊子《受難基督的七個美麗祈禱者》遭天主教會列為禁書，原因在於書中有許多錯誤的看法。這本書逐一列舉受難基督的秘聞：書中特別描寫了耶穌基督的皮膚上覆蓋著三十九萬七千三百零五滴血珠，受到了六千六百六十六下鞭子的抽打，荊冠上的七十二根刺刺穿了他的頭部。

　　拉姆巴赫（Johann Jacob Rambach）是十八世紀的一位神學家，在他的作品中關於這些傷害的描寫更是超越前人。在他的《耶穌受難全過程考察》中寫道：「毫無疑

問，無數的傭兵聚集於此，無情地摧殘耶穌柔弱而神聖的身體，用皮條和鐵絲編接而成的鞭子抽打他，使他皮開肉綻，露出白骨，背部血流成河。」事實上，這些傷口是無以計數的。以耶穌受難史和殉教者為內容的這些傳說中，耶穌是遭受到無數的傷害。

而我們的身上也像受難的耶穌一樣，有著明顯的傷疤。就像在許多自傳小說中所敘述的那樣，無論是婦女、兒童還是男性們，皮膚上挨揍的痕跡是可以治癒的，逐漸消失，但是人們卻不會忘記這種經歷。

皮膚其他模式的侵略方式還有許多：我們允許外界力量逼近我們的皮膚，自然界的力量，如水、空氣或者陽光；各種化學產物，還有用於刺青的針，也均可以碰觸我們的皮膚。但是，不是所有的外界力量都具有治療的功能，有些是因為特有的文化背景。例如自十九世紀的衛運動以來，人們大多視汗水為禁忌，尤其是到了二十世紀中期，越來越多的體香劑，將個人身體散發出的不同氣味從人們的意識中去除。為了抵制皮膚各種代謝物，即特殊腺類所釋放出的油脂，人們還用酒精、肥皂、沐浴精不厭其煩地想辦法深層潔淨。皮膚病學家就這個題目寫了許多文章，比《科學的肥皂劇》（R.Wolf，1996 年）中的內容還要多，這些文章提出了各式各樣關於皮膚的問題，甚至還包括人類接觸到講究衛生之前的故事。

衛生保健、身體護理、化妝

　　古時的觀點認為化妝是一種自我欺騙。文藝復興時代的男性認為保持美麗就是年邁交際花所採取的騙人伎倆，用以掩蓋她們身體的衰老。貝萊（Joachim du Bellay，1522 ～ 1560 年）跟隨一個年老親戚在羅馬度過了四年（1553 ～ 1557 年）。在他的一首十四行詩中，描寫了這樣一位虛偽的羅馬女人：「她每天將她的頭髮編出成千個小卷，黏上眉毛，從頭到腳用清水清洗她乾癟的身體，用油脂把臉塗得紅紅白白的。」

　　儘管十六、十七世紀的理想主義者已經建立了集體衛生與保持衛生的初步概念，然而在另一方面，直至十八世紀末仍然不乏對於所謂化妝修飾藝術的批判。在啟蒙運動時期，號召人們透過擦拭或者濕洗的方法改善體味，督導人們改善衛生狀況、自我清潔的強烈呼聲不斷。十九世紀，衛生保健才首次被提升為全民性的宣傳教育和學校課程的主題，因為在農村地區，沐浴可能一年才有一次，而絕不可能每天進行。

　　法國民俗學家韋爾蒂（Yvonne Verdier）讓她的助產士講述 1900 年代法國金丘地區的現狀：「人們一年洗浴兩次，一次在春天，一次在秋天，另外還有就是在準備嫁妝時才進行洗浴，因而每家的櫃子裡都堆滿了髒衣服。洗

滌工作被稱為『la bui』（煮衣服），這工作一般至少持續三天，整個過程才會完成。四、五個婦女圍坐在大鍋子旁，用水和木灰（用果樹的木頭燒製的灰最好）洗衣服。首先是手腳並用的洗法，然後用肥皂、刷子和洗衣棒洗滌浸泡過的織品。她們通常是兩個人面對面站著，相互幫忙把衣物擰乾。」至今仍在使用的法語單字「lessive」用於表達洗衣劑和髒衣服的各種類型，它源自拉丁文「lix」，表示灰塵。

上層階級整潔倫理觀雖然出現得很晚，但是卻潛移默化地進入了下層階級的意識中，如同易碎的浪花一般，雖然柔弱，卻綿延不絕，促使人們去除污垢。例如馬賽人使用鈉皂，這種新的清潔方式最初只是為了去除襯衣和褲子上的病菌，然後沿用到皮膚和頭髮上，但是這種方法並未持續很長的時間。

人們總是將缺乏衛生的概念，甚至是道德不潔，與所謂的文化落後和偏遠的鄉風野俗扯上關係。法國歌劇作家孟泰朗（Henry de Montherlant，1896～1972年）在從巴倫西亞到巴塞羅那的火車上，遇見一名西班牙女士（孟瑟蘭特稱她為雌獸和畜生）。他在《來自卡斯蒂耶的小公主》一書中這樣描寫這位女士：「她的頭髮黏乎乎的像個吉普賽人，臉上長滿許多麻子，讓我聯想到古希臘那些長期受到海水侵蝕之後的雕塑頭像。蒼蠅嗡嗡地圍著她打

轉，她的手指如此肥胖，戒指都深深地嵌進肉裡。她直接用罐子喝牛奶，每喝一口都發出一種咕咕聲。當她的嘴裡灌滿牛奶時，她就像母雞一樣把頭向後仰。」陌生人與外國人如同流浪者一樣，往往成為表現骯髒、齷齪等主題的形象代言人。

在潔膚產品的廣告戰中，總是無時無刻出現「深入毛孔」這個詞。在推銷保養品的宣傳過程中，陽光般的、雪白的、天鵝絨般的這類詞彙被用來比喻新型的洗滌劑，它們都宣稱能夠深入肌膚，有效洗淨毛孔內的污垢，去除暗瘡。

無論是過去還是二十世紀中期，對很多人來說，尤其是對於男性而言，人體保健並未成為每日必做的良好習慣。例如法國歷史學家拉維斯（Ernest Lavisse，1842～1922年），在他上大學（1852年）時，人體清潔幾乎不是例行公事：「在小毛巾上滴幾滴水，隨意往臉上一抹就行了。那麼下體呢？洗腳是不會有計畫安排的。偶爾，而且是極少的時候，有人領我們去唯一的澡堂，裡面有 6 個澡盆，供大學所有的人洗浴用。夏天，我們就在空地上洗冷水澡，我們那時肯定是髒孩子。」

三年後，拉維斯在另一個巴黎學校——馬森學院，衛生條件也沒有比較好。「……依然是只有極少的洗浴設施：沒有什麼比根本就不洗澡更簡單的了。對於監督洗澡

的老師而言，他們大多都有合理的理由不去特別嚴格要求某一個人洗澡。學校的繪圖室成了洗腳間，我們以班為單位去洗，我想一個月可能最多洗一次或者是兩次澡。我們幾個人在一個桶裡洗澡，一條毛巾兩個人用。如果是夏天，我們就可以很幸運地到巴黎最乾淨的澡堂——塞納河去洗澡。」

通常，女性對於洗浴，特別是下體清潔，持有另一種觀點。法國小說家科萊特（Colette）在小說《金粉世家》中有下列描寫：「阿爾娃勒茲女士的祖母曾講授道：『你可以隨意洗洗臉，也可以在旅途中這種萬不得已的情況下，等到第二天再去洗。但是下體的護理卻代表了女性的尊嚴和體面，則不能這樣。』」

1994 年 9 月 19 日，在德國法蘭克福日報上有一則法新社的新聞，不知道人們對此是否相信。在法國阿爾薩斯的史特拉斯堡林歌謝姆村，一個女賊因為自己身上的香水味被捕。起初她藏在臥室的窗簾之後，但一個小時後她被抓到了，因為女主人在自己的臥室裡聞到了陌生的香水味，引起了她的警覺，開始追查香水味的來源。後來對於在沒有擦香水的女住人與香味時髦濃郁的女賊之間所發生的事，這篇報導沒有多加描述。但它說明了，在這段時間裡，對人體細緻入微的護理已經席捲了整個社會，這是毋庸置疑的。

皮膚對外界的自我表白

　　即使我們希望擺脫皮膚的束縛，就像小雞從蛋殼中破殼而出一樣，但實際上卻無人能夠脫離皮膚而生存，我們只能無奈地將自己的終生裹於這個臭皮囊中。儘管如此，人們還是可以採用各種的方法化妝，使自己皮膚的外表展現出迥異的樣式和風格，例如用不同的顏色裝扮皮膚或者為它畫上獨特的符號。

　　皮膚會呼吸，完全就像一個平面肺臟。皮膚還會放射出熱量，一群特殊的按摩師相信，他們手的表面會發射出一種並非熱波的氣流。有人會散發出一種射線，也稱為聖光，這是一個可以感覺卻無法看到的現象。因此詩人和畫家為了強調人物所發出的各種射線，必須借助於描寫光的詞彙以及色彩的顏色和亮度，比如聖經中的耶穌基督，還有摩西的聖主耶和華。

　　耶和華在西奈山上給了摩西兩塊石碑，上面刻了十條誡律：「然後摩西拿著兩塊石碑從西奈山上下來，但他不知道他的面孔閃耀著光輝，這個光輝是他與主談話時獲得的。然而，雅連和所有以色列子孫都看到了他臉上的光輝，不敢靠近他。為了不讓眾人感到害怕，於是摩西用手帕遮住自己的臉。摩西使以色列的子孫平靜下來，向他們講述了他在西奈荒涼山脈中的經歷。」

格魯內華德（Matthias Grunewald）在他的《以色列聖壇》中為了表現耶穌復活的形象，在耶穌四周畫上巨大的光芒，作為耶穌權力光輝的標誌。在這幅畫中，另一個通常用於象徵神聖的標誌是橢圓形的光環，呈圓形向外放射出金色的光輝（裝飾聖體）或者是聖光。大部分的基督教聖者在死亡之後皮膚都會保留著閃閃的光澤。安葬多年後，當為了遷移屍體而從棺木中將屍體取出時，他們的身體仍然放射出微弱而神聖的光芒。

另外，1663 年，丹麥解剖學家巴索林在他的《醫學信札》中也提到了發光的屍體。在現代報紙文摘中，這個眾所周知的神話有一個世俗化的翻版，如 1997 年 3 月 5 日的《蘇黎士快報》中有一篇報導，題為《閃閃發光的農場主人和一籌莫展的科學家》，文中講到：「一位年輕的農民全身閃閃發光，像盞燈一樣亮。上個月當他跌倒在稻田裡時，立即感到全身有一股熱流通過。當他脫掉衣服時，發現全身上下都是藍色的斑點，這些斑點像一盞盞小燈一樣，閃閃發光。這個神祕現象每晚出現，全身出現發光斑點的現象已經在三個人身上發生過，迄今為止，對此進行研究的科學家仍無法解釋這個奇異的現象。」

僅僅依靠書本知識是無法解釋這一現象的，而這也不會是皮膚本身所引起的。這種奇異現象的症狀主要來自於人類的外殼，從義大利亞西西的聖芳濟（St. Francis of

Assisi，1182～1226年，又稱五傷聖芳濟，擁有五處
聖痕），到聖若望‧羅通多的比奧神父（Fr. Padre pio，
1887～1968年，又稱庇護神父，擁有五傷印記，是南義
大利人虔誠崇拜的對象），還有其他的男女身上的聖疤都
不斷地被大眾討論著。

　　他們身上長期或者不定期出現這種疤痕，在有意無意
間對外展示或隱喻著耶穌基督的傷疤。像耶穌身上那樣，
在他們的手上和腳上（但是沒有人知道確切的位置是什麼）
以及在身上出現聖痕，或許目的是在於向世人演示我們宗
教始祖受難時的情況。

　　皮膚在日常生活中，比顯現神跡更平凡的現象是由水
生成的液體（用醫生的術語來說就是分泌），文雅人士稱
之爲流汗（向外呼吸）。上帝在創世之後，亞當和夏娃犯
了偷吃禁果的原罪，上帝因此詛咒道：「你必須汗流滿面
才有糧食吃。」然而，汗液並不只是從臉上流下來。從
此，人們必須在荊棘之中艱辛勞作，直至筋疲力盡，渾身
充滿酸臭的汗水。

　　當然，我追求完美的浮士德精神解釋說汗水是白色
的。這些鹹味的皮膚分泌物，不僅從額頭上滴下來，而且
濕透了影集中英雄們潔白的T恤，使衣物明顯地印出深色
的印記。這塊印記在堅實的前胸和寬闊的後背上鮮明可
見。另外，這種汗印還作爲他們曠世之才的象徵或世俗化

的崇高標誌。汗水不僅很快地把身體濡濕，而且會形成個人獨特的體味。各人的皮膚由於氣味的不同而不會混淆在一起，但這些在電視中是無法表述的。

寫字板的用途

在現實生活中，不是每個人都能夠散發出神聖的光輝，汗水最多只能夠爲刑警提供一些辦案線索。單憑裸露，皮膚並不能使人們成爲引人注目的目標，即使有些男性和女性卻很願意成爲這樣的目標。他們情願在皮膚上刺青，這是十八世紀歐洲人從原始民族那兒學會的風俗之一。

把皮膚當做寫字板，在上面繪上各種圖像或者字符。即使在二十世紀上半葉，在某些特定的職業中，尤其是在水手中，依然保留著在皮膚上刺繪的方法。刺青方法最初是既想美化身體，又想保護身體避免惡魔的侵擾。

今天，若我們瀏覽一下暢銷報刊就會看到，在這個媒體市場上至少有十多種帶插圖的畫報專門介紹這一話題。所以，幾百萬的歐洲人不僅僅是用具有異國情調的刺青款式來裝扮自己，更以獨特、不可改變的模式來突顯自己，增加自己的性感程度，或是用來表示不可抹滅的事實或訊

息（這通常和政治因素有關，例如二次大戰期間，德國猶太人在集中營中手臂被刺上編號）。

在德國，日常生活中刺青的圖像和字符主題，往往是具有愛情之箭的心形、十字形、武器、動植物、航海的圖象、圖案，及女性（不一定特別漂亮，但卻是裸體的）或文字，如愛情的宣言（我愛你）等，而像是座右銘、名字等，則多以大寫花體字縮寫字母和日期等裝飾，實際意義通常不易被發現。

不僅僅是水手或者摔角選手、馬戲團員等，很多人雖然在他們的手臂、肩膀和胸膛上有著怪誕的刺青，但他們卻不知道，他們平滑、沒有疤痕、肌肉緊繃的皮膚意味著什麼。只是認為單調的天然衣服顯得很無聊，沒有特色。於是他們來到紋身美容館（這種店比比皆是，幾乎每一個海港城市都有），忍受著疼痛讓美容師在上身永久性地刺刻上一朵藍色的玫瑰或者一隻海馬，或是情慾圖樣，或者代表自己的宣言。

在多德雷爾（Heimito von Doderer，1896～1966年）的小說《一個紋身的女人》中，主角馬戲團員米麗娜緹介紹了如何裝飾自己的身體，展示她皮膚的魅力。米麗娜緹不僅裝飾打扮自己，還說服同伴凱薩琳娜（從洛普浦勒馬戲團逃出的溜冰女郎）也來嘗試這種美體妝扮。然後，米麗娜緹在陰暗的小房間中，用藥劑和刻刀在凱薩琳

娜平滑光潔的玉肌上刻畫。經過她的加工，凱薩琳娜變得像一塊塊色彩斑斕的牛排。

　　這個故事有個悲喜交加的結局：一天，凱薩琳娜在與一個心儀的男士碰面之前，忽然覺得自己破相的皮膚像一件嵌在肉上的粗麻衣，無法擺脫，使得凱薩琳娜不得不決定放棄這段愛情。她的絕望與日俱增，讓她看到陌生女性就發狂，因為她覺得她們都是米麗娜緹。最後，凱薩琳娜受到法律的制裁，經過精神病醫師的治療之後，凱薩琳娜回到了過去的自己──一個在陰暗帳篷中的紋身女人。

皮膚出疹

　　經過多次治療的皮膚會出現獨特、泛紅的膚況，因此要注意不要加以過分化妝或者護理。在醫生手冊中，那些紅褐色或者紫色的濕疹以及各種疤疹的圖片，常常會引起門外漢的恐懼。

　　在歐洲歷史上，過去行醫者面對這些警訊所採取的治療措施與現代截然不同。二十世紀初之前，即使在瘟疫流行期間，治療皮膚斑疹仍是依靠祈禱和咒語來降服病魔。這種擁有魔力的隱形藥物通常會做成黃色或紅色的，好讓人對其產生好感，而且使用的方式千奇百怪。

　　在皮膚的各種異狀中，肉贅是一個相當值得注意的例子，而且有時還會成為某些嚴重疾病的早期徵兆。一位蘇黎士的皮膚科醫生在診所中掛著一幅畫，畫裡是名漂亮的兒童，下面是一排字：非常感謝，X醫生去除了我身上的疣。這讓等候就診的病患猜測：「醫生是怎麼做到的？是用洋蔥汁或者發泡軟膏？還是用咒語或者鋅軟膏？」要是問到蘇黎士外科醫生穆拉特（Johannes von Muralt，1645～1733年），拜讀他的《解剖學講座》，就會知道：「現在就來談談肉贅，也就是疣。疣在皮膚上生長，它的根也長在皮膚上，並透過根獲得營養。疣可以區分為懸疣、濕疣、肉疣和腫瘤疣。人們有許多不同的方法消除疣，比較常用的方法是把砂、明礬、肥皂、蜂蜜與硝酸鉀混合物塗抹於疣上。

　　「瑞士外科醫師法布里休斯（Wilhelm Fabricius Hildanus）則是用葡萄藤燒成的灰和生石灰經鹼液浸泡之後製成粉末。也有人只用生石灰，將它與肥皂混合塗於疣上。如果人們在這種粉末中拌上硫酸鹽或銅綠，那麼效果會更好，再用硝酸銀棒放在疣上就可以將它燒除。灼熱的金屬絲或者燒紅的鐵是另一種安全而徹底的除疣法。」另外一種方法是，人們可以將樹葉、青蛙和油放在一個鉛缽中搗碎，塗抹在疣上。這對除疣的幫助，可能如同那時著名的北巴伐利亞方濟會主教所賜予的祝福一般。

當講到皮膚出疹或者逐字記錄這些概念時，民間文學更是言過其實。1875年義大利民俗學家皮德烈（Guiseppe Pitre，1841～1916年）講述了一個西西里童話《錢袋、大衣和魔鬼角》：狡猾的公主騙走了三兄弟中老三的樂器，老三爬上一棵黑色的無花果樹，吃了三十顆果子，他的頭上、臉上和鼻子上居然長出三十隻角，顯得相當難看。不過，他幸運地發現，在吃了白色的無花果以後，這些角又消失了。

他利用這些能使皮膚上長出可怕東西的黑色無花果和具有治癒功能的白色無花果，使那個騙子公主和整個宮廷都長滿了角（眾所周知，在羅馬諸民族中，長角的人暗喻為戴綠帽子的丈夫）：「公主叫來了城裡的醫生，但是醫生們也不知道該怎麼辦，只說無能為力。」最終，只有老三治癒了公主的病，並娶了公主當他的新娘，作為當初嘲笑他的賠償。

最晚從布朗寧爵士（Sir Thomas Browne，1605～1682年）開始，我們知道摩西頭上長角這一觀點被人們所駁斥。布朗寧爵士是英國醫生、物理學家和哲學家，在他的《偽信仰》一書中，駁斥了此一錯誤觀點和思想。書中所述，摩西頭上並未長角，而是有一個特殊的光環圍繞著他的頭部。由於希伯來語「keren」的發音與希臘語「keros」（角）的發音非常相像，所以這個詞被誤解了，

摩西頭部最為神聖的光芒「keren」變成了角。從十二世紀起，在某些聖經插圖和雕塑上，尤其是米開朗基羅在羅馬為教皇朱利亞二世的陵墓所創作的「摩西」雕像上都看得到角。

角不僅長在頭上，而且像濕疹一樣布滿全身幾乎是一種比童話幻想更加奇異的妄想。但是在蘇黎世外科醫師法布里休斯的《觀察》中，作者卻證據確鑿地糾正了我們的想法。在書中，他展示了一名幾乎全裸的十八歲少女的版畫。這位姑娘於 1612 年住進伯恩醫院，經蘭特魯斯（Paulus Lentulus）醫生的治療後痊癒。這位年輕女性深受角狀瘤之苦，一種兩指高的深褐色瘤長在她的背部、胳膊和大腿上。醫生對其全身進行徹底的去瘤手術後，還對她多次進行療養浴，終於去除了她身上的角。

然而這都是根據古醫用拉丁文和民間訪查而流傳的故事罷了。關於皮膚出疹的醫學觀點，最早是在啓蒙運動時代出現轉變的。德國名醫伍夫蘭（Christoph Wilhelm Hufeland，1762～1836 年）在將皮膚疾病相互對照之後，認為它與人類的生活習慣有關：皮膚病的根本原因是不清潔的生活習慣所造成的，從而疏忽了皮膚保健。因此，這些病在下層階級和不講衛生的人群中更為常見（俄國人透過他們的芬蘭浴而預防某些疾病），主要是由於潮濕，例如潮濕的空氣、潮濕的住居環境、潮濕的氣候；糟

糕的飲食習慣，像過多食用辛辣、過鹹的香料，變質油膩的食物、乳酪、熱飲等等，逐漸抑制了人體分泌。伍夫蘭已經注意到了變質、有害的刺激性物質，像有毒的金屬和污濁的空氣一樣對人體產生影響。他也認為，人類的皮膚還可以自動做出調整與應變，使之能夠適應糟糕的環境變化。

為了根本改善生活習慣的要求，他推薦了一個藥品清單：硫磺、銻、硫華與水銀的混合物、來自西班牙聖多明哥的法蘭西木……以及一些土產和異國的植物都出現在他的清單上。不過，根據現代的觀點，這個清單是很有問題的。

如果出濕疹的病患從他們的醫生那裡一下子得到這種藥，一下子又得到那種藥，但病情卻毫無起色時，病患通常會放棄醫生的推薦。儘管如此，還是建議病患應該讓專家檢查異常的皮膚斑痕，因為在這些似乎無害的紅褐色或紅色斑點中，很有可能有一個黑色病變的前兆，它可不會只意味著一個警訊啊！

頭髮也行

共同顯露出來的皮膚與幾十萬根頭髮和汗毛，可以說

是最引人注目的。這些毛髮有著稠密的髮根，深植於眞皮的下層。這些毛髮通常生長在某些固定的部位——頭部、腋窩以及生殖器周遭，大量地從眞皮層傾斜地長出表皮。無論男女，總是將頭髮與他們的外表相聯繫，頭髮與人類外型之間的關係標示出了這個人的個性，表現出個體存在的風格和其與眾不同的思想。長長的毛髮可以顯示出個人特徵，因爲頭髮有直的也有捲曲的，色彩各異，覆蓋全身的毛髮在各部位的分布也因人而異。有些人的毛髮生於腿部和腹部，有些人甚至連牙齒也有毛髮，另一些人卻鮮有毛髮，甚至連頭部也不例外。幼兒像成人一樣生長毛髮，而有些男性看起來就像聖經中的以掃（以掃是聖經故事中的人物，特徵是渾身長滿紅毛），而有些人皮膚是如此的光滑，就像以斯帖（以斯帖是聖經故事中的人物，波斯王后，她一年十二個月都要往身上抹香藥和其他香料油脂），有些女性皮膚像李子一樣光滑嬌嫩，而有些女性卻屬於多毛族。簡言之，頭髮永遠也剪不完，以至於理髮師們多如繁星，爲數眾多。

　　順帶一提，法語中有一個單字「chereux」，意思是頭髮，以區別於身體其他部位的毛髮；後者他們稱之爲「poils」、「pil」，這兩個詞指身體的毛髮，意思就是裸體。「Polis」意思是鬍子拉碴者，該詞源於第一次世界大戰時的法國士兵。在德語中「haarige Sache」（與頭髮

haar 是同根字）指的是一件棘手的事情。當一個人逆著頭髮生長的方向梳頭時，德國人說「gegen den Strich」，意思是逆毛梳理，或者說到不順心意時，也可以使用這個說法。

在愛情生活中，頭髮扮演了一個最為長久並且最為混亂的角色，代表著具有誘惑性且散發出魅力的私人生活。一縷青絲象徵著無限柔情，又可作為故人遺物被人們所保留著，它或許是喚醒早逝孩子的紀念物，又或者可讓人睹物思情，讓她想起一個無法忘懷的戀人。雖然頭髮本身並沒有足夠的吸引力和凝聚力，但當它與某些具有魅力的事物相伴時，便自然而然的成為某種特殊的象徵。

德國烏爾姆的醫生哥科爾（Dr. Eberhard Gockel，1636～1703 年），尤其精通於解除巫術。他在《魔力醫學異事錄》中，講述一個中了愛情魔法的醫科學生，他熱烈地思念著一位姑娘，久久不能自拔。原來，一位裁縫在他的褲子裡縫了一個魔法咒的袋子，袋子裡裝了一條兔子尾巴和捲曲的頭髮（或許是那位姑娘的頭髮）——這裡明顯地顯示，一個人的愛情魔力如何引導異性：「不久這個裝有尾巴、頭髮等的小袋子被燒掉，而小伙子的心情也歸於平靜。」

現在，世界上很多文明的國度裡，人體和四肢大都被衣服所覆蓋，唯有頭部裸露在空氣中，正如作家歌德在

《人類的界限》一文中所說：「雲風與它相嬉戲。」在某些地方，人們要戴帽子、頭巾或者便帽、面紗，有時需要把頭髮甚至眼睛都遮蓋住，但更爲常見的是頭髮露在外面，成爲一個人或者一個民族的標誌、表現其魅力與獨特的方法、臣服與抗議的標誌，其他任何一個身體部位都不能像頭髮這般，屈從於具有時代與文化特徵的外貌與價值的轉變。

　　另一方面，在新的時代裡，陰部鬈曲的毛髮也成爲髮型藝術家研究的課題。因此，這裡討論了毛髮不同的生長區域，看來可是完全合理的。

頭髮過多還是過少？

　　頭髮實在奇妙，可以讓人們不斷地改變著它的長度、外形和顏色。即使有外力要求髮型統一（例如在軍隊和監獄裡，領導集團採取了強制措施），但這只有短期的作用，無論何時頭髮都會自然地再次生長或變得鬈曲、蓬亂，或是修剪成稀奇古怪的風格。千萬別以爲在發明洗髮精和髮蠟之前，人們並不特別在意自己的髮型。

　　在德國中世紀騎士伯利辛根（Gotz von Berlichingen，1480～1562年）的自傳裡，他回憶自

己在年輕氣盛的軍旅生涯期間，曾在邊疆總督麾下遇到一位波蘭人。這位波蘭人在自己的頭髮上塗抹著雞蛋，他用刀威脅伯利辛根，因為伯利辛根不小心用自己的大衣把他「漂亮」的頭髮弄亂了。

　　而摩登的燙髮就像水中的波浪一樣，也有它的漲潮和退潮期，髮型也是如此。一個人覺得過於前衛的髮型，另外一個人卻會認為它美麗極了。人們並不介意參孫從不剃頭還披頭散髮地到處閒晃（參孫是聖經中的大力士。在以色列的瑣拉城裡，有一個名為瑪挪亞的但族人，他與妻子一直不孕。某天，神降臨在他們面前，並告知不久他們就會生下一個兒子。但是要求這個孩子必須發願不飲酒、不理髮，他就是參孫），參孫蓬亂的頭髮就像獅鬃。曾有一頭咆哮著的雄獅擋住參孫的去路，他赤手空拳地把獅子撕扯得粉碎。參孫從娘胎出來就是神的拿細爾（Nazarite，基督教歸聖之人，發願離俗不飲酒），他也非常樂意顯示自己的特殊身分。就像嬉皮或龐克族一樣，喜歡顯示自己的非凡：「我就是這樣，而且我的想法也與眾不同。」

　　女性的長髮富於變化，被認為是性感、美麗或者有用處的。基督教聖徒抹大拉在畫中的形象大多是一位以長髮遮掩裸身的女子，因此她被視為女性和女罪人的結合體。路加福音中就講述道：「她聽見他坐在法利賽人屋內桌子旁，就拿著一個裝著香膏的瓶子（在馬太福音中，則是一

個裝著珍貴水的瓶子），站在耶穌背後哭泣著，眼淚因此濡濕他的腳，然後她用自己的頭髮擦乾，親吻它們，並用香膏塗抹在他的腳上。」

而格林童話《聖母的孩子》中的女孩，她的長髮則有如同衣服一般的作用。「她在穿過森林時，人們沒有發現她，因爲她的頭髮與身體一樣長，可以用來遮蔽身體。她的頭髮放了下來，像大衣一樣的長髮深深地吸引正在那裡打獵的國王。『這件大衣』哄騙國王說：『把這個年輕的女子帶回家，立即給她穿上漂亮的衣服，那麼這個世界就會秩序井然。』」

女子美麗的長髮在世界中飄動，吸引著男性，也給予男性機會，透過這些長髮而抓住幸運女神，把這位長髮戀人束縛到自己身邊。格林童話中的長髮公主便是利用她飄垂的長髮，讓她的傾慕者爬上高塔之上的閨房，最後生了一對雙胞胎，過著幸福快樂的日子。在一則科西嘉的童話中，女英雄則用她的辮子就自己的母親一命。義大利童話詩人巴吉雷（Giambattista Basile，1575～1632年）在童話集《從王宮到森林》中，也描寫了一位嫵媚動人又詭計多端的女妖，她用她的頭髮將男人綁住，引誘他們，蠱惑他們，並向他們施展魔法。

另一方面，卻有一個戀愛中的王子利用長髮，把帶著神秘的公主留在他的床上。這位公主每天黎明都從王子身

邊逃脫而消失，使王子衰弱無力，昏昏欲睡，這讓王子產生了好奇心。這種現象持續了七天，王子再也遏止不住自己強烈的渴望，想要知道從星星上落到他身邊的是什麼？是哪艘小船載著他的心肝寶貝停泊在他的床前？一天晚上，王子趁公主熟睡時，將她的一縷髮絲綁在自己的胳膊上防止她脫逃，再讓男僕點燃蠟燭，看到的是一個花容月貌、奇蹟般媲美維納斯的女神。

人們的確不應該懷疑長髮的功用，但對於押沙龍（舊約聖經故事中，以色列國王大衛的第三個兒子）來說，長髮是他的災難之源。當他果斷地決定從樹林中脫逃時，他的頭髮被橡樹的枝葉纏住，吊在橡樹上來回晃動，致使約雅將他殺死。

童書《披頭散髮的彼得》中，蓬頭彼得的樣子更可怕，他從不願梳頭，而被那些願意理髮的乖孩子把他視為笑柄。有趣的是，精神科醫生出身的作者霍夫曼（Heinrich Hoffmann，1809～1894 年）在此書中斥責小孩子不理髮卻不是出於衛生的心態，而是基於對德國的忠誠。

德國路德教派的諷刺作家莫瑟洛施（Johann Michael Moscherosch，1601～1669 年）則完全拒絕長髮：「這難道不是輕浮放蕩嗎？長長的頭髮向下垂著，不正是小偷的髮型嗎？這些人因為犯罪或者偷盜行為而被割去耳朵，

因此想用頭髮將他的缺陷遮住，使人們不會覺察到這點。而我們這些清白人家卻像猴子般地學著這些具有惡習的人的樣子，把這樣的髮型當做極其漂亮的物件來賣弄。」

時金時灰：頭髮的顏色

　　頭髮應該是長還是短？是直還是捲？頭髮的顏色應該是金黃色還是灰色？應該保持自然顏色還是染色？關於髮型該怎樣變化的討論，從很久以前就開始了。長久以來，人們就練習塗染頭髮的顏色，爲了掩蓋不斷增長的年齡，頭髮是灰色的人尤其重視染髮的必要，因爲灰髮往往是暗示著性能力的缺乏。

　　「當山中下雪時，山谷必然寒冷。」這是巴洛克時期的一句俗語，拉伯雷（Francois Rabelais，1494～1553年）把這句話收入了《巨人奇遇記》中：「約翰修士對巴紐朱說：『我看到你的頭髮已經變灰了！你的鬍子有灰的、白的、紅棕色的和灰色的，深深淺淺看起來像世界地圖。老師說，當山頂上下雪時——我指的是頭頂和下巴——那麼褲襠中的山谷就沒有多少熱情了。』」

　　巴吉雷也寫過這樣的故事：一位戀愛中的老人（這個老人對熾熱的維蘇威火山噴發出白色的火山塵似乎記憶猶

新)在「白雪皚皚的山峰」下隱藏著烈火般的熱情,然而朋友們卻因此而取笑他。男士們也不喜歡紅色的頭髮,那是因為怕陷入廣泛流傳的迷信漩渦之中,而且又有成為流氓無賴之嫌。

柏拉圖尼克斯(Sextus Platonicus,約六世紀)的作品於 1575 年重新翻譯為《藥典》,其中介紹了以下的黑髮藥方,該書中使用的幾乎全來自於動物:「將烏鴉的蛋放在銅缽上,不停的攪拌,直到它改變顏色,然後把它塗抹到頭髮上。同時,在嘴裡含著油,直至頭髮變乾為止,這樣牙齒就不會變黑。把頭用繃帶纏好,四天以後解開,這樣頭髮絕對不會變成灰白色。」

有些人的頭髮很早就變成灰白色。遇到心理巨大創傷或衝擊的經歷也會引起白髮,這就是人們常說的一夜白頭。中世紀的義大利宮廷醫生多納提(Marcello Donati,1538 ~ 1602 年),認為這一主題非常重要。他在《醫學奇蹟史》一書中,便使用「由於害怕或悲傷而使頭髮突然變白」作為第一章的標題。此外,在第二章還提到:「教皇想把奧斯林(Don Diego Osorio)送入監獄,由於恐懼,奧斯林的頭髮一夜之間全部變白,儘管他仍是個年輕人。」法國學者史卡利傑(Julius Caesar Scaliger)也曾講述一個故事:「義大利曼圖阿親王由於懷疑其弟陰謀造反,故將其關入大牢中嚴刑拷問。第二天

早晨有人向親王通報說，其弟突然變成滿頭白髮。人們視之爲神靈的暗示，親王感到震驚，因此寬恕釋放他。」

「一夜白頭」不只流行於過去，現代也有類似的故事。在美國五零年代廣受喜愛的故事文集彙編《信不信由你》系列叢書中就曾寫道：1871 年普法戰爭後，法國銀行家洛特西德（Alphonse James de Rothschild，1827 ～ 1905 年）收到金髮的勝利者（普魯士人）所提出的賠款要求時，驚慌失措，滿頭烏髮一個下午就變成白髮了。

禿頭

頭髮無疑是人類天然的裝飾品。舊約聖經《列王記》中要求我們，如果遇到一個人是禿頂的時候，不應直呼其爲「光頭」。

以利亞是聖經故事中的以色列先知，以利沙是以利亞的兒子，當以利沙出發去伯利特時，城裡一群淘氣的孩子把他圍住，奚落起他的禿頭來，喊道：「快走，禿驢！快走，禿驢！」以利沙是一個易怒的人，而且不能容忍兒童的玩笑，便用耶和華的名義詛咒他們。於是，叢林裡跳出兩隻熊來，把四十二個孩子都撕爛了。後來就演變成把調皮孩子送到學校剃光頭，當成嘲弄別人的懲罰。而法國人

稱這種髮型為「狗型」，但這種髮型並不是懲罰措施，而是當地為消滅蝨子而想出的辦法。

光頭為無髮者帶來什麼？光頭有時不是更加有用嗎？蒼蠅和光頭的寓言故事古來有自。蒼蠅不停的停在光頭上，騷擾著光頭的生活：「蒼蠅嗡嗡地飛來飛去在他的耳朵邊繞來盤去，這個可惡的蒼蠅。看！現在又停在他的光頭上。」

德國漫畫家布希（Wilhelm Busch，1832～1908年）這樣描述一位教士的午休時間：「他總是打不到這隻蒼蠅。」而且每次在追打這隻騷擾者時，總是把自己打疼。當美國影星尤伯連那（Yul Brynner，作品有《國王與我》、《真假公主》等）成名後，再也無人嘲笑這位光頭了。反之，娛樂、時裝界開始把光頭視為充滿吸引力和富創造性的標誌。

但對於女性來說，無論她們是因為出家還是化療後遺症，迄今為止，極少有人公開顯露自己的光頭。只有少數幾個女歌星，例如辛妮歐康諾（Sinead O'conner）和幾個女影星是一直留著光頭。

1997年2月底，美國影星伊莉莎白泰勒由於即將實行腦部手術，她的頭髮必須全部剃掉。1997年3月2日的《蘇黎士日報》報導了這一則新聞，並刊登了她的光頭照片，目的是希望搶先一步報導該新聞。這種追逐轟動新聞

的膚淺行為是不雅觀的，因為在媒體市場中，光頭女性還未成為偶像的代表。

　　那些突然大面積落髮的女性長期經歷著不幸，因為她們都像摩納哥公主卡洛琳一樣（摩納哥王室始終八卦不斷，常是媒體追逐的焦點），絕對不希望成為大眾報紙的頭條新聞。

女性也有的鬍鬚

　　鬍鬚是男性成熟的標誌之一。在人類歷史的長河中，1510 年出版的《拉丁文格言集》一書中就曾記錄這項男性特徵。而老年男子和長長的鬍鬚，這兩者總是一起出現。有時人們這樣說：「一個男子進來時，他看起來很糟糕，年齡很大，留著長長的白鬍子。」長鬍子這個頭部飾品，也曾使童話中害怕的老人陷入災難：「一個膽大包天的年輕人把老人的鬍子夾在砧板縫隙之間，甚至還用鐵棒打得老人不斷呻吟。」

　　法國人很喜歡批評和他們不一樣的鬍形，而且常常刻薄地嘲諷西班牙人和葡萄牙人的鬍子。孟德斯鳩在《波斯人的信札》中就寫道：「鬍子本身就值得受到尊敬，更不用說由此所帶來的優勢。它既能讓人爬上要職，也能為民

族爭得榮譽，就像駐印度的葡萄牙總督那樣：這個總督有一天缺錢花用，他便剪掉兩鬢的鬍子，並想藉此從當地居民那兒借了兩萬把槍枝。當地居民毫不猶豫地立即借給他，總督後來又忠誠地贖回了他的鬍鬚。」而西班牙人則是時常暗地反對三色旗（指法國），西班牙的格言裡就提到過：「誰長著三色的鬍子，就肯定是一個告密者。」

　　中世紀有關鬍鬚的諺語中（當然，人的鬍鬚肯定沒有任何智慧），有這樣一句話：「你得提防長鬍子的女人與和解的敵人。」1870 年，義大利學者康博勒帝（Domenico Comparetti）彙編了當時的義大利童話，其中《長鬍子的女人》一篇，講述一個姑娘希望能被王子帶走，而變得手忙腳亂，沒有正式地與她舊情人（吃人怪）告別。這個吃人怪決定懲罰這個姑娘，於是姑娘長出了長長的鬍鬚，模樣十分可怕。但是，熱戀中的王子寧願與這個長髮怪獸在一起（好在吃人怪最後取消了他的詛咒）。這個童話源於一個純潔少女的傳說，她為了逃避好色異教徒的劫持，迅速地長滿毛髮。從此，長鬍鬚的女人被視為怪異可怕之物。十七世紀時，德國的烏斯勒琳（Barbara Urslerin）以她濃密的毛髮和長而捲曲的鬍子著稱，她的毛髮甚至從耳洞長出。她還演奏鍵琴，藉此證明她的女性身分。中世紀歷史學家坎貝爾（Ulrich Campell）在 1549 年時也記錄過長鬍子的女人：「我在瑞士的一個村莊發現了一個成

年、男性化的女性，她生有一副濃密而捲曲的長鬍子，比許多成年男性還要濃密。」這樣的女性總是受到許多人看笑話似的嘲弄，即便受過高教育的也會嘲諷與譏笑她們。

德國劇作家柯澤布（1761～1819年）在《1804年巴黎回憶》中，提到他在巴黎野台戲的發現：「走進幕後，你絕不會後悔。因為你將看到一個奇異的女性，她擁有一身男性的特徵，儘管她是一個姑娘，但她生有又長又濃密的鬍子。這肯定不是騙局，我已經仔細地檢查過了。這個姑娘二十來歲，當我看到她時，她的眼睛濕漉漉的，濃密而烏黑的眉毛遮蔽了它們。您可以想像一下，在一條髒頭巾包裹下的是怎樣的一張臉，黑色的毛髮之下又是堅挺的白晰胸部、裸露的胳膊和腳，彷彿是濃密的毛髮覆蓋了全裸的身體，你一定無法想像這樣的形象有什麼誘人之處。如果她沒有乳房，唱歌的嗓音不是如此尖細，人們絕對不會相信眼前有著這樣一位女性。」

在一個著名的蠟像館裡，幾百年前有一個畸形女性的蠟像。這個女性被稱為「女以掃」（以掃是聖經中的人物，全身長滿了紅毛），她叫做愛莉特，1865年生於維吉妮亞。書中插圖對她的紀錄是她的嘴唇周遭和下巴長滿了捲曲的鬍鬚，即使是男性也不會有這樣的鬍鬚。另外，她的長相非常醜陋，對於這樣的畫像，就算是男子看到也會驚訝。然而，「她的雙手非常靈巧，無論是用織針還是鉤

針，她都能織出精美的手工製品。」

　　另外還有一位世界聞名的女士，她直至 1891 年仍一直待在家裡，她善於手工，過著深居簡出的生活，但因為報章雜誌的報導而出名。最近，在巴黎的藝術展覽會「雄性化的女性」上，高度肯定並讚揚了這一「多毛女性」的藝術價值。鬍子還是男性的特徵嗎？看來，答案已經不那麼肯定了。

人體的肌膚

　　男性身體比女性身體多毛，雖然這已是男性的構成要素，但它不過是一個關於人體的大眾說法而已，男性絕對不會整個軀體都長毛髮，例如在腹部、背部、臀部就不會有過多的毛髮。不過這裡也有例外，在某些傳說或者童書中的野人甚或現代野人（在瑞士的弗里堡就曾發現過），在酒店的「野人」招牌上，還有在埃及遁世修行的隱修士聖奧諾夫等等，他們都以不尋常的華麗體毛而著稱，省卻了理髮師的辛勞。在後來的野台戲上，這種全身長毛的男子成為人們口中的「獅人」。

　　誠然，女性無法與男性並駕齊驅的觀點是錯誤的。在阿爾卑斯山的傳說中，不乏女野人的出現，其特點是雙乳

過長，毛髮濃密。儘管女野人是否存在仍是個疑問，但這種不尋常的怪人形象，引起了人們的疑慮：「是否她們從天堂脫逃到人間來了？」法國外科醫生帕雷（Ambroise Pare，1509～1590年）所寫的《傷病藥典及藥典箴言》一書中就已經出現了。這本書收集了許多怪異之事，當然也包括怪異之人：「義大利比薩附近有個女孩全身長滿了長長的毛髮，因為她的母親在懷孕的時候，床頭掛了一幅多毛的聖約翰施洗圖，並每天熱情地仰望它。」當時的人們認為，是想像力和孕婦的渴望，造就了這樣一個奇異之人。因此，人們將多毛的女孩牽強附會地彙編進〈毛髮〉一章中，然後用同時代的描述或醫生記錄來證明。

在布拉格的皇家藝術廳，神聖羅馬帝國皇帝魯道夫二世的博物館中，也有一幅畫有長毛家庭的油畫。這幅畫中的父親是純種的野人，與正常的荷蘭女性結婚，有兩個全身長滿毛髮的女兒。1543年和1584年，兩個女兒分別被義大利自然科學家阿爾多凡第（Ulisse Aldrovandi）寫入《怪胎史》一書，稱之為「十二歲的長毛女」。1631年，西班牙畫家利貝拉為一個滿臉鬍子，具有男性暴躁性格的女人畫了一幅像，畫上的她正在哺乳，裸露出右側的乳房。現代早期的另一個長毛家庭，醫生舒馬赫在1656年夏天向友人提到了在荷蘭的市集上看到的長髮女。她——一個長著一頭金髮並且有著長鬍鬚的女子，而最引人注

目的就是覆蓋她全身上下直至手指的毛髮。

　　現在，美容業對於解決女性毛髮過長的問題仍然感到棘手。而有許多的女性都屬於這種毛髮濃密型，她們多半覺得毛髮過常是不幸的。二十世紀初，尤其是第二次世界大戰以後，女性藉由齊耳的短髮來表現婦女解放的追求。現在，世人的成見促使女性利用藥膏或者各種器材去除體毛。看來，二十一世紀的女性想要追求流行，必須儘可能讓肌膚顯得光滑無毛。

　　脫毛是很早就存在的觀點。早在 1616 年義大利解剖學家法羅比歐（Gabriele Fallopio）就在《自然的奧祕》中針對多體毛，寫出了一個脫毛藥方：「將五隻蝙蝠燒成灰拌螞蟻，成油膏後塗於多毛的皮膚上，則纖毛盡去，盡顯光滑肌膚。」不過，令人好奇的是，女士們能夠到哪裡去捉五隻蝙蝠。

　　頭部是人體各器官中最重要的位置，對此沒人能輕易地加以否定。1673 年 11 月 8 日，德國澤納大學哲學系的學生勞倫茲用拉丁文做了演說。該討論主題是關於人類頭部的思索，這個年輕人將頭比喻爲城堡，然後說：「精神女王與她的僕人們（也就是藝術和科學）統治著頭。」莫里茲在他的義大利之旅中看到羅馬的雕塑時，毫不謙遜地說：「雖然動物王國中身體和頭隨處可見，但是沒有任何腦袋和眼睛像在人體中一樣，頭就是整個身體完美無缺的部分。其他的所有部分都指向它，都是爲它而設的階梯。在動物身上，頭部要服務於身體，爲身體供應食品。而對人類來說，整個身體是爲頭部服務的。」我們可以將勞倫茲的比喻技巧延伸開來，並且加以現代比喻——頭部是人體的至高點，就像是教堂上的十字架和風向標，燈塔上的燈和鏡子，電視塔上的發射器，而且這些塔都是高聳入雲的，恰恰就像人類直立的身軀。

　　以下我們用一種非詩意的、生理學的模式來談論它。受到高度評價的頭顱包括下丘腦（它分泌的荷爾蒙控制著神經系統和腦垂體的荷爾蒙）和腦垂體本身（小型的腦垂體，分泌作用非同尋常的荷爾蒙）和五種感覺器官中的四個部分——雙眼和雙耳（視覺和聽覺）、鼻子和嘴（嗅覺和味覺）。面相者之所以能夠有所斷言，是因爲頭部終究表露於外的面貌（臉面）顯示了人的精神和靈魂，亦即或多

或少地顯露出他內在的本質和天性。不要忘記，在橢圓形的頭部還有著呼吸道與食道的入口，所有食物均從這裡展開其經過消化器官的漫長旅行。頭部不僅是身體的至高點，也是整個身體的開端和首領。

顱骨和顱骨裂縫

　　首先，堅實有力的頭顱骨圍成一個容納大腦的顱腔。大腦是我們整個身體功能錯綜複雜的容納者，而對於它的工作模式和效率、左右如何相連交錯等眾多功能，我們尚不清楚。雖然從十九世紀顱相學之父高爾（Franz Josef Gall）開始跨領域研究顱相學工作以來，人們對於大腦的認識已有很大的進步，但是大腦還是一個充滿神祕的密室。通常，靜物寫生的畫家把顱骨作為死亡的思想標誌。他們之中的某些還認為打開的腦骨與剝殼的胡桃很相似，一些智者還視之為時髦，就像哈姆雷特一樣，將一個這樣的死亡紀念品從墓地取出並放置在書桌旁。

　　在羅曼語中，顱骨通常叫做「testa」或者「tite」，這個詞最初指的是音罐、器皿或者器皿的碎片，後來用之於頭蓋骨是因為它看起來像一個倒扣著的碟子。在日耳曼傳說中，國王尼東割斷了五金工的腳腱，以防止這個能做

出精緻細巧東西的工匠逃跑。雖然尼東王以這樣的方式囚禁了藝術家，但是藝術家也殘忍的報復，殺死了尼東王的兒子們，並且把他們的顱骨做成精緻的酒杯。

在我們的日常生活中，很少重視顱骨脆弱的一面，彷彿自己的腦袋是木頭製成的，根本不關心裡面的內容，只有在建築工地或者騎機車時才戴上安全帽。當我們聽到腦震盪或者腦部手術時，往往會感到驚愕。顱骨破裂，腦漿外流——這些即使不至於導致死亡，但通常也會造成癱瘓。

眾所周知，現代早期即使對大腦功能一無所知的情況下，醫生們已經能夠治療腦損傷。例如 1601 年，外科醫生帕雷在《傷病藥典及藥典箴言》一書中記錄了下面的病例：「1538 年，那時我正在蒙泰阿尼紳士那裡任職，一次意外事件在我的執醫生涯中烙下印記。當蒙泰阿尼先生與球友練習投擲時，他的頭蓋骨右側受到重創，以至於被打穿，打掉的那塊頭蓋骨有半個歐洲榛子那麼大，掉落在地上。我一到現場，立即斷定他身受足以致命的重傷。」然而，當時一位同行認為必須把從頭部流出的這些物質看做是脂肪，而不應把它們看成是腦漿。

這位大師應該不會搞錯才對：脂肪會浮於水上，靠近火就會融化。然而這種從頭部流出的物質會沉於水底，放在加熱的盤子上卻會像牛皮一樣縮成一塊。所以啊！它不

是脂肪，而是腦漿！帕雷醫師在這次治療過程中，獲得了所有人的大聲喝采。不僅如此，他還成功救治了這位紳士，恢復他的健康，否則這位紳士的餘生將是一位聾啞人。

來自法國外科醫生羅梭，在他所著的《觀察》一書中，就講述了對頭部受傷者的治療：「在貝杰哈克城中，一個四、五歲的小姑娘坐在街上，她的母親正在玩保齡球，但是她把球拋得太高了，球失去控制，恰巧落到這位小姑娘的頭上，打碎了她的左頂骨。由於造成很大的裂縫，腦漿像流動的起司一般，立即流出許多如歐洲榛子那麼大的腦漿塊。但她後來卻活了下來，而且活了很長時間，結過三次婚。」因為故事中提到這位女子的名和姓，所以我們查知這個故事發生在比斯開灣地區（這裡的居民以擅長吹噓著稱），所以我們多少都對這個敘述有些疑問，就如同人們會對一般傳聞感到懷疑一樣。

頭部是人類易碎和易受損的部位，所以法醫們在進行屍體剖驗時，往往會遇到對頭部最為不堪入目的毀壞。拳頭、斧頭、掃帚柄，甚或一個尖頭梢子擊中頭部，都會使人喪命，就像關於聖經士師記中，雅億的故事裡所描述的那樣：「雅億利用美色將卡南密特的步兵統領西西拉引誘到她的帳篷中，趁其熟睡時用帳篷椿，從太陽穴釘進西瑟拉的頭裡，甚至深入到土裡。事後，無所畏懼的女先知底

波拉甚至充滿喜悅地歌頌了這個英勇行為：「他就這樣彎曲著躺在地上，走向毀滅。」

太陽穴受到重創當然不可能總是可逃脫不幸，德國解剖學家普拉特（Felix Platter，1536～1614年）在他的《日記》（1536～1567年）中追憶了他的姐姐曾遭遇到的不幸：「當我母親在花園裡鋤土時，我姐姐沒有注意到帶尖齒的雙齒耙，不慎被打在頭上，受傷情況非常嚴重。當時她痛苦地大聲呻吟，最終仍沒有逃脫不幸。」1656年，德國奧格斯堡的外科醫生史密特（Joseph Schmid）在《傷病藥典箴言》中寫道：「一個希臘士兵在土耳其作戰時，一矢箭射中了他的太陽穴。後來土耳其人抓到他，幫他治好了箭傷。二十年後的一個夏天，他像平時一樣打了噴嚏，突然覺得鼻子裡奇癢難忍，最後竟找出一段半指長的斷箭，上面還帶著鐵箭頭。人們沒有發現他有任何受傷的徵兆，這一切恐怕只有大自然才做得到。」

看來頭部有時也能夠承受得起某些撞擊。大自然或者這位異常傑出的外科醫生，雖然治癒了幾百位頭部受傷者，但是很可惜未能總是這樣發揮他們神奇的作用，永遠妙手回春。

義大利童話詩人巴吉雷在《花神仙女》中寫道：「七個粗野醜陋的婦人，猛撲向美麗的仙女，並且用木棒敲打著仙女的頭，不假思索地將她切割成上百塊，然後每個人

分得一部分。」格林兄弟也寫了很多關於各種頭部受傷的情形，例如在《羅蘭德情人》中，「一個真正的女妖在夜間偷偷溜到女兒的臥室，然後她用斧頭將自己的女兒的頭砍掉。」如果劊子手將頭與人類軀幹的連接處分離，那整個軀體就會毀滅。人將失去控制，沒有領導和情慾，沒有聲音、光線和空氣，沒有生命。

令人討厭的頭痛

1601 年，帕雷的《傷病藥典及藥典箴言》一書中寫道：「整個頭部由六十塊（最多六十三塊）骨頭組成，頭蓋骨十四塊，面顱骨共十四塊，牙齒三十二塊，其中腦顱骨共八塊，包括額骨和枕骨，頭前部的二塊頂骨，蝶骨和前方的篩骨，兩側部各一塊顱骨，還有的六塊在顱骨內部。在受到顫動時，可連續運動的骨頭包括，耳朵內的砧骨、錘骨和鐙骨。

帕雷又繼續講述了十四塊面顱骨，他強調：「動物的頷骨由左右兩部分組成，而人類的頷骨極少出現這種現象，經過觀察我認為它們是連在一起的。」面顱骨可以稱為咀嚼骨、頷骨或者下頷骨，這是人體中一個卓越的器官：上頷骨的名稱表明了頷骨的特徵。古希臘英雄庫奈蓋

若斯（Kynegeiros）在參加馬拉松戰役時，當他的雙臂被砍斷之後，用頷骨咬住了波斯敵人的戰艦。我們或許不相信這個故事，然而我們偶爾會親眼見到，馬戲演員能夠利用頷骨咬住巨大的重物。

我們已經了解頭蓋骨的數量，但我們對頭部的認識仍然很少。在拉羅斯《Larousse》醫典和其他一些醫學辭典中，找不到「tete」詞目（「tete」字義是「頭」，從醫學的角度出發，這個字是不太適用且不精確的概念，醫學中通常只使用「頭蓋骨」「大腦」和「臉部」和「耳鼻喉」區等字），但是至少在這個辭典中還可以找到「頭痛」一詞，並對於這個部位（頭）的敏感性有詳細的描述，例如頭暈、頭痛，或者偏頭痛。

現代醫藥工業因為生產了許多治癒頭痛的鎮痛劑而賺進大把鈔票，顯示出頭痛一直令醫生大傷腦筋，促使他們發明各式各樣的治療藥物。西元 1300 年，西班牙加泰隆尼亞的煉丹術士、星占學家和巫醫維拉諾瓦（Arnaldus Villanovans，1238～1318 年）在他的藥方手冊《窮人至寶》的中介紹了下面的方法來治療頭痛：「要想治癒頭痛，你必須採取下列方法：取半匙食醋和半匙薔薇醋（或者薰茶醋）混合，趁早晨頭痛還未侵襲之前喝下，頭痛就會消失。」

如此簡單的方法通常不會消除不斷發作的頭痛或頭

暈，至少有異物在頭蓋骨中作怪時，這樣的做法並無辦法達到消除頭痛的目的。法國香檳區有一位年輕女病患在她生病期間經常會突然全身抽搐，有時甚至癲癇發作。在她死後，外科醫生波特（Claude Du Port）打開了這位女性的頭蓋，在她的頭裡找到一隻仍然活著的大蠕蟲。它蛀穿了病患的頭蓋骨，從位於頭蓋骨塊之間的海綿體中的微血管吸食血液、得到營養。」

大腦中的蠕蟲？我們將會在「鼻子」一章中再次談到它們，還可以找到其他證據來證明這種引起頭痛的肇事者。瑞士外科醫師之父——法布里休斯，他在自己所著的《外科醫生的觀察》一書中提供了一個蠕蟲樣本的插圖，這幅圖值得我們注意，它就是現代傳說中所說的那種蠕蟲，他們是從頭皮或者面頰裡刮出來的。

法布里休斯的姪兒長期遭受頭痛之苦。自從左邊太陽穴上長出一個小腫塊後，他就開始出現頭痛的症狀。一段時間之後，頭痛擴張到整個頭部，但是左邊疼得特別劇烈，長期的頭痛伴隨著高燒不退。嚴重的病症促使他尋求外科醫生的幫助，醫生在篩骨處割開，取出一個發臭的膿包，從膿包中慢慢爬出一條蠕蟲。之後，頭痛以及其他症狀都消失了。然後，醫生用明礬水和明礬灰以及磨細的鹿角灰配製而成的藥治癒了這個瘡。值得一提的是，這個小伙子完全康復並且活了許多年。從他以後，就不曾再見到

這種事件的記錄。為了證明此事的眞實性，直到今天我們還可以看到刻在木頭上的全身長滿絨毛，分成十節的肥胖蠕蟲——它竟有三十四公釐長！

斬首

　　斬首應該歸入到古老的處決方式：行刑時，用刀或斷頭台等銳利的工具，將犯罪者的頭從軀幹處分割開。就如同歷史人類學家杜爾門（Richard van Dulmen）所說，當「頭」作爲人體解剖中的一個部分，卻不斷出現在民間的演出和文學描述中時，斬首直至十八世紀末期，仍然是當著無數觀眾的面而隆重舉行的公開儀式，有時甚至比民俗節慶的節目還要熱鬧。

　　英國國王查理一世被斬首時，要在宴會廳前斬斷一個相當重要的人物的首級，倫敦人不僅可以直接觀看，就連歐洲大陸上的人也可以藉由記者的報導傳單了解這一奇觀。人們從傳單上的版畫可以看到，站在刑台上的劊子手，如何將國王被砍落的人頭舉向空中。執行斬首，劊子手的任務並不簡單，刀起刀落，完結他從生到死的過程，這並非總能幸運的完成。頭與屍體之間只有一個馬車輪的距離，劊子手成功地完成任務，就應該做到徹底砍掉罪人

的頭，並且是一刀完成身首分離。德國的法蘭克福， 1562
～ 1696 年之間總共用刀處死了九十二名男子與十六名婦
女。

　　十七世紀中，德國紐倫堡處斬了一百二十二名男子和
六十一名婦女。這就是說，在這城市中的居民每年多多少
少都可以看到，或者至少可以聽到有關砍頭的事件。另一
方面，也不是每次都可以在斬首那一刻就能使被砍頭者立
刻結束生命。新教教徒高德烏爾（Caspar Goldwurm）在
《1559 年教會年歷》中記錄了 1528 年被斬首的新教殉教者
的事跡：「當他被斬首之後，腦袋落在地上，雙腿卻站了
很長一段時間，足足可以讓人吃完一整個雞蛋，身體才慢
慢地翻轉過來，背部著地，右腳蹺在左腳上。在場的所有
人包括執行官在內都驚異於眼前的情形，無不爲之動容，
因此沒有照往例燒掉死者的屍體，而是很尊重地將他掩
埋。」人們出於恐懼的心理相互轉述這些事情，但肯定沒
有想過這樣一個簡單的事實，即在身首分離之後，人體會
出現痙攣現象。

　　1564 年，法國傳奇故事作家馬康威利（Jean de
Marconville）也描述過行刑的過程：「從被砍頭者的腦
袋裡冒出了煙和火。」羅塞特（Francois Rosset）是一
位偵探小說的創作者，在他 1614 年完成的《歷史上的悲
劇》一書中描寫了處決多莉夫人的情景，她因爲使用騙局

和巫術，被指控殺害她的丈夫孔奇尼元帥（Concino
Concini）。以下爲處決中的細節：「幾個人出於對祖國強
烈的愛，猛力撲向身首異處的夫人，然後把它當球玩了好
一陣子。此時，其他人將她的身體扔進專門用來焚燒巫婆
的熊熊烈火中。」

　　在更爲古老的文本中也記述了這種將身體和首級分離
的行爲，人們可以從聖經和聖徒傳說中的圖片裡，可以得
知施洗者約翰的故事：美麗的莎樂美是希羅底的女兒，擅
長跳舞，她在一次宴會上爲希律王跳舞，精彩的舞蹈使希
律王高興之至，就答應賞給她任何她想要的東西。莎樂美
回去問母親，她應該向希律王提出什麼要求。她的母親希
羅底嫉恨先知約翰指責她道德上的罪過，就要莎樂美向國
王要求得到約翰的頭顱，國王許諾在先，只好無奈地答應
下令砍殺約翰的頭，並將頭顱放在盤子上，奉上查驗。
「他的頭被盛放在一個碗中遞給了這位少女，而她把它獻
給了她的母親。」

　　在英國劇作家王爾德（Oscar Wilde，1854～1900
年）所寫的悲劇《莎樂美》的結尾，讓劊子手用銀色的盾
牌盛著約翰的頭顱端上舞台（如果導演願意這樣安排的
話），莎樂美抓著約翰的頭髮（希律王將頭掩在他的長袍
裡，希羅底搧著扇子得意洋洋地笑著，拿撒勒人跪倒在地
祈禱），並說：「哈！你不願意忍受我親吻你的嘴，約

翰，可是我現在就要親吻它。我將用我的牙齒咬它，就像女人咬一個熟透了的水果。噢！我要親吻你的嘴，約翰。我已經說過了——我有沒有說過？——我已經說過了。哈！我現在就要親吻它！」作者在這裡卻沒有說明在舞台上該如何上演這場對死者的情色場面（以及這個蠟塑的人頭該是什麼樣子）。

撰寫聖徒傳奇的作家們不厭其煩地用大篇幅去描寫這個被砍掉的虔誠頭顱，尤其是聖徒的頭！聖徒狄尼斯在巴黎的長眠之處，也有著一個將頭放在胳膊下面的形象。這個神聖的殉教者被斬首之後，一直抱著自己的頭走到氣力用盡才倒下。一個砍掉的頭顱——用這種方式賦予了每個勇敢的天主教徒忠誠的榮譽。

在瑞士蘇黎士的三個聖徒，菲力克斯、雷古拉和他們的僕人伊庫柏蘭提斯，也是抱著被砍下的頭顱走到距瑞士利馬河附近。要想知道更多的聖徒頭顱，查閱聖徒辭典就能找到不少巴洛克時期的殉教者。大約有八十個殉道者犧牲了他們的頭顱，傳奇故事的研究者更為這些聖徒起了一個通稱——「抱顱人（Kephalophoren）」。

不僅如此，十九世紀的聖徒傳奇也提供了更加詳盡的斬首故事。神學家史托茲（Alban Isidor Stolz，1808～1883 年）在記述聖凱瑟琳的生平時，這樣寫道：「殘酷的審判者將她脖子上砍出三條血痕，卻沒有將頭徹底砍

下，基督教徒用布和海綿擦拭她流出的血。聖凱瑟琳依舊
不倦地指引那些奔來的人們，要他們堅持信仰。三天以
後，她做完祈禱，將無比珍貴而神聖的靈魂託付給現身於
人間的上帝。夜間，羅馬教皇烏爾班埋葬了她那無比輝煌
的身體。」

史托茲還記載道：「神聖的卡特琳娜也是被處斬的。
傳說中，卡特琳娜被斬首時流出的是牛奶而不是鮮血。聖
羅曼的傳奇故事則是讓一個孩子對著迫害基督徒的地方官
揭示對上帝的崇信，這個孩子因而被拷打，直至渾身血跡
斑斑。聖羅曼和孩子的母親喜悅地看著受難的孩子。最
後，這個孩子被自己的母親無比榮耀地抱到刑場，當劊子
手要求她交出這個孩子時，母親毫不猶豫地把孩子遞到劊
子手手中，沒有任何哭泣，只給了孩子最後一個親吻並唱
了幾句讚美詩，然後攤開雙手和她的圍裙來接孩子的頭顱
和鮮血。

史托茲所述的這個神聖的月份（十一月）還賜予我們
第四顆被砍的頭顱——神聖的艾德蒙德。起初，他被結結
實實地捆在樹上狠狠地鞭打，對他施以最慘絕人寰的酷刑
——刺孔，用箭射他（使他看起來就像一個刺蝟）。儘管這
位國王被折磨個半死，但他卻依舊愉快地直挺挺地站著，
直至殘酷的審判者施行最後一擊，砍下他的頭顱。這真是
勇敢的德意志天主教文化！人們可以推算一下十一月中被

砍頭顱的數量，史托茲在這本聖徒故事書中共記錄了五十顆被砍的頭顱，在十九世紀後半期還是本暢銷書呢！

頭是最重要的角色

聖徒傳說是一種榜樣文學，這些頭越是搖晃，越是生氣勃勃。一般的歐洲文學中，那些失去頭的人也很活躍，跟他有頭的時候一樣能幹。

關於海盜的傳說裡，也有一個抱頭人。他被斬首之後，還能夠從他的同伴身邊走過，以提醒他的同伴免受同樣的懲罰。在文藝復興時期的義大利詩人亞利歐斯多（Ludovico Ariosto）著的《瘋狂奧蘭多》，書中充滿冒險的傳奇故事，其中有一個會巫術的強盜奧利羅，當他被砍頭之後，仍然能夠到處走動，尋找他的頭顱，找到之後，再把它重新安放在身上。

的確，有些身體感到很疲倦的人，在大腦始終無法平靜休息的時候，就會希望晚上能把自己心神不寧的頭放在一旁，經過一番痛快淋漓的暢睡之後，再把頭裝回脖子上。

十八世紀末～十九世紀初的恐怖小說中，滾動的頭顱這些離奇恐怖的情景也相當盛行。出現在英式鬼怪小說

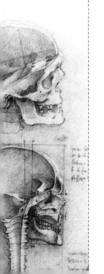

（gothic novel）中的人頭道具吸引了法國作家亞尼（Jules Janin，1804～1874年）。他對處決場景和含冤的情結很感興趣，例如他的《驢子之死》和《受絞者的回憶錄》等書中就演示了這樣的情景。

英雄在受冤刑絞死之前，在他的最後一分鐘裡講道：「我走上絞架，沒有半點恐懼，我希望我完全獻身於我的事業。這個僅距我兩步遠的棺材並不能容下我的整個身軀，我激動地喊道：『在沒有搬來足以容下我身體的棺材之前，我是不會服刑的。』暴徒的首領向我投來果斷的目光，他告訴我：『我親愛的孩子，你有足夠的理由抱怨這個棺材無法容納你的身軀，因為全國的人民都認識你。所以我們決定在你死後割下你的頭顱，並在我們儀式中最盛大的時刻將它宣示於眾。』」

法國大革命所帶來的恐懼長期影響著文學，並且在歐洲文壇蔓延開來。因此德國的浪漫主義者也脫離不了「砍掉頭顱」這一潮流。就像《愛麗絲夢遊仙境》中，當某個人令她不高興時，專橫的紅心王后總是狂怒地大叫：「砍掉他的頭！」

格林兄弟的一則恐怖的童話《藍鬍子》中，一個長著藍鬍子的傢伙裝扮成乞丐，騙走一個個少女，在他的宮殿裡將她們屠殺，因為她們大都走進一間不能進入的房間——「血室」。他說：「既然妳違反我的命令走進這個房

間，那麼我也就違反妳的意願，讓妳再進去一次，結束妳的生命。」他把走進禁室的少女扔到地上，拽著她的頭髮，把她的頭放在砧板上，將她斬碎。少女的血流遍小屋地面，然後他把碎屍扔進水槽裡。他甚至把第三位少女的死頭顱裝扮起來，爲它戴上花冠。

人們應該如何評論這些令人恐懼的場景呢？上述的世代之後，人們不再喜歡比德邁風格（於十九世紀早期流行於德、奧等國的平民生活風格）的大眾口味。 1832 年奧地利劇作家格里巴爾澤（Franz Grillparzer，1791～1872 年）評論法國作家卡爾（Alphonse Karr，1808～1890 年）的小說《椴樹下》，覺得作品情節過分誇張而不連貫。他在日記中唾棄道：「安排小說的主角以死爲結局，將他很草率地推上斷頭台，頭顱落地，這一幕實在是令人厭惡！」儘管卡爾在當時非常受重視，但他的作品情節脫離當時的大眾口味，依然不會被接受。

格林兄弟並非唯一被當作頭顱獵人的德國童話作家。在豪夫（Wilhelm Hauffs，1802～1827 年）的《被砍掉的手》一書中，敘述了來自義大利的醫生札流庫斯的故事。札流庫斯受一個神祕的陌生人委託把自己走向死亡的姐姐，割下頭顱，因爲陌生人必須把姐姐的遺骨帶回去給父親。

「我取出了我的手術刀。因爲我是醫生，所以總是隨身

攜帶。然後走近委託者姐姐的床前，軀體上的頭顱可以看得非常清楚，它是如此美麗，以至於我不由自主地產生最為深切的憐惜之情。她黑色的髮辮向下低垂著，臉色蒼白，雙眼緊閉。依照醫生在分解肢體時所採用的方法，我首先在皮膚上作一個切口，然後取出最鋒利的刀子，一刀割穿咽喉。多麼恐怖呀！死者睜開眼睛，發出一聲深深的嘆息，但隨即又閉上眼睛。現在，她看來的確是沒氣了。與此同時，一束熱血從傷口處向我射來。」後來，札流庫斯因謀殺而遭到起訴，儘管他只失去開刀的那隻手，但他再也不可能操刀了。不過，之後那位神祕的委託人給了他一大筆酬金。

　　作者的另外一部書《侏儒鼻子》中，老女巫在市場上訂了六個捲心菜（德文中「頭」一單字有「捲心菜」之義），要雅戈布送到她的家裡。老女巫將捲心菜變成了人頭，說：「它們不是這麼輕，不是這麼輕。」事實上，一個人的頭顱重六～八公斤。因為這個雅戈布不相信她所說的話，所以她打開了簍筐蓋，抓著頭髮取出了人頭，讓他比一比。

　　法國作家卡謬（Pierre Camus）1630 年在他的《恐怖劇》書中的《三個頭顱》故事裡，講述了不尋常的謀殺案：有個強盜在攔路行搶中總是割斷被害者的咽喉。一次，他從肉類加工場買了三個小牛犢的頭，裝進購物用的

網兜中，但是街上的人瞥見網兜中所裝的，竟是人頭，這個強盜便被抓進了監獄。經過辨認，發現這些人頭屬於那些被搶劫的屍體。透過拷問，強盜承認了他的謀殺行爲，最後被斬首。然而，當他甫被處死，這三個人頭又變成了牛頭。

十六世紀的寓言書中，也常出現這個故事：一位店主爲了圖謀金錢而殺害一個富有的客人。後來，他成爲城市裡最有地位的議員。有一天，她妻子吃飯時，端上一鍋烹飪好的牛頭。這位市議員瞥見鍋中出現了以前被他殺害的那個富人的頭，這使他反省自己的罪行，向當局自首。

滾動的頭

這種流傳廣泛的想像首先出現於傳說、童話、現實的處決和聖徒傳奇的故事裡，被砍掉的頭顱不斷地出現，所以使得更多的頭顱在世界上流竄，而這種現象也不再令人驚奇。在小說《沃查克》（Woyzek，1837 年）的故事中，沃查克與安德里斯在灌木叢中修剪灌木時，用非常簡潔的筆觸勾畫了一個詭異而恐怖的一幕：「嘿！安德里斯，一條線穿過了草地，那是一個頭顱在黑夜中滾動。一個人曾經撿起它，他以爲它是一個刺蝟。足足有三天三夜，他躺

在刨花上。安德里斯（輕聲地說）！那是共濟會成員，我知道了，共濟會成員，安靜！」

在格林童話《學害怕的故事》中，第二個恐怖的夜晚，主角用一個由九條死人腿和兩個死人頭組成的保齡球當作遊戲。第三個夜晚出現了六個人，他們搬來了一個裝有一具屍體的棺材，然後他們想到了車床，這個主角在車床上用頭顱削成了保齡球。

在同一本書裡緊接著的童話《忠實的約翰》中，國王抽出劍來，舉起它，親手砍掉了他孩子的頭。實在是太幸運了，約翰是一個創造奇蹟的人，能夠用孩子們的鮮血將他們的頭再次黏貼回身體上。與此類似的例子本應同樣值得注意，但是卻沒有收錄進 1812 ～ 1815 年格林兄弟的《兒童和家庭童話》中，而是出現在名為《關於惡人頭的童話》的手稿中，1975 年才出版。

該童話要追溯到富有傳奇色彩的古法國恐怖小說，它講一個騎士砍掉了一個巫師的頭：「然而這個頭逃跑了，並且在騎士面前又蹦又跳。當他用石頭砸它時，它躲開了，還用布將自己擦乾淨。他們來到一條河邊，這個頭跳到河裡開始游泳，並且游到對岸。在它走過的整條路上灑下大塊的血跡，它游過的地方也留下一條長長的血痕。頭很快地游到對岸，然後跳上岸，又跳又蹦地走了。騎士只好在後面追它。最後，騎士厭倦了這種追逐，把那個頭顱

緊緊抱住。就在這時，死去的頭顱竟然一口咬住他的鼻子，並將他死死地咬住。」

德國孩子們在看了這麼多砍頭劇之後，還會害怕被砍下的頭顱嗎？或許他們也會像《忠實的約翰》那樣，敢去跟蹤沒有頭的軀幹。民間小說中還大量地出現這類奇怪的故事，諸如十六、十七世紀的民間文學中，對於魔鬼巫術的講述是相同的。

另外，在德國，萊克海曼（Augustin Lerchheimer）1585 年出版的《基督教中關於巫術的回憶和思索》以及他之後的《約翰‧浮士德博士的冒險故事》中都講到了巫術，即在被砍掉頭之後，使頭部重新癒合的法術。在法國， 1579 年甚至將有關這一主題的故事畫成漫畫：「一個遭到強盜襲擊的小伙子，頭被砍了下來。他將自己的頭冷凍之後，用針縫到脖子上。然而，當他在家擤鼻涕時，安好的頭卻脫裂了，並被他無意識地扔到了壁爐裡，於是他就死去了。」

看來被砍下的頭重新縫上也存有隱憂！根據古老的研究文獻，關於重新縫上頭顱這一題材可溯源至北歐傳說，而且已經從中世紀拉丁文的典範文學（在義大利是眾所周知的）中找到了證據，例如《獨特事例集》。在義大利的童話文學中，最早（1550 ～ 1553 年）出現在斯特拉帕羅拉（Gianfrancesco Straparola）的作品中：「弗拉米諾

外出尋找女死神（la morte），最後找到一個又老又醜、骨瘦如柴的婦人。她自稱「生命（la vita）」，砍掉了弗拉米諾的頭，然後再用一種藥膏重新把他的頭貼回原處。

　　然而，老婦人竟然把他頭的方向搞錯了，當弗拉米諾一睜眼，看到他那難看的屁股時，驚慌失措地連忙請求老婦人重新砍下他的頭。最後，弗拉米諾的頭終於回復到最初的正確位置上。在復原之後，弗拉米諾充分體會到了死亡與恐懼的感覺。這種經歷治癒了他的自殘傾向，讓他再次返回家園。

　　十九世紀，這樣的內容重新出現在義大利托斯卡納的一則童話中，《不知恐懼的喬瓦尼》中有與其內容十分相似的情節。然而，第二位嘗試者卻沒有如此幸運的結局。一個很老的木匠說：「真行！真行！但是打個賭，你不敢在你身上做第二次這樣的手術。」「當然敢！」「你不敢！」於是，喬瓦尼再次躺下，他們用鋸子在相同部位再次鋸下他的頭，或許是一時疏忽，他們把他的頭貼到了脖子上，臉卻是往後的，因此喬瓦尼一睜眼就可以看到他的屁股。

　　人們常說，當一個人看到他的屁股時，就會被嚇死。喬瓦尼這位以前從不知恐懼的人，一看到自己陷入了這種錯綜複雜的處境，即必須面對他的屁股時，也和一般的反應一樣，他直挺挺地倒在地上，摔死在那裡，從而結束了一場英雄行為。

在如此眾多滾動的頭顱和頭顱滾動者之中，「高雅」文學也不甘寂寞，模仿這種特殊類型的諷刺作品其實早已出現。例如 1836 年狄更斯寫的《匹克威克外傳》中就可尋其蹤跡。「在金革先生眾多古怪的電報故事中，有一個寫道：『頭！頭！注意你們的頭。』這個善於辭令的陌生人大喊，彷彿他們的頭正穿過一個很低的門拱。當時院子入口停馬車的地方有這樣一個門拱。這是個可怕而危險的地方。不久以前，五個孩子和她們的母親——一位身材高碩的女士，坐著馬車走進院子，她們正在吃三明治，沒有看到那個門拱。劈啪！啪嗒！孩子們翻倒了，母親頭顱落地，三明治還拿在手中，卻再也不能吃進嘴裡，整個家庭全部掉了腦袋，這是多麼令人震驚！」

所幸，今天公開斬首的時代已經過去了（至少在文明開放的地區是這樣）。當人們晚間齊聚閒聊時，幾乎都忘記講敘關於滾動頭顱這樣恐怖的故事。頂多人們會認為在蠟像館中，還有無頭鬼到處作祟。然而，就像過去一樣，現在也會出版一些很難相信的傳說，講述無頭人的故事。

這是發生在德國的一個真實事件。一次，一個機車騎士想要超過一輛載重汽車，就催動油門。在超車時，突然從車廂底盤滑出一塊鋼板，割掉了騎士的頭。超車過程是安靜無聲的，騎士的頭沒了，他已經死了。但接著，騎士的頭竟從他的機車上飛墜到載重汽車的前面。

如今，這個故事像所有現代傳說一樣，已經在國際上廣泛流傳，並且出現多種版本。因此，人們想到了第二個類似的故事，這是一個杜撰成功的恐怖故事。一對情侶開著一輛金龜車穿越芬蘭的荒野區，傍晚時男子爲了能夠更清楚的觀看四周，就走出汽車。下車前，他警告女朋友，一定要把車門鎖上，在任何情況下都不要離開汽車，然後就消失在叢林裡。

這個女子耐心地等著她的男朋友，一絲絲恐懼逐漸籠罩在她的周遭，後來她還聽到汽車周遭和車頂發出奇異的聲響，這些聲音逐漸變成單調的敲擊聲。第二天的某個時候，救援的警察出現了，人們示意這個困惑的女子離開汽車。她看到四周的情景之後，感到十分驚恐：在金龜車頂上坐著一個粗野的野人，手裡拿著她男朋友被撕扯下來的頭。後來人們解釋說，這個野人是一個逃跑的瘋子，這個少女的男朋友曾經跟蹤過他。在另外一個故事中，這個不幸的災禍發生在巴基史坦。罹難者不是男子，而是他的女同伴：當他返回時，打開車門，從車裡滾出了她女朋友被砍下的頭顱。

沃查克曾經對安德里斯說：「傍晚，一顆頭顱在滾動。」是的，直到今天，它還在滾動。

頭的諷刺畫和面相學的錯誤

對於古代的醫生來說，從事人類臉部的研究工作和美學或者精神無關。臉部受到自然和文化的洗禮，隨著人類年齡的不斷增長，臉上也會有越來越多的歲月痕跡，臉部有時也會透露出你想隱藏於內心的事情，或者當臉部受傷時，必須經過療傷，才可以恢復到自然的狀態。

根據古老的記錄，在有些男子的額頭，例如老水手平平的額頭上，會長出角來。人們可能會對此產生懷疑，然而，無法否定的是，頭部的這一部分是可能出現腫塊的。例如頭部遭受碰撞時，腫塊就會在額頭形成。這令我們很容易想起幼時母親是如何醫治這些腫塊：用安慰祝福的話語、冰冷的刀片或者兩者都用，讓我們很快地結束痛楚。

外科醫生羅梭在治療一個蘋果般大的腫塊時，發現了一個奇異的現象：「當我去掉這個瘤時，本來認為它可能與皮下的腫瘤有關，或是脂肪瘤，但是我發現它只是死硬的脂肪。」

在過去，下巴脫臼可以很快治癒。如果一個人嘴巴張得太大或者大笑過度，那麼，他嘴巴內的頜關節就會脫臼。如果給他一記結實的耳光，對他的關節脫臼可是大大有益。德國埃森納赫區衛生防疫站的主任醫生保利尼（Christian Paullini，1643～1712 年），在他的《暴

打治病》書中介紹了這個方法。一個小伙子的頜關節脫臼了，來自理髮師給了他「一記有責任感的耳光」，從此「一切都恢復正常」，而治療者也因此備受感謝，賺到了他的下酒錢。

透過醫學觀察，可以得出這樣的結論：高突的額頭並不表示聰明才智，肥胖的雙下巴也並非肇因於長期放縱的飲食，不能以此作為貪吃的證明。然而，臉部特徵可以推演出人的性格特徵，也絕不是感覺敏銳的面相家拉瓦特（Johann Kaspar Lavater，1741～1801年）一人的專利。

早在 1530 年，義大利波隆納的面相學家克科勒圖斯已經寫了一本關於相貌的書，書中指出，人們怎樣才能從面部、四肢和動作的組合和外形了解一個人的類型、天性和整體特徵。在拉伯雷的《巨人奇遇記》中，巴紐朱是一個既渴望結婚又猶豫不決的主角。當他向「特雷帕先生」詢問並請求一個建議時，這個預言者直言不諱地告訴他：「根據面相，你有著被欺騙的布穀鳥的相貌，也就是說，在你身上會發生敗壞你的名節、侮辱你尊嚴的綠帽子事件。」

這些有損名節的相貌分析和負面的預言（以及其他從特雷帕先知嘴中說出的預言），完全不合這位想婚者的心意，因此他又來到約翰兄弟那裡，他們倒是針對他的婚姻

生活做出了樂觀的預言。

　　描繪面貌以暗示人的本質，最初是用於漫畫中——特別是修飾繁縟的惡鬼畫像中，我們從中世紀晚期的繪畫中可以了解這種繪畫風格。這些繪畫表現了殘暴的刑訊者鞭笞耶穌的情景。然而，這種面貌描繪也用於表現狂歡節的化裝小丑以及其他各種小丑和搞笑者。

　　奧地利作家貝拉（Johann Beer，1655～1700 年），1682 年在他的《政治煎烤鏟子》一書中用下述模式描寫主角屈特爾，他是一位廚房學徒：「……我有一個短鼻子，就像丹麥的海狗。我用一隻眼睛看著鼻尖，用另一隻看左胳膊肘。上唇足足蓋過下唇兩指寬，滿臉長滿大麻子，如果在我的臉上倒啤酒的話，毫無疑問能容下一大杯。我的臉上還長著一對大鼻孔，比宮廷文書處的書寫工具還要大，我的任命書就是在這裡寫的。還有我的大臉盤，我可以把我的嘴像車夫的口袋那樣，任意地拉來拉去。左嘴角邊的兩顆牙向外齜出，就像一隻野母豬；我的頭髮使那些以前從未見過我的人很容易認出。我戴著一張刺蝟皮，而不是一頂真皮小帽。」

　　一會兒像隻狗，一會兒又像一隻豬，或者一隻刺蝟，斜眼、扁平鼻、歪嘴、長牙、蓬亂的硬髮，就是這樣一個蠢貨，貝拉對於這個相貌的描寫似乎是以巴吉雷所著的《五日童話》中怪物的外貌為藍本。這本書寫道：「他的

頭比一個印度南瓜還大，額頭上布滿了疣肉，眉毛非常濃密，斜著雙眼，扁平的鼻子上有大大的鼻孔，看起來就像排水管，嘴張著就像榨汁用的圓木桶，兩支獠牙長伸著，一直到腳踝骨。」

　　讀過這兩本書的讀者會非常清楚，儘管他們的長相如此不堪，但是巴吉雷筆下的怪物和貝拉筆下的屈特爾其實都是非常聰明的傢伙。巴洛克時代的作者並未從醜陋不堪的外貌推斷出擁有這種外貌的人就會道德敗壞，相反地，就像米瑟施密特（Franz Xaver Messerschmidt）的雕塑作品《鳥嘴人》一樣，在那些長相醜陋而滑稽可笑，過分誇張的外貌下隱藏著與外表相反的令人喜愛的可愛本質：我們一定能夠與這些滑稽可笑而長相古怪的人結為朋友。《愛麗絲夢遊仙境》中，那個長相可怕的「公爵夫人」儘管用尖骨嶙峋的下巴靠近小姑娘的肩膀，但卻毫無惡意，而且還是一個品德良好的龐然大物。

　　拉瓦特向他同時代的民眾宣傳時，是從生活中抓取一些圖片，它們大多是男性的面孔。他把這些圖片放到說明中，指出面部架構以及腦殼、鼻子、嘴唇、下巴的組合都與同時代的人所具有的或多或少的高貴品格、溫柔或者剛烈的性格有著緊密聯繫。在他的評論中，德國人在這方面比其他國家的人更勝一籌。尤其是拉瓦特的朋友們，特別是作家歌德（1774 年夏天曾是他的旅伴，同年秋天成為他

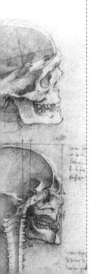

的支援者， 1775 年 6 月在蘇黎士作客）和赫爾德，憑藉著他們在文藝鑑賞方面所具有的靈敏感觸而列居高雅人士之首。拉瓦特當時還未提出深思熟慮的理論，這些思想在公開發表之後，立即招致批評。

哥廷根大學的實證物理學教授李契騰伯格（Georg Christoph Lichtenberg， 1742 ～ 1799 年）認為，地球上最為有趣的平面就是人類的臉龐。其後， 1778 年他指責那些從人類表面就能看出高貴品性和精神境界的理念，並且強調人體不僅與它的內心深處，而且也與外部世界緊密相連，是生氣勃勃的大千世界中的一部分。

容貌不僅僅只是表現出我們的喜好和才能，而且更展示出命運、氣候、疾病、飲食，以及許許多多的不幸交織作用在我們的身上。那些加之於我們身上的不幸，並不總是自身罪惡帶來的結果，經常還有意外事件和責任使我們遭受災禍。

李契騰伯格為了論證容貌分析是錯誤的，在一篇名為《與容貌相術違背的容貌》的文章中，講述了相反的實際經歷：「我有一個夜間守衛，幾年來總是在我睡覺時吹奏喇叭並且大喊大叫，我根據這個聲音對他有了這樣的印象：一個又高又瘦、身體強壯的男子，長著一張長長的臉，長而下垂的鼻子，硬而蓬亂的頭髮，總是邁著緩慢、細碎並且架子十足的步子。根據這個印象，我熱切地希望

能在白天見到這個男子。不久機會出現了，然而原本的想像和這個怪物的差異極大，而且毫無相似之處。」

並非所有的批評者都與拉瓦特作對。在這場討論中，德國醫生施蒂林（Johann Heinrich Jung-Stilling，1740～1817年）在他的《生命史》中提供了一個生動的特異容貌。施蒂林發現了這個長相罕見的怪異之人，他自稱爲黑斯費爾德，坐在一個黑暗的小房間裡，穿著骯髒的晨袍，腰間繫著一條同色織物的帶子，頭上戴著一頂鴨舌帽。他的臉蒼白無色，就像那種在墳墓中待了許多天的人，從身材比例來看，他的身高與寬度的比例過大，身體顯得非常細長，額頭很漂亮，但是漆黑的眉毛下面是一雙又黑又窄、凹陷的小眼睛，鼻子狹長，嘴長得還算正常，但是下巴塌陷，下巴尖向前伸。

施蒂林初見他時，著實被這張罕見的臉孔嚇了一跳，然而卻沒有發覺他那陰鬱乾瘦的外表絕對會迷惑人們，這其中隱藏著陷阱。黑斯費爾德不僅能完美地使用法語，而且還是一個卓越的拉丁語專家，精通繪畫、舞蹈、化學與物理。有一次，當施蒂林爲他進行鋼琴伴奏時，他起初還裝作在他從未接觸過鋼琴，然而不到五分鐘的時間裡，就開始演奏出陰鬱可怕的曲調，讓人感到毛骨悚然。逐漸，取而代之的是憂鬱而溫柔的樂曲，然後又進入暴躁熱烈的旋律中，繼而進入沉靜與泰然之中。最後，他以一個輕鬆

愉快的 D 大調小步舞曲結束了他天才般的演出。施蒂林融化在他那感傷憂鬱的演奏之中，對他的才華欽佩無比。簡言之，邋遢的黑斯費爾德的確向面相術開了個大大的玩笑，他證明了儘管長著不好的容貌，實際上卻是一個精神豐富、富有想像力的卓越人才，並且還是一個具有高度藝術天分的演奏者。

畢竟容貌本身是無辜的，應該得到諒解。容貌一下子就將公眾的注意力引向了外表的簡單易懂上，讓人們趨向於憑藉外表來做出判斷。十九世紀以貌取人的看法和李契騰伯格的批評觀點家喻戶曉，大眾傳播讓將其表現於漫畫中，或者譏笑嘲諷以貌取人的看法或反證，討論人面相變化甚至被扭曲為荒唐的行為，而後這些插圖導致了人們彼此注意外貌並且也重視自己的外觀。

僅管如此，拉瓦特仍然促使人類世界的外貌更加美麗，畢竟在現代社會，關於面相術和基於這些生理外表而進行品性道德判斷的理論幾乎全部都過時了。（編按：在西方世界是如此。）因為容貌的輪廓一方面脫離了整個身體網路，另一方面也脫離了它所處的社會關係，並且永遠都毫無改變地把它凝固成一個剪影（或者通緝照片）。事實上，描繪活躍的容貌是生命整體中的一部分，而這些並不受精神、靈魂的影響。

我們以法國小說家巴爾扎克（Honore de Balzac）的

作品《三十歲的女人》為例，其描寫了 1813 年春天在法俄戰爭之前為了向拿破崙表示敬意而舉行的閱兵典禮。當一位騎著戰馬的年輕軍官從拿破崙身邊走過時，女主角眼中流露出無比欽佩的目光。這個年輕的女子的確有充分的理由讚賞走在隊中的情人。男主角不到三十歲，身材高碩勻稱，健美的身材使他駕馭胯下的戰馬是如此得心應手，他的駿馬也顯得如此順從。他那棕色的臉上充滿了陽剛之氣，和諧的線條完美無瑕，賦予這張年輕臉孔難以描述的魅力，額頭寬闊飽滿，濃密的眉毛下是一雙炯炯有神的眼睛，長長的睫毛護著雙目，眼睛睜開時，就如同在兩條黑線環繞下出現兩個白色的橢圓珍寶。一個線條圓滿的鷹鉤鼻，不可避免的黑色鬍鬚突顯了紅潤的嘴唇。他那寬闊而黝黑的面頰是棕色和金色的，展現出非比尋常的男子氣概。他的容貌烙上了藝術家所要尋找的那種勇敢印記，藝術家們想要描寫拿破崙時期的法國英雄時，這種容貌便是典範和傑作。

　　對於拉瓦特來說，至少他還沒有把容貌分析藝術視為讚揚民族主義的目的。當然，巴爾扎克之後還有一些作家和畫家，他們透過讚揚美麗容貌的方式式來達到意識型態上的目標。然而，今天還是出現了完全相反的現象，人們隨意瞥見畫質差勁的人像（如偷拍照片），如果發現容貌上有部分相似的人，就會宣稱：「真的，這個人看起來的

確就是那個入室偷盜者！」甚或說，「是的，這個傢伙肯定是！」

　　這樣的鑑定並不能說明眞實的情況。不過，從不同的臉孔中的確可以讀到許多富有啓發性，甚至是有益的事物。

長脖子，傲慢的脖梗子

　　將人類的頭與軀幹連接起來的圓筒形部分，稱之爲脖子。我們可以把它視作一個通道，一個既是水平方向，又是垂直方向的通道，它是連接人體頭部和軀幹的最爲重要的運輸管道。包覆著強健有力的血液管道、脊柱內部和脊柱外面那些生命攸關的神經束和（肌）腱束、氣管和食管，脖子可以稱得上是眾多管道外的一個大管道。從外面觀察脖子的前面一部分，它們有的瘦削、無脂肪並且多筋，有的平滑且肥胖。很多男性的脖子上長著喉結，它是喉頭所露出來的上半部分。喉結是伊甸園裡夏娃的丈夫偷食禁果而被卡在喉嚨裡的那一塊。脖子的後背部稱爲頸項或者脖梗子，它被肌肉所包覆，承擔著整個頭部的重量，並只能做有限的運動。對女性而言，細長的脖子是美麗的標誌，與此相對應的是，有短粗脖子的男子應該強壯或粗

暴，或者兩者兼而有之。聖經中說，堅強有力的脖子承擔著奴役的枷鎖。從文學史中可以看出，比起那些肌肉發達的男子來，女性們因為她們細長的脖頸，可能承擔了更多的負擔。

無論男女，脖頸都有可能遭受到一些疼痛。這些疼痛一方面可能來自於脖子部位的脊柱（外科醫師法布里休斯稱之為「組織」）和肌肉，另一方面可能是由脖子上部和內部的呼吸器官所引起的。脖子受到打擊之後，有可能導致人的死亡。下文所述的一個案例就證實了這一點，人們可以從十七世紀早期的傳說中略窺一二。

1618 年，在瑞士的一個農村，霍爾先生在距村莊不遠的樹林中，碰到一個貧窮的農夫正在砍樹。這片樹林屬於霍爾先生個人所有，而且霍爾先生並未允許他在這裡砍樹，因此就用樹枝抽打了一下農夫的脖子。這個農夫回家之後，向他的妻子抱怨，他在砍木頭時正巧被霍爾先生逮住，並用藤條打了一下他的脖子。晚上，農夫感到不舒服並且開始頭疼，但他並未加以重視。因為他沒有錢去看醫生，七天之後，農夫死於這次脖子的傷害。霍爾先生不得不離開村莊，因為只有放棄他的領地，他才可能與農夫的妻子和解。

脖子疼屬於最普遍的小病，它暗示著一次感冒或者一個爆發型流感。 1654 年，德國宮廷藥師瓦柏格（Michael

Walburger）在日記中記錄了一次感冒：「這兩天我咳嗽、流鼻涕，從今天中午開始，我的脖子腫了起來，我以為必須把這些病痛在午夜之前消滅，所以吃了適應多種症狀的速效藥。但症狀並未緩和，整晚都無法睡覺。」

　　第二年，他向他的女婿提到：「克雷齊曼先生感到非常不舒服，鼻涕流得很厲害，脖子腫脹，咽喉特別疼痛，因此去拜訪了布魯諾尼斯醫生，醫生在他的右胳膊上放血。與此相同的痛苦我幾乎每年都要經歷。」每一個感冒的人都要用這些充滿痛苦的字眼來自我安慰：「當感冒牢牢地抓住我們的時候，藥劑師和醫生一定會正確地知道，如何來治癒脖子疼和我的痛苦，而且今天還使用了療效最顯著的全方位治療速效藥。

　　脖子是人體的一部分，以前有人對它施刑使那些所謂的壞人喪命。神聖羅馬帝國皇帝查理五世 1532 年的《卡洛林納刑法》在數百年後都是刑罰判決的威權性標準，用它來決定罪犯是施以頭刑還是脖子刑，也就是指是用刀來砍頭，還是處以絞刑，或者不處死。直到今天，人們還使用這樣的表達：「把他的脖子從繩索裡拔出來」，意思是在最後時刻擺脫困境，死裡逃生；「一個人把自己的脖子折斷！」在這裡不能望文生義，把它理解成一個人重重地摔了一跤，而是指在上吊時，粗重的繩結會把某人的脖子折斷，也就是殺了自己。

　　首先來看那些古代的外科醫生講述的故事：脖子受到致命傷的恐怖事件和完全治癒的故事。因此，讓我們來讀一讀閱歷豐富的德國醫生施密德的故事：「1650 年的某夜，一個漂白工獨自在漂白廠裡，自己將一把多用小折刀刺入脖子，深可見骨，令人驚訝的是，他在早晨還能用力將小刀抽出來。不過當人們發現他時，他已經死了。」還有這樣的案例，人物在結局比較幸運：「1631 年，一個瑞典人第一次來到德國奧格斯堡，他遇到一群農民正在進行自衛槍戰，不幸被一個農民打中脖子，脖子腫的很嚴重，既無法吞食也無法出聲，但是被我幸運地治好了。」

　　最後，我們再講一個現象：甲狀腺腫。這個現象在今天幾乎不大引人注目，但是在十八世紀初卻曾引起巨大的恐慌。甲狀腺腫表現爲脖子前部的異常腫脹，很多人都曾經得過這種病，特別是當北歐的旅行者來到阿爾卑斯地區時易患此病：「甲狀腺腫並不是在所有的風景區都很盛行，而是在條頓國家，通常在巴伐利亞地區以及瑞士都會碰到。在這些地方，尤其在阿爾卑斯地區，人們因此病而備感驚慌，一部分是因爲此病存在引起氣管堵塞和導致窒息而亡的危險，另一部分也因爲脖子裡巨大的不適和困難。女性們擔憂這種疾病的主要原因是它帶來了醜陋的樣子和難聞的氣味，因此尋找擺脫它的方法，或者阻止它繼續脹大。」

　　那時，人們還不能解釋這種組織的暴腫症狀與飲食中的碘缺乏有關，認為這種瘤一定是某種寄生蟲鑽在裡面而引起的。德國醫生保利尼在他知識錦囊中就談到了這樣的病例，根據他的代罪理論，這種疾病需用武力來消除：「曾經有一個荷蘭人患了甲狀腺腫，脖子腫得像雞蛋，在一次爭吵中，一個士兵打破了他的脖子，也碰破了甲狀腺腫，從中爬出了無數的虱子。」還有這樣的例子：「在鄰近的一個村莊，有一個婦人長著一個可怕大腫瘤。一次，她想爬到房頂扔乾草給牲畜，然而一不小心摔到房子裡（這實在是非常幸運），落在帶鐵齒的耙子上，正好把這個腫瘤戳破了。從這個醜陋化膿的東西中爬出了上百隻多節、微紅色、布滿紅毛的蠕蟲，從此，這個膿包痊癒了。」這些不禁令人想起了古代的傳奇或是傳說中，所遭受的使人噁心的蠕蟲從皮膚爬進頭部的痛苦。

第三章

眼睛與耳朵

在古代拉丁文中稱臉上的這對器官為小眼睛，它們生於高高在上的頭部。這身體器官主要與光（在希臘語中為：auge）、愛相聯。因此我們講小眼睛時，同時也在表示：「多麼小而可愛的視覺之窗，在它那小小的黑色中心，瞳孔中照出了一位姑娘。」

德國一首古老的歌謠唱道：「小姑娘，妳是我的靈魂之窗。」這就是所謂情人眼裡出西施啊！當然，當情人的眼中不再出現他的情人時，它就會閃現出憂鬱，那會使人顯得頹喪。義大利詩人委內基諾（Antonio Veneziano，1543～1593年）認為除了不幸的愛情，再也沒有什麼能使整個身心如此混亂。 1580年他為戀人寫了一首詩：

不再奢求她留在我身旁
在失去她之前，生活多麼平心靜氣
心啊！你感覺到了什麼？只有痛苦
眼睛啊！你看到了什麼？只有黑夜
耳朵啊！你聽到了什麼？只有哭泣、悲嘆、哀訴
嘴巴啊！你嘗到了什麼？只有苦澀的毒藥和死亡
靈魂啊！你感受到了什麼？只有疼痛
呼吸啊！你呢？只有困窘不安
在這樣的折磨之下
心、眼睛、耳朵、嘴、靈魂、呼吸
怎能，怎能繼續活下去？

眼睛和耳朵維繫著身體的感覺，處於頭部前端。英國作家波頓（Robert burton，1577～1640年），在《憂鬱解剖》小說中，關於憂傷的愛情篇幅十分冗長，其中描寫男女的情感關係時，眼睛扮演了非常獨特的角色。它們對他來說是愛情的捕鳥者和魚鉤，是試金石和預審法官，是閃光燈和陽光。

用於看與聽的器官總是緊密相連，這兩種功能的哪一個更為重要一些？例如失去眼睛還是失去聽力痛苦，瞎了悲慘還是聾了更悲慘？這個問題是老生長談了，難道我們不是把眼睛視為主動的器官，把耳朵當做被動的感覺工具嗎？眼睛是主人，耳朵是僕人。

1860年，雅各格林（格林兄弟的哥哥）在《老年談》中認為，「眼睛環顧四周，指出它想去的方向，耳朵則接收它被帶去的地方。」眼光可以看到的地方比耳朵聽到的更遠（前提是天氣晴朗，親愛的格林！），而且還有為眼睛服務的望遠鏡，這可不是為耳朵服務的。耳朵是從屬的，人們也可以這樣說，它是服從命令的。眼睛是監視器，甚或是督察長，但是在另一方面，如果不透過耳朵找尋方向，主人（眼睛）如何把更正確的畫面傳遞給我們呢？

當然，為了觀察高雅的藝術，眼睛是絕不可少的；但是另一方面，當聾子聽不到音樂時，他又如何欣賞音樂的

優美動人之處呢？為了領悟上帝的旨意，我們塵世的人需要耳朵；至高無上的觀察能力是天堂主人所賜予我們的。我們真的應該接受眼睛／耳朵這種等級的劃分嗎？我們還是摒除偏見來看看處於臉部的感官主人。

　　位於眼骨眶內，在各種橫紋肌、直紋肌的支撐下，閃亮的眼球可以來回上下運動。眼球的確是一個奇蹟，它組成的藝術和組織比僵直而陰暗的耳道更加清楚明白。眼球內部的玻璃體是無色透明的膠狀物質，處於精細視網膜之前（大約 0.4 公釐薄），支撐著視網膜，而視網膜則為眼白，也就是被所謂的鞏膜所包裹，產生著投影牆的作用。眼球外部是杏仁狀的眼裂（也就是眼皮），它保護著柔嫩的角膜，角膜則包著水晶體。水晶體具有調節作用，從而適應視覺任務。外界光線經過虹膜環繞的黑色瞳孔進入水晶體屈光系統，然後繼續穿過玻璃體，在後面的視網膜壁上投射出影像，而視網膜壁將這些信號透過視神經傳入腦幹上確認的位置。此外，透過左右眼的共同作用，映入眼瞼的物體在大腦中形成了一個立體且有距離的影像。

　　然而，視覺與認知是一個極其複雜的過程與結果，而其他身體器官（包括人的腿、手、胳膊和手指等等）和感覺器官對於人的視覺也發揮著作用。其中，耳朵，尤其是觸覺能力也對認知過程產生協助的作用。神經學家薩克斯（Oliver Sacks）所寫的《看見與看不見》留給人深刻的

印象，文中講述了男子弗基爾的故事。

　　早在童年時期，這名男子就雙目失明了，但在做了去
除白內障的手術之後，五十歲的他又可以看見東西了。但
是他對光線、活動的物體和色彩無法看清楚，他不得不依
靠身體其他器官和他人的幫助才能搞清楚物體的輪廓和距
離，然後識別事物。說得具體一些，就是如何幫他區別所
看到的是一隻狗還是一隻貓，也就是能像正常人一樣的去
看物體。弗基爾所看到的真實世界絕對不比我們少，為什
麼我們就能夠確定我們所見之物就是我們所指之物，我們
如何命名它們呢？

　　對於人們所看到的事實，只有經過社會的認可方能確
定其同一性和不變性。然而，對於盲人來說，百科詞典中
的描寫對他們而言是完全陌生的（這就可以使得薩克斯似
是而非的故事繼續幻想下去）。不同的人對同一物體還是
會產生不同的感覺和分類。

　　十九世紀中期，法國詩人波特萊爾（Charles
Baudelaire，1821～1867年）曾寫了一首散文詩《胳
膊的眼睛》，他向女友解釋「為什麼我今天恨妳」。他在信
中寫道：那時的巴黎新建了一座閃爍著白金色光芒的咖啡
屋，一個衣衫襤褸的街頭男子和他兩個年幼的孩子睜大雙
眼，驚奇而貪婪地看著這座豪華的咖啡屋。

　　這位詩人與他的女友坐在咖啡屋裡，用自己的眼光審

視著這個屋子，另一面則是街頭窮人的反差強烈的目光。然而，這裡還有這個年輕女士的第三種目光，「並不僅僅是這個熟悉的眼睛觸碰到了我，我還為我們所點的酒感到慚愧，它們大大超出了我們實際的需要。我把眼光轉向妳，親愛的，想要從妳的眼中讀到我的心思。我消失在妳那美麗卻已迷惑的溫柔眼眸中，消失在妳綠色的眼睛中，妳竟對我說：『我覺得這裡人的眼神讓人無法忍受，它們像門窗似的睜大著，你能讓這些侍者離我們遠一些嗎？』親愛的，相互理解是多麼困難，相互愛戀的人們，卻很難做到心有靈犀一點通。」

　　人們熟知這句格言：眼睛是靈魂之窗，不過下面卻有許多與之不同的見解，對於這些見解，我們只能盡量周全而謹慎地採取不同的闡述模式和進行多方面的思考。關於眼睛還有一系列其他的特徵值得我們搜索，並應該得到我們高度的重視。

眼睛──奇蹟

　　沒有其他感覺器官能像眼睛一樣吸引大家的激情，榮獲如此富有詩意的讚揚。在中世紀法國的《美人魚》童話中，蛇仙美琉心（Melusine）的所有兒子，眼睛幾乎都有

缺陷，尤里安有一隻紅眼睛，一隻綠眼睛；韋特的眼睛長得一隻高，一隻低；萊因哈德只有一隻長在額頭的眼睛；八兒子霍爾伯頭上長著三個可怕的眼睛，所以他們總是被當做魔鬼。不過，神創造的眼睛應該是取決於父母的長相，美麗而明亮，位置正確且成對地排列著，恰好坐在臉孔這個劇院中適當的包廂座位上，從而欣賞世界舞台上所上演的諧劇。

十七世紀早期，比內神父（Etienne Binet）在《自然奇蹟漫筆》中，稱眼睛為「自然界的寫實奇蹟」。而用醫學的角度描寫視覺器官時，比內這樣讚揚眼睛：「它是一面心靈的鏡子，是陽光之門，也是心靈之窗，從這面鏡子裡可看到人類的愛、恨、情、仇、歡樂和悲哀。」比內還大量地使用水、玻璃和水晶來比喻它。對人類的眼睛進行文學創作時，過去的醫生們一定是充滿了詩情畫意的想像。

1886 年，穆拉特博士在蘇黎士外科醫生公會上課時，以「受到高度尊敬的眼睛們」開場。穆拉特從讚頌這個細緻的人體器官展開他的授課。上帝用創造世界的模式創造了人類，因此透過人體，可以發現世界。人類的額頭就如天空，神經是光線，肺中的空氣是大氣，血管是水道，胃與腸是地上的洞穴，每月的月經是潮汐，子宮是肥沃的原野，男性的精液是雨潤和露水……等等。穆拉特講到，眼

睛是巨大天光的摹寫和反映，具有天生的光芒和清澈，因
此眼珠中的濕氣和薄膜也熠熠生輝。空氣帶著星星的靈氣
透過肺進入心臟，一些散布到四肢，大部分進入眼睛，可
以說，眼睛生來即閃耀、明亮及清澈。

在穆拉特的描述中，使用了火和色彩、光和發光、光
線和外表，在講稿中還出現了火炬、窗戶、水晶、彩虹的
比喻。眼睛就像太陽、月亮和星星那樣高高在上，他認
為：「它們在腦殼的上部，在所有感覺器官之上，因此它
們能夠作為守衛者，防備外來的意外事件。」

「領導全局者」、「感官中的代表」、「觀望遠處的監視
者」語言中在關於眼睛的象徵性所使用的隱喻，都異同尋
常的華麗和豐富。當然，這在高雅藝術中肯定比在純醫學
的討論中表現得更加明顯。瑞士小說家凱勒（Gottfried
Keller）在他有關死亡的《黑夜之歌》中，描寫了眼中的
影像世界，詩中運用光表達出隱喻的意義，並將微視世界
和巨視世界進行對比：

　　眼睛，我親愛的小窗戶
　　明媚的光輝長時間地照耀著我
　　友好地讓一幅幅畫面接踵而來
　　有一天將它們遮蔽閉上吧！疲憊的雙眼
　　它們熄滅，可憐的靈魂便得以安息
　　試著將脫掉的漫遊之履放在幽暗的箱裡

他看著兩簇微光閃爍，如同看到兩顆暗自閃爍的星星

直到它們飄搖閃爍，消逝如同一直隨風而去的蝴蝶

我在夜晚的田野上遊蕩，陪同的是下落的星辰

盡情享受吧！眼睛，睫毛守護你帶走世界上的純美

眼睛是人類最為精心保護的珍寶。熱中於化妝的人將大部分的美容時間，都花費在眼睛周遭的皮膚和毛髮護理上。眼睛並非天生就完美無瑕地長在腦袋上，讓人們隨時隨地能夠清楚而敏銳地觀察事物。實際上，從近代開始，人們就開始使用由打磨的玻璃透鏡所做成的器具來幫助人類進行觀察，以補償他們視覺上的不足。

望遠鏡（最初由克卜勒於 1611 年發明）將人們的視野延伸到更廣闊的地方，而顯微鏡（英國人虎克於 1664 年製造）給人們在微視世界中開闢了一個新的深度和規模，人們才能以革命性的新方法研究問題。即使是隱形眼鏡的發明，也對人類具有深遠的意義。

誠然，這種視覺的輔助工具，就像荒謬的預言一樣，長期成為愚蠢且不解之箭的眾矢之的，受到嘲諷。除了孟德斯鳩在《波斯人的信札》中描述了啟蒙時期的眼鏡族：「眼鏡向人們宣告，那些戴它的每一個人由於完全獻身於知識、埋頭於書籍，所以視力減退。而架著眼鏡的鼻子，也毫無疑問地被視為是學識淵博者的鼻子。」

眨眼──眼睛的遊戲與愛情的火花

　　詩人或者哲學家和醫生一樣喜歡觀察眼睛。然而「看」和「目光」是眼睛在日常生活中最重要的功能。連最為易變的語言都無法說明眼睛所能代表的全貌。

　　英國人使用「look」這個詞，但是也用「gaze」來表述持久而仔細地看，他們用「gape」來表達目瞪口呆，為了表示十分吃驚的目光時，用「stare」。法國人除了用「vue」（視覺功能，鳥瞰和外觀）還有「regard」和「coup d'oeil」，意既快速一瞥來表達。在表達「看」時，德國人也決不會為吝嗇自己的詞彙：sehen，schauen，lugen，gucken，blicken，blitzen，blinzeln，plinkern，betrachten，beobachten，spitzeln，spicken，kieken，glotzen，glubschen，gaffen，starren，stieren，strahlen，lauern，luren，schie-len，machen，luckilucki……。如果您不是德國人的話，一定會對這些詞感到目瞪口呆。

　　當我們注意到「看」與「望」的差異，就會更加清楚如何表達目光中的含義：我們會有先見之明的觀點、目光短淺的見解、越來越令人沮喪的觀念，或是確準的眼光；在某些方面，我們必須隨時改變我們的理念，總是要小心

翼翼，然而我們卻很少能寬容對待不明智的人，我們尤其不能容忍那些根本不能洞察事物的人。

在人類的各種團體組織中，我們必須不斷地向高位者看齊。如果我們不想與世界玩捉迷藏，或者也不想袖手旁觀的話，一定會在意自己是否出現錯誤。誰喜歡斜眼發呆的神情呢？——這些愚蠢的語言遊戲可能繼續下去。讓我們重新回到義大利詩人委內基諾那首性感的詩中所談到的主題。

在人類關係的範疇中，眼睛只是扮演一個統治者的角色嗎？在古代的拉丁文學中就已經出現了「一見鐘情」的類似字眼。中世紀晚期的行吟詩人和歌手讓求愛者的眼睛射出如此火熱的目光，它深深地打動著被愛者的心。然而，「in oculo visus est，in corde peccatum」神父這樣警告：男子眼中的目光，女子心中的罪惡，就是原罪（指亞當和夏娃違反上帝偷食禁果之罪）會很快發生。

因此，中世紀晚期以及近代的禁慾主義者和道德主義者很害怕注視女性的眼睛。他們以各種故事為例，勸告那些虔誠的女子們，她們應該看住自己的眼睛，不要去引誘男子們，不要讓自己掉進罪惡的愛情網中。在男子眼中放出灼燒的愛情之火或者窺探的目光前，只有莊重地垂下眼睛，避免目光相遇，並用面紗遮住臉孔，才能幫助女性們。

一個貞潔的修女將自己的雙眼挖出送給一位親王，因為那雙美麗的眼睛吸引親王的追求。這類經典的故事不斷地流傳，使上文提到的那種極端建議被推向巔峰。因此，十三世紀的法國史學家維特里（Jacques de Vitry）說道：「儘管她失去了那雙肉眼，但它們拯救了她的靈魂。」

這一切都已經過去了嗎？1933年，年輕的卡奈提（Elias Canetti，1981諾貝爾文學獎得主）去拜訪雕塑家安娜‧穆勒（Anna Mahler），感到自己完全被她眼神中的魅力所征服。「我走進了玻璃屋，它是一座工作室。她突然轉身，正視著我，我再也無法離開她，感覺被她的目光所捕獲。從這個目光開始，我再也不能擺脫她的眼睛。這並不是突襲，因為我還有時間調整自己，但卻是一個意外。在無窮無盡的深淵之中，我並不理解，目光來自於眼睛，人們卻在眼睛中看到幻想，並感受到它，但是誰有力量和理智說出呢？人們應該承認令人難以置信的事實，眼睛所屬的空間超出了整個人體，在它的深處有人們的思想和語言。」

卡奈提繼續訴說著令人心碎的眼睛和它的戰利品。他還提到使人僵硬的無情目光，然而既不是蛇髮女怪美杜莎令人變成石頭的目光（柏修斯用計讓她無法看到自己，然後砍掉她的頭），也不是指可怕的蛇，它那暴露的目光可以令它的犧牲品癱瘓。但是，卡奈提清楚地知道，他講的

是神話。當他想到安娜眼裡那無比深邃的目光：「眼睛逼迫他，殺死他自己。」他將他的恐懼和感動經藝術加工成為一個廣義的目光神話。

通常，眼睛是無數表達強烈情感的愛情詩歌題材，詩人讚揚這對閃閃發光的珠子，並不是因為其視覺的敏銳或海洋般的深邃，而是因為它們能夠產生愛情和點燃愛情之光。「灼熱的眼睛，什麼是灼熱？紅寶石般的光輝？不是！它們穿透空氣，光芒從她的眼睛閃出，傳遞到我眼中不是光芒！而是箭。它可以用來吹噓，可以用來表示愛情？它不是箭，而是陽光，可以用來照亮空虛！」詩人策斯（Philipp von Zesen，1619～1689年）在小說《亞得里亞的玫瑰嘴巴》中，如此提到閃閃發光的礦物學和氣象學。結尾處，詩人還說他那充滿愛情的雙目是任何發光礦體都無法媲美的。

通俗的詩歌可能會這樣描寫戀人眼中的色彩：「藍色的眼睛，絕美的飾品，褐色幾乎每人都有。」當然，偏愛藍眼睛純粹是個人愛好問題。無論如何，眼睛和它的目光是可以激起熱戀的。法國歷史學家拉維斯在他的《紀念品》一書中講了一首《飲酒歌》，大意是：

　　我不要妳的嫁妝

　　嫁妝這東西一無所用

　　因為我渴望的不是妳的錢財而是妳美麗無比的雙眸

　　然後，他講起了唱歌者的神情：「同時，他注視著他心愛的美麗女子，她也同樣愛著他。宴席上的客人們，籠罩在一片溫情脈脈之中，報以溫情的掌聲。」

　　多麼寧靜而安逸的目光啊！可惜的是，被人們如此讚譽有加的眼睛，同樣也是淒苦和悲傷的人容納悲哀的地方。

眼淚，不准哭

　　「今早我本想去拜訪我的鄰居，當我走到大門口時，聽見了大聲的悲泣，才知道令人崇敬的先生今晨去世了。」瓦柏格在 1654 年 10 月 23 日記下這樣的句子。人們因為失去所愛的人而哭泣，他的死對家庭、親友都造成了損失。要治癒這樣的創傷，需要舉行減輕痛苦的習俗和家庭活動。大聲哭泣屬於普遍的行為。大部分情況下，人們會感到悲哀，並且流下苦澀的淚水，但是嚎哭卻純粹屬於禮儀式的行為，並且不流眼淚。

　　為了這個目的，在死者家屬的隊伍中安排一些哭喪者、僱來的哭靈婦女，透過她們呼喊著所唱的靈歌提升了死者的聲望，家屬的痛苦還延伸到公眾的同情。當男人們哭泣時，他們會用手掩飾著自己的臉默默落淚，或者當眼

淚從淚腺流過淚囊滾落到鼻子下時會用手指仔細地擦乾淨。人們會在此看到「懦弱的人性」。他們常常會淚流如注。

在義大利童話詩人巴吉雷的《五日童話》中，從來不笑的公主受到處罰，要用眼淚裝滿一個罐子，才能使她的王子復活。受到譏諷的老婦人詛咒著公主，並且認為：「這完全是不可能的，人的兩隻眼睛怎麼可能流下這麼多的眼淚，把半個木桶大的罐子裝滿？據我所知，除非她是艾格利亞仙女，在羅馬變出一個淚泉。」

但是奧維德（Ovidius）的經典故事《變化》中的公主卻做到了令人動容的故事。在進羅馬城之前，她看到了泉水腳下的大理石墓碑。這個泉水流出的是晶瑩的淚水，這個泉水被斑岩圍繞著。在這裡，她拿起一個罐子，把它夾在雙腿之間，並開始哭泣。在大約兩天之後，容器中的淚水已超過瓶頸兩指高，只要再高兩指，罐子就被灌滿了。然而睡眠卻捉弄她，她的眼皮不得不閉上幾個小時。眾所周知，這時出現了一個陰險的女奴，她在罐子裡滴入幾滴鱷魚的眼淚，並無恥地將復活的王子塔迪歐搶到自己懷抱中。

這個童話中真正的糾葛才剛剛開始。可以肯定的是，在童話文學中，有關裝眼淚的罐子和女性奔流的淚水這類主題長盛不衰。諸如貝伊修達恩（Ludwig Bechsteins）

的《眼淚罐》或是格林兄弟的《已死的小襯衫》等,不會
是最後一個與此相關的故事。在格林的這則童話中,死了
的小孩穿著濕透的喪衣向母親請求,不要流那麼多眼淚。

男子哭泣絕對不會在任何場合都受到蔑視的。法國主
教費奈隆(Francois Fenelon,1651~1715年)仿造
荷馬史詩所寫的《泰倫馬克》中,便讓主角勇敢地哭泣。
當泰倫馬克聽到父親的英雄事跡時,熱淚飛落在他的臉頰
上。當他與一位正直的好友把酒惜別時,默默地落下了送
別的淚水。他做了一個關於他的恩師的噩夢之後,他嚎啕
大哭:「這個想法使我淚流如注。有人問我為什麼哭泣,
我回答說:『想到一個不幸的異鄉人,穿越世界,毫無希
望的遊蕩,再也無法見到故鄉,會流更多的淚水。』」

當早期的男子由於父母之愛、思鄉之苦、分離之痛或
者感激之情而落淚時,他們無需感到害羞。詩人和思想家
喜歡以惜別之淚作為主題:一個女子哭了,那麼也允許男
兒落淚。他這樣做不是由於懦弱,而是出於對柔弱的寵兒
引起的溫柔同情之心。當曼夏(Dona Mencia)被皮卡羅
(Lesages Pikaro)從強盜的魔窟中解救出來時,這個年
輕的女子向她的救命恩人講述這段顛沛流離的經歷時,眼
淚噴湧而出。而這位男子:「我根本無心用塞尼加
(Seneca,希羅時期的悲劇作家)那樣的話語來安慰她,
只是聽任她發洩心中的悲苦,可我同時也流下了眼淚。」

然而，這是十分自然的情感流露。當一個男人關心可憐的人時，特別照顧一個充滿憂傷的漂亮女性時，大多會產生這樣的情感。但就如同我們通常對待古典文學中男子落淚的態度一樣，在現代也總是很難找到這種行為的欽佩者。歌德在他的《溫柔的諷刺短詩》中這樣寫道：

男人嚴格地克制著眼淚以彰顯男子漢的英雄氣概

然而他們內心深處卻在渴望和抱怨

上帝應該賦予他——哭的權利

然而他卻沒有告訴我們，為什麼上帝也應該賜予一個真正的德國男子幾滴眼淚。很顯然，是因為在經過狂熱崇拜友誼和感傷主義的這個時期之後，英雄主義時代已經來臨。在這個時代，男人只有在特殊情況下才有權利哭泣，以緩解心中之痛。

經過兩個世代之後，愛國主義感情變成主流，這種情感才能獲得男人的眼淚。法國文豪雨果（V. Hugo，1802～1885年）聽說巴黎人在1870年9月13日舉行閱兵典禮（戰爭已經失敗，巴黎卻還沒有被佔領。雨果評論：勝利屬於普魯士，榮譽屬於法國），以及軍隊如何唱著馬賽歌並且高呼法國人必須為法國而生——為了法國，他也能夠犧牲生命。在他的日記中寫道：「我聽說了，並且落淚了。沒錯，站起來！大無畏的人們，他們去那兒，我緊隨其後！」。

在第二次世界大戰時期，也就是所謂的「勝利」時期，禁止男子落淚有更加嚴格的形式。第二次大戰中的士兵們頂多是徒勞地、偷偷地、難為情地哭。成千上百萬的戰爭寡婦和英雄母親們流的淚更多。幾十年後，藍眼睛的德國青年（堅強地像鋼鐵）也就不再習於落淚了。

危害和受傷

在古老的、後人偽造的聖經故事《多俾亞傳》中，善良的多俾特眼睛被灼熱的麻雀糞弄瞎了。後來，他的兒子多俾亞（Tobia）又用魚的膽汁將他的眼睛治好。從這個故事中我們可以知道，古代人們就已經知道利用動物的排泄物損傷眼睛或者治癒它。

在近代西方，這個聖經故事曾經鼓勵醫生們嘗試著用各種動物糞便來治療眼疾。德國醫生保利尼是使用糞便和尿做藥的支持者，在《糞便藥劑學》中講述了一位女教士用牛糞治病的故事。

由於女教士的眼睛長期劇烈地疼痛，幾乎快瞎了，尋遍名醫也沒有緩和病痛對她的折磨。最後，她徹底失去耐心，竟取出一塊新鮮的牛糞，把它包裹在兩層布之間，然後敷在眼睛上，劇烈的疼痛立即消失了。她後來多次為其

他人試用這個方法，都取得滿意的效果。她的名聲逐漸傳開，受到很高的崇敬，經常被請去看病。

童男童女的新鮮尿液也可代替牛糞使用，保利尼還寫道：「大衛早晚都用八歲兒子的尿液清洗他另一個三歲兒子的眼睛。」眾所周知，這樣的家庭常備藥的確是蠻方便的，事實上他還可以同時使用其他藥物。過去失去一隻眼睛或者兩隻眼睛的恐怖故事非常多，在此舉二個例子——從今天觀點來看，這些故事顯得極其荒謬。

有一個已經老掉牙的故事，講的是相互忌妒或者貪婪的兄弟（或者鄰居），兄弟中的一個可以實現他所希望的一個願望，但是另一個卻能獲得雙倍的利益。這個卑鄙的許願者，寧願戳壞自己的一隻眼睛，而使他的敵人失去雙目。

下面這個故事則是希臘羅馬時期的案件，雖然它很殘酷，卻具有較好的道德教育意義：根據那個時代的立法規定，國王薩流庫斯（Zaleucos）必須判決犯了罪的兒子失去雙眼，但是國王自願犧牲一隻眼睛，好讓兒子至少能夠保留一隻眼。還有忠誠的妻子為了重新迎回自己的丈夫，自願戳瞎一隻眼睛，原因是這個騎士在比賽中失去了一隻眼睛，他因為變成了獨眼龍而羞於見到妻子。

對男子來說，眼睛是在暴力鬥爭中處於最危險的身體器官。義大利童話詩人巴吉雷在他的《那不勒斯的繆斯》

中描述一個憤怒的牌友對他的玩伴說：「我把你的一隻眼睛挖出來，然後再在眼框裡面撒些尿！」或許這個威脅者在傷害了他之後，又會給他一個出人意料的治療？

　　1656 年，德國外科醫生施密德講了這樣一個故事。那時，因為戰爭而造成許多嚴重的眼傷，並出現一些出乎意料的治療方法：「1648 年 5 月 19 日，我在接診時遇到了一個士兵。他是一個大艦隊的成員，他被一顆子彈從下頜打進頭部，直穿過額頭頂部，同時穿過眼睛，打掉了有一指寬的頭蓋骨。黃濃的稠液大量地從頭部傷口湧出，甚至可以看到腦漿。當子彈穿過嘴巴時，還打掉了兩顆牙齒。整個情況看起來相當可怕，幾乎沒有希望保留這雙眼睛，最終卻幸運地治癒了，但是在額頭上還是留下了一條深深的疤痕。」

　　事實上，這些故事以及專門搜集稀奇古怪文學的編著者在他們的資料箱中所儲存的許多故事幾乎是不可思議、無法置信的。因為，在一般情況下，如果一個人的眼睛受到如此嚴重的傷害，那麼他一定會失去自己的眼睛。當他們已經遭受到這些不幸事故之後，或者因為體罰而被戳瞎眼睛，只有採用重口味的幽默，人們才能夠克服失去眼睛的恐懼。十八世紀早期的一位喜劇作家奧威利（Le Sieur d'Ouville），講了一個故事。男子在參加球賽時受了重傷，很恐懼地問外科醫生，是否他會失去一隻眼睛？「不

用害怕」，外科醫生安慰地說，「我會把它拿在手裡。」

　　從十八世紀起，由於白內障而部分或全部失明的人，已經能夠透過去除白內障而恢復部分視力。也就是說，將僵硬而混濁的水晶體完全從眼中取掉，以一個堅硬的玻璃透鏡取代。眾所周知，出身貧窮並且是虔信教徒的德國醫生作家施蒂林在眼科手術方面享有極高聲譽，他的《生命史》一書中記載了一些十分成功的手術和滿意的病患。

　　施蒂林在瑞士行醫，做了一些成功的摘除白內障手術，其中值得一提的是，一個病患是先天失明的十五歲少年。施蒂林在多人面前幫他做手術，當這個少年那曾經布滿白內障的右眼看到了有生以來的第一道光線時，他跳了起來並且歡呼道：「我看到了上帝。」這個場面感動了所有在場的人，他們都落下了熱淚。施蒂林所到之處，憑藉他嫻熟的技術吸引了那些虔誠的人群，但也會碰到不一樣的回應。施蒂林還遇過一個男子，為了表達對上帝的忠誠，自願保持失明的狀態，當施蒂林對他說，自己能夠在上帝的幫助下讓他重見光明時，男子沉靜地回答：「讓我背負十字架，表達對上帝的忠誠，我自願忍受苦難。」

　　施蒂林評論道：「這是對上帝的曲解。」他也發現，用這種模式來理解上帝意志的人不在少數，並且流傳甚廣（直至今日，在一些宗教中仍將他們的疾病交給上帝去治療），但他深信，上帝的賜福就是透過他的行醫而實現。

失明的預言家

在關於眼睛的討論中，不僅僅談到光和愛，心臟和治療，還令人想到許多人被禁止用眼睛去看。「They also serve who only stand and wait（它們也服務於那些只是站著等待的人）。」英國詩人彌爾頓（John Milton）這樣為他的十四行詩《失明的他》作結尾。

與那些在陸地上，海洋上，不知疲倦地奔來奔去、忙忙碌碌的人們相反，他享受著盲人的寧靜安謐。很多人想成為盲人，而不是健全的人，因為光明拒絕了他們（就像彌爾頓），耐心地為他們套上溫柔的枷鎖，所以就可以在這個無邊的黑色世界中什麼也不做，僻居一隅。然而，這只是一種偏見，許多盲人積極上進。獲得成功的盲人事例可以輕易地駁倒詩人的這種觀點，而這些事例我們在文學中和現實中有很多。

瑞士恩加丁（Engadiner）地區的有個諺語：「L'orb disch: eu vuless vair（盲人說：啊！假如我能夠看見！）」然而，諺語所說的是有部分是真實的，人們可以反駁這句話。盲人具有其他四種感覺：首先是聽力和觸覺（以及嗅覺，就像我們從偵探小說中了解到的），利用它們對事物得出的綜合概括並不比所謂的可視者少。

慰藉盲人可以是一種獨特的文學種類。它在於向看不

見的人指出，有許多失明的人同樣成為這個社會有才能的一員。當然，內心深處的目光賦予了他們比雙目正常的人更高的領悟力，因此又賦予了更多的聰明敏銳，而正常人並不是總能具有這樣的能力。

1665 年歷史學家胡柏（Rudolph Huber）引用了大量盲人學人以及富有藝術造詣的盲人故事，以此來讚頌盲人朋友。他並非唯一這麼做的人，例如瑞士外科醫師法布里休斯，在他的《才能解析》中為我們講了一個故事。

在德國符騰堡的一個教堂裡，他看到了一個非常漂亮的管風琴，它是由一個自七歲即目盲的人所製作，他有著特別敏銳的感覺器官。這位琴師死去之後，人們在琴身上刻了琴師的肖像，已向他致意。這位醫生繼續講著，在德國多恩堡（Dorberg）的一座修道院中，住著一位三十六歲，出生一年後因罹患天花而失明的男子。法布里休斯為了見他，於 1624 年來到這座修道院。他所製作的籃子令法布里休斯驚訝不已：「它們是如此精緻而富有藝術性，即使是木工或者細木工也不可能做出像它們那樣細緻、精美的手工。」

不僅在手工藝術的領域，我們也經常在街頭或市場上碰到盲人說書者和歌手。有很多故事讚揚那些雖然雙目失明，但是記憶力驚人的善交際者。希臘盲人預言家提爾斯艾斯（Tiresias）和荷馬的後裔們已經在其他書中仔細講

述了這類故事。本書不妨再添個故事：自從謝爾林（George Shearing，爵士鋼琴家）之後，還出現了許多盲人音樂家令成千上百萬聽眾爲之傾倒。然而，失明的大師們肯定需要手指，他們畢竟還需要去控制樂器。

耳朵饗宴和耳朵裝飾

在愉快地論述了眼睛以及失明之後，要爲耳朵也吹奏一曲同樣的讚歌卻是一件困難的事。不過，至少十六世紀的德國醫生維爾松（Christoph Wirsung）認爲：「耳朵的確是一個美妙和必要的器官，它天生就是接受、分辨聲音和其他噪音的儀器和工具。人和動物都有兩個耳朵，腦袋兩側一邊一個，一直都是敞開著，因爲我們無論是在睡覺還是醒著都需要聽到聲音。」

這使我們不禁想起歐洲文學中一個古老的偵探故事，它讚頌了隨時保持警覺的耳朵，它寫到了法國法學家帕基埃（Etienne Pasquier，1579～1615年）的相關事跡。一個僕人謀殺了他的主人，沒人目睹這不幸的事件。然而，一位盲人卻聽到這慘案的發生。發現商人的屍體後，警方毫無線索地胡亂猜測，而這個謀殺者因爲開了一間商店而引起人們的懷疑，但只有這個盲人能證明他有

罪，因為他與許多人對質之後，從聲音中辨識出罪犯。看來，一副不起眼的耳朵也能做偉大的事情。

「耳朵」在聖經中是一個表示寵愛的詞，它出現大約八十次，大部分在一些片語中使用，如「耳朵傾聽我的心語」或者「仔細傾聽」。仔細傾聽意味著關注和充滿愛的關照。在中世紀，Panotii 指的是那些耳朵很長的人，或是指耳朵可以伸到腳板的人，這些算是奇人異事了。不過，現在當我們對說話者表示正在仔細傾聽時，還是會開玩笑地說：「我拉緊耳朵在聽」意思就是在聚精會神地聽。

耳朵首先是接收聲響信號的功能標誌。一個人聽到了另一個人的聲音，他就知道自己不是獨自一人，並且至少與他人建立了聯繫，但是這並不表示兩人之間的思想達到交流。當然，在人體故事中更經常地涉及到的是耳朵的外關，軟滑狀的和肉質的揚聲器。外耳帶有褶皺和洞，向前捲曲的游離緣稱耳葉，對於耳葉向外耳道緊縮形成的耳垂，男女都可以利用它配戴各種式樣的耳環和耳飾。

《出埃及記》中，講到了關於男女兩性的不同耳飾。當雅連被放縱的以色列人推舉出來創造成神時，他想要鑄一頭金牛，於是號召說：「妻子們，兒子們，女兒們，把金耳環等飾物捐出來，交到我這裡。」無法想像人們損失了多少耳環，而且那些失去飾品的女人們也沒有因此得到安慰。後來，摩西把金牛搗成粉末撒在水面上讓她們喝。

　　儘管現今男子戴耳環十分普遍，但今天外耳的主要任務畢竟不是去配戴飾品，而是爲了放電話聽筒。越來越多的人都捨不得取下這個通訊器（這或許成爲吹進耳朵中的一種電子污染，造成大腦充血），並且說個沒完沒了，似乎他們必須向世界證明，他們會說話。

耳朵的疼痛和軼聞

　　在《新約全書》中又一次講到了受到重傷的耳朵：四位福音書作者馬太、馬可、路加和約翰都毫無例外地記敘了耶穌被逮捕時，捉拿耶穌的猶太教大祭祀的僕人被砍下了一隻耳朵。

　　約翰敘述得更多：「這位英雄就是西門彼得，被砍掉耳朵的叫馬勒古。」路加則說，這位僕人只是受了輕傷：『耶穌將砍下的耳朵又重新貼回士兵頭上，並且治癒了他。』」

　　不僅在聖經中有這樣的記載，霍恩海姆（Theophrast von Hohenheim，1493～1542年）是一位著名的醫生和自然哲學家，自稱帕拉塞瑟斯（Paracelsus），曾在《傷病藥典》中記敘一個遭受不幸的耳朵被治療的故事，從而勾勒出一位（十六世紀早期）現代派醫生：「我曾經遇到

這樣一件事，一個人的耳朵被砍掉之後，一個理髮師撿起它，用石匠的黏接劑將它黏了回去，贏得了一片大眾的驚呼和稱讚。但第二天，耳朵又掉了下來，被狗叼跑了。」德國外科醫生施密德於 1656 年看了這則故事後，把它與自己治療耳朵的經歷相比較，諷刺說：「這肯定是一位『博學』的理髮師，直至今天，他還有許多技術熟練的同行。」

就連醫生們都不敢狂妄自大地以為自己能模仿耶穌療傷，更何況是技術低下的理髮師們。帕拉塞瑟斯認為，應該盡量依靠自然的幫助，在傷口上敷用止痛藥膏，而不是用黏膠將這一部分貼上去（帕拉塞瑟斯還舉了另一些例子，例如鼻子或手指）。用現代話來說，所謂自然的幫助就是指在血小板的幫助下使血液凝結，在淋巴細胞中淋巴液的幫助下清潔傷口。按照那個時代外科醫生的知識水準，不應該再去黏合器官：醫生應該誠實面對自己，同時也對病患誠實。

在早期，將耳朵與身體分離是一種嚴酷的身體懲罰。神聖羅馬帝國皇帝查理五世 1532 年的《卡洛林納刑法》中規定了割耳刑是對於罪不致死的犯罪者所施行的刑罰，特別是針對小偷，以這種模式對他們留下一個永久性的印記。那些史前史和耳朵史如此經久不變地刻印入集體記憶中，就像那粗魯的耳光一般。

集體記憶還不斷地創造著新的故事，這些新故事以童話、傳說或者軼聞的模式出現，以及自傳文學。在義大利童話詩人巴吉雷的童話《維爾拉》中，一個美麗的姑娘在她姨媽那裡學習針線活，姨媽多次讓那位姑娘去地下室取縫紉工具，而她的姨媽知道在那個地下室藏著一個熱戀這位姑娘的王子。王子想要親吻她一下，前三次維爾拉都從姨媽的計謀中溜走了。

最後，當姑娘不得不再去取一把尖刀時，她憤怒起來，割掉了姨媽的耳朵。「妳誘人私通可得一筆不小的賞錢，」她喊道：「每項工作都有它應得的工錢！對喪失自尊的人，就要喀嚓一下剪掉耳朵！我之所以沒有剪掉妳的鼻子，只是為了讓妳能嗅到妳那可恥的臭味，妳這個皮條客、人頭販子。」然後，姑娘急忙逃回父親那裡，留下了沒有耳朵的姨媽和盛怒的王子。

歡樂聚會中的人們總是排斥這些令人恐懼的失去耳朵的故事。而這種恐懼都是被逮住的扒手所必須承受的，並且在大腦中都留有這種恐懼。法國小說家戴佩利埃（Bonaventure Des Periers，1500～1544年）的一部短篇小說中，一個小偷在貴族的教堂裡偷東西，而這位貴族砍掉了小偷的耳朵，並且譏諷地把帶著金耳環的耳垂還給了小偷。

在上文曾經提到的奧威利，對這個割耳懲罰的故事做

了生動而寫實的描述，並且給它一個可笑的結局：「一個扒手由於在巴黎偷竊受到了割耳懲罰，他於是警告一個諾曼第人，在這座都市裡應該注意保護耳朵。在霍努爾街區，這位到巴黎來的旅遊者聽到一個市集上的婦女在叫賣她的酸蘋果：「Ah，ma helle oseille！」他理解爲「oreille」，誤以爲是針對他的耳朵，於是趕忙返回諾曼第。

這類圍繞有趣誤解而展開的故事令人想起了格林兄弟的童話《聰明的格雷特》，它是古法國滑稽劇的一個改寫。這個滑稽劇講的是煎熟的山鶉，故事講到一個膽怯的客人聽到主人在磨刀，立即就相信了女廚師的話：「在這裡除了打算割掉你的一雙耳朵，沒有其他的事情可做。」他連夜逃跑了。聰明的女廚師將兩隻煎熟的山鶉藏了起來，然後向主人解釋失蹤的晚餐是被這位客人偷走了。於是主人在後面邊追邊喊：「只要一隻！只要一隻就好！」意思是想要回一隻煎熟的山鶉，但是客人卻認爲主人要割他一隻耳朵，於是跑得更快了。

在德國巴洛克文學中廣泛流傳的滑稽劇則講述一個小偷被判處割耳刑，但是卻無法執行這個懲罰，因爲這個傢伙早就沒有耳朵了。在莫瑟萊斯（Elfriede Moser-Rath）的作品《布爾格的愛好》中，故事這樣寫著：一個作惡多端的人被判割去雙耳，當他來到刑場，劊子手卻在他的長

髮底下找不到耳朵，於是很生氣地謾罵起來。這個作惡多端的人悶悶不樂地說：「在你們這些無賴面前是不能保留耳朵的！」在另一個版本中，這個小偷認為，劊子手的詛罵是沒有用的，他不可能每個月都長出一對新耳朵來。

在那個時代，聽眾在聽到這些故事而發笑的背後，還隱藏著對那些折磨的體罰而產生的恐懼，或至少聯想到令人屈辱的耳光。有些人就曾受過這種侮辱。夏多布瑞昂（Francois Rene de Chateaubriand，1768～1848年）的《墳墓外的回憶》中有段關於及時治療一隻被撕下的耳朵。

夏多布瑞昂在法國聖馬羅（Saint-Malo）度過了童年，當他還是一個野孩子時，「在與水手打架時，一個石頭打中他，以至於被打掉了半隻左耳，掛在肩上。」這次受傷，流血和疼痛並不是真正的問題，而是父母被嚇壞了。父親沈默不語，而母親卻驚呼起來，在包紮之後，父母便非常凶狠地責罵了這位小英雄。

小男孩及小女孩們這麼容易受傷的耳朵，有幾次能逃過粗魯的手指折磨？1902年，高爾基（Maxim Gorki）在他的長篇小說《三個人》中，為我們舉了這樣一個耳朵受刑的例子。

「好，等著，你這個固執的搗蛋鬼！」店主威脅他。當孩子們都跑走之後，店主把伊佳叫過來，用又胖又粗的手

指抓住他的耳朵扯過去，嚷嚷道：「我叫你去找，我叫你去找，去找！」兩隻手把伊佳撞到店主的肚子上，又用力把他推開，手指撕扯著伊佳的耳朵。伊佳忍著疼痛，使出全身的力氣，大聲地喊道：「你為什麼扯我的耳朵！錢是米契爾‧伊格納基治拿的。」

　　像這樣的故事，在世界各地可是時常發生。

耳朵的奇蹟

　　充滿冒險經歷的耳廓是自然界創造的奇蹟，但卻沒有與之相關的口頭流傳的古老文學。在瑞士醫師法布里休斯的《才能解析》一書中有一些相關的文字記錄：「耳朵的外部既不是屬於骨質，也不是肉質，而是既有骨，又有肉，也就是由軟骨所構成，耳朵可以向兩邊彎曲旋轉。如果耳朵是骨質的，那麼它就會很脆弱，很小的偶然事件就會破裂，如果是純肉質的，它就會立不起來，從而無法正常工作，而且總是向下吊著，晃晃蕩蕩。」

　　當然，耳廓所具有的重要意義是與聽力緊密相連。眾所周知，耳廓主要是用於將聲波透過外耳道送到可振動的鼓膜或者鼓室，中耳那神祕莫測的小骨就藏在其後：錘骨、砧骨、鐙骨，當聲音信號振動鼓膜時，借助這三塊聽

小骨的連續振動，使鐙骨底在前庭窗上來回擺動，將聲波的振動傳入內耳耳蝸內的淋巴液體，從這兒傳遞到大腦內的聽覺神經。

　　耳朵的設定和聽覺過程是不同尋常的複雜，就連丹麥解剖學家巴托利努斯這樣對內耳構造很熟悉的醫生都這麼覺得。因此我們大概可以了解，為什麼耳朵對我們的祖先而言是陌生而神祕的。他們對耳朵的探索，就是利用長又尖的小拇指指甲來挖耳垢，接著他們相信這一定與報仇有著某種聯繫。我們熟知這樣一句話：不愛聽的話會一個耳朵進，一個耳朵出。

　　在十七世紀中期，江湖騙子們就利用了人們的這種無知。德國宮廷藥師瓦柏格在他的《宮廷書籍》中講了這樣一個故事：1654 年，一位「高人」將一粒豌豆塞進耳朵，又從嘴裡吐出來。這當然是不可能的，另一個小傢伙卻信以為真，想要學習這個戲法。他就是主人的六歲小兒子，他也用一粒豌豆塞進耳朵裡，然而它卻卡在裡面，大家都不知該如何是好。藥師試著用催嚏粉，然後又用發泡硬膏，都無濟於事。最後，他臨時從焦急的父親那裡找來一只鑷子，或許後來用這個鑷子把這粒失蹤的豌豆從小傢伙的耳朵中取了出來。我們假想，受到忽視的耳垢清潔幫助了這個解救過程。

　　最後，耳朵還有一個功能，就是與視覺記憶能力相等

的聽覺記憶功能。關於氣味記憶現象已經寫了很多，但是，關於聲音記憶人們卻所知甚少。有許多自傳文學的作者，證明的確對聲音有很強的記憶功能。在十九世紀中期，法國歷史學家拉維斯在他的《紀念品》中寫道：「當他把這些記下時，又聽到了 1911 年牛角號的聲音、捷斯阿赫村莊的鐘聲、犁耙和輥子嗞嗞耕地的聲音或者馬匹踩在淺灘中發出的聲音。在很多人耳朵中記憶更多的是戰爭時期的聲音，而較少出現鄉村的聲音。」

獅王探尋的嚎叫聲把他們嚇一了大跳，似乎在預警著下一次的襲擊。另外一些人抿嘴一笑，使人想起那一訴衷情的竊竊耳語。因此，耳朵與眼睛一樣，有暗含著表達情慾的意義。

障礙和無用

為了治療聽覺遲鈍甚至失聰而在內耳做手術，這種情況在古時幾乎是無法想像的。帕拉塞瑟斯在《傷病藥典》中講了一個改善聽力的奇特例子：「我曾經碰到一個農民，他有嚴重的聽力障礙，並且已經行之有年。在一次格鬥中，他的一隻耳朵被砍掉，但聽力卻出乎意料地好多了。」

過去的書中經常會談及失明，認為它通常與社會問題相關，因為這些失明的障礙是這些社會問題所導致的。但失聰卻較少引起社會的關心。那些健全的人總是對感官有障礙的人抱有不好的想法，常常編派出許多故事，好對他們的身障諷刺與嘲弄。

在這裡，我們不去研究這些無聊的滑稽劇，也暫時不理會失聰藝術家的成就。我們只想提的是瑞士小說家穆希格（Adolf Muschg）1982 年的著名小說《身體與生命》。

這部小說是獻給一個老年聾啞婦女的美麗故事。敘述者想要買一座古老農舍，而這農舍是這位聾啞婦女的棲身之處。她的身殘最初引起了敘述者的恐懼和害怕與她接觸，然而，當他學會和這個婦女交流時，他才知道她很高興有一位鄰居：「這個老婦女不再努力抑制她內心的狂喜，用喉嚨和嘴唇作出口型試著表現她想說的話和句子，她前後左右地比手劃腳。我也好像能了解她奇怪的舉動想說的話。我們擁有一種共同語言，不用多說一個字，也沒有什麼能中斷我們……。在我回頭之前，我走向她，和她握手，她也緊緊地握著我的手，不肯放手，直到她斗大的淚珠掉在我的手背上。」

然而，敘述者秋天從城裡回來，當他準備搬入這個房子時，這個老婦人卻不見了。原來，她的親戚將她送進了養老院，把她以前存在的身影清除一空。「侄子或是總有

某個人將那個小小的鐵爐子扔向溪流裡的瀑布」。

舊爐子、生鏽的鐵、溪流，這些都是我們所熟悉的神話、童話中的標誌。但穆希格卻講述了這樣一個故事，證明殘障的人和白髮老人在現實中總會被剔除，這些故事比那些對人體使用暴力的故事更加恐怖。它提醒我們，應該給予感官生理殘障者更多的關注。

第四章
嘴巴和鼻子

對於我們人體中最大的洞穴所具有的人類生物學的意義，透過下面的編排可以看得很清楚：嘴巴的故事從嘴唇開始，接著是牙齒、舌頭，然後是咽喉。

嘴巴的功能不僅僅是攝取食物，還是一種工具，我們用它來說話或沈默，呼氣或吹氣，打哈欠，唱和笑，繃著臉生氣和親吻。似乎有千百種無止盡的模式供我們戲劇性地變換，撇撇嘴、抿抿嘴等等。十五、十六世紀義大利或者荷蘭的畫家儘可能地畫出嘴的各種模樣，生氣的女子嘴巴，施刑的劊子手或者愚蠢湊熱鬧者的嘴巴等等，因此，嘴是口頭和非口頭交際樂團中的主要樂器。

嘴的外觀和內部

拉伯雷在《巨人奇遇記》一節中指出，高康大的嘴包含了整個世界。弗雷巴斯在主角巨人的嘴中走了一圈，穿越了一個全新的世界，表現了他的所見所聞。而這個新世界實際上比我們現實的世界要古老的多。

龐大固埃的舌頭能夠為整個軍隊遮蔽傾盆大雨，然後進入富饒的農田，上面種著捲心菜。從咽喉這座重要的城市裡散發出不尋常的臭味，並在一場瘟疫中死亡二十二萬多人。悲劇的發生僅僅是因為龐大固埃特別喜歡吃蒜頭。

這位漫遊者竟然在他的臼齒區發現了如阿爾卑斯天堂般美麗的風景。他從那裡向上攀登，來到後部的咽喉區，巨人睡覺時就從那裡發出鼾聲。這裡顯示出的是一個怪誕而又虛幻的景象。我們自己的傳統世界則正好相反，它隨著工作和休息，健康的生活和疾病流行，陽光和陰雨，戰爭與和平的更換而更加現實的存在著。有一句格言：「我們不需要高康大的嘴巴，或者通往陌生國度的一張廉價門票，來重新尋找和重新發現我們已經熟悉的事物。」

語言與沈默

文化史中，嘴不僅僅具有生物學上的意義，它還是人類語言的象徵。「lingua」一詞既表達了舌頭，又表達了語言。在宗教文本中，舌頭被賦予一個超越感官的直覺，以及展示另一個世界的能力。

聖經中，嘴是談話的工具，「正直者的嘴是生命之泉，邪惡者的嘴會洩露他的罪行。」正直者受到如此讚揚的嘴也承擔著社會的責任。智慧的所羅門說：「傻瓜總是不停的說著廢話，而聰明人卻能讓傻子背上枝條。」因此，「傻瓜專橫地說話，而聰明者表現了他的嘴」，或是「傻子的雙唇引起手吵，嘴巴招來一頓揍」等等。

　　沃格勒（Georg Vogler）是一位十七世紀在教育學上極有建樹的神學教師。他在《精選樣例入門教程》中稱嘴為「心靈的使節」，將人類的感覺和情緒化以聲音表達出來。沃格勒將唇與齒比喻為一個籬笆，如同審查機關一樣，能夠將人類心思中不希望和未經深思熟慮的想法攔住。為了恰當地運用舌頭表詞達意，應該讓它慢慢地穿過牙齒的縫隙，並且透過雙唇再隱去其鋒芒。

　　聖經時代起，嘴就是一個總是挨罵、挨揍、受克制的人體器官，並且還要自我控制；另外，它也像其他幾個人體的洞口一樣，有著臭名昭彰的名聲。語言的描述是豐富多彩的，他／她結束了談話，管住了他／她的舌頭。「閉嘴」應該是日常生活中，最為常用的一句話，用於一個人伶牙俐齒，另一個人準備揍他一記耳光的情形。雖然字典中還有許多其他的用語，它們可就沒有嘴的同義語聽起來那麼有趣了。在施瓦本（Schwaben，德國巴伐利亞西部）的方言中，就有一些這一類的詞彙。

　　在文明化的歷史過程中，大眾的「嘴」往往變得越來越優雅。而那些諸如「某個人長了一張鳥嘴」這樣肆無忌憚、粗野的表達模式和權利，儘管受到道德主義者和教育家的不斷斥責，但效果甚微，就像是打哈欠會傳染一樣，他們只能張著嘴呆呆地看著。嘴巴由於說出愚蠢的廢話而自討苦吃，有一些人只講他人愛聽的話，有些人隨意打斷

別人的話，甚至更糟糕的是，將別人的嘴巴直接封住，自己說個沒完沒了，有些人則從不正確地使用嘴巴。

唇與愛

熱戀中的人們卻稱讚嘴巴。 1635 年，義大利童話詩人巴吉雷在《那不勒斯的繆斯》一書的田園詩中這樣讚揚：

一張櫻桃小嘴真是一塊蜜糖

不停地對我耳語：

吻我，吻我小豬撲滿背上的開口

好仙女的幸運禮物便源源不絕……。

十年之後，德國的策斯在長篇小說《亞得里亞的玫瑰嘴巴》中稱揚「她那美麗的嘴巴」：

玫瑰色的嘴巴嗎？玫瑰也略顯蒼白

風兒輕吹她，她變得愈加可愛

我的愛情氣息觸及她的嘴唇

迷失在玫瑰的花谷裡

那麼它是什麼？紅寶石？紅寶石也黯然遜色

珊瑚也無法與這深愛著的嘴唇相比

它比紅寶石，比玫瑰，比珊瑚更真誠，因為首先它是溫暖的！

　　雙唇外形或多或少是肉質，以亮麗的外形打上了人類愛的表情，煥發出性愛力量的印記。很多女性，也有少數男性，爲了強調唇的這種意義，爲雙唇塗上色彩。

　　與之相反，早在幾百年前，神學家史托茲在《聖徒傳記》中警告人們當心罪惡雙唇的性欲。他在描述聖徒艾德蒙德的生活中講到：在一個女修道院，所有的修女遵從埃博忒斯的勸告而割掉了鼻子和雙唇。爲了勸誡醜惡的好戰民族，自己也變成醜陋的人，以此警告那些不道德的民族。雙唇的顏色是紅的，充滿魅力。根據傳統的審美觀點，它與潔白的皮膚、烏黑的頭髮形成強烈的對照。

　　繪畫藝術並不會是表現嘴的唯一手法。圓的雙唇和特定的舌位，伴隨從肺中湧出的氣流會發出悅耳的音樂，用口哨吹出一個調子。受到不良教育的男性會在漂亮女性身後吹口哨，以吸引她的注意，女性最好不要去模仿這種惡習，因爲俗語這樣坦率地說：「對於吹口哨的姑娘們和鳴啼的母雞，你要及時地轉過脖子。」

給你一個吻

　　雙唇相碰被視爲友好的歡迎或者愛情的問候。在道別時，則視之爲一種持續雙方積極關係的保證。性欲的關係

通常是這樣開始的，嘟起雙唇之後（表達吻的願望），伴隨以溫柔或者激烈的吻。

「初吻」是屬於自傳文學中的經典主題，即使是費爾德（Franz Michael Felder，1839～1869年）這樣一位民間文學作家，也講述他的這段經歷。

「提到我心愛的姑娘，就想起那時我在濃霧中，像牧羊人一樣，濕淋淋地坐在岩石上，她是我的最愛，我已無法主宰自己的命運。這位姑娘驚恐地抓住我，我清楚地看見她。我們站在岩石的最高點，沈默不語，相互緊緊擁抱。我不敢相信，在總是濃霧而無生氣的秋天裡，我斬獲了天堂般福祉的初吻。」

無疑這些都與孤獨、絕望、自殺的想法、抑鬱的天性、克服和共同性等主題相關。詩人總是喜歡將這種充滿深情的感覺記錄在詩詞話語之中。例如德國施瓦本作家默里克（Eduard Morike，1804～1875年）就是這樣一位對吻著魔的詩人，在一首小詩《永不滿足的愛情》中寫道：

愛情，愛情，總有著新奇的慾望
我們咬傷彼此的雙唇，因為我們今天接吻
姑娘多麼安靜，就像屠刀下的綿羊
她的眼睛渴求著：繼續繼續一直吻至痛疼

事實上，說到雙唇，吻就成為中心內容了。在霍薩菲

爾（Otto Holzapfel）收集的一首巴伐利亞情歌寫著：

　　接吻，接吻這不是罪過

　　還在孩提時代，母親就已將這一切教我

　　吻在辭典中通常是如此平淡而乾巴巴的表達：「嘴唇之間的接觸」。在唇或舌的幫助下，吻是日常生活中極其平凡的，相互之間表達好感的一種肉體行為。一方面，在不同民族的民間創作中，我們當然都讀過童話中的女主角死前的危險之吻。另一方面，自從喬叟（1340 ～ 1400 年）在《坎特伯里故事集》中描述了磨坊主人的故事以後，在後來大量出現的滑稽劇彙編中，吻人的屁股或者驢的屁股往往成為引起哄堂大笑的引子。

　　在不同國家和不同時代的愛情詩人都大加讚揚唇與唇的相聚。雙唇總是充滿著性感與多情。佛萊明（Paul Fleming，1609 ～ 1640 年）在詩歌《他希望怎樣被吻》中如此寫著：

　　不是其他地方，只有落在唇上一下子沈入心底

　　沒有隨隨便便，沒有不自然，沒有靠不住的舌頭

　　不要太僵硬，不要太柔軟，一會兒同時，一會兒不同時

　　不要太漫長，不要太迅速，不是沒有場合的區別

　　半咬半呵氣，雙唇半隱

　　不是沒有時間的區別在獨處之時，在人群裡。

　　在人群中接吻，也就是當著第三者的面接吻，並不是一件容易的事。德國作家拉德基（Sigismund von Radecky，1891～1970 年）曾在一篇散文中描寫了公開之吻。1997 年 6 月 20 日，在西西里島《艾爾派斯》報有如下報導：「由於市會議在 1997 年春天曾經禁止在公眾場合接吻，違者處二十萬里拉的罰款，因此青年們在著名的大教堂前面集合，舉行了一個擁抱接吻的遊行示威。」

　　1996 年 9 月 27 日，《每日新聞》頭條報導，美國北卡羅來納有一個六歲的小孩，在學校裡親吻一個同齡小女孩的面頰，並以性騷擾的罪名被以循規蹈矩、園風正統著稱的幼稚園驅逐出園二十四小時。法國人覺得這則報導很可笑，因為法國人在相識的朋友圈中，願意接受三次面頰親吻，是親切的問候。在咖啡館中，同事、摯友之間的面頰吻就是禮儀上的要求。

　　顯而易見的是，並不是在每個國家的接吻都屬於教育養成的日常禮儀。接吻並不是每周市集上的商品，也不是雜耍劇院中的節目，千百次的吻（不是只有與舌頭相觸的吻才算吻）隱蔽在暗中，似乎它們害怕審查。

　　法國文豪雨果在他的日記所記載的有關吻的文章，使用了縮寫符號或者是某種陌生的文字，其中有一位少女的名字（一個星期出現兩次），然後是「Osc」。它毫無疑問與拉丁文「吻」（oscula）有關。1871 年 8 月 14 日，當

時六十九歲的雨果與一位已婚的法國女士菲利普・安德雷（Philippe Andre）交往甚密。他們在從魯特（Roth）通往維安德（Vianden）的邊界橋上告別之後，他的記載是：「Osc，Mano，boca，pie」（吻〔西班牙語〕、手、嘴、腳）。這裡應指他們接吻的熱切與接吻的接觸部位。一個星期之後，又是一次：「M，me，Ph.A，Osc……Boca，Pie，Mano。」後來，一定是由於這位女士出門旅行了，雨果在孤寂之中，在九月份與一個叫瑪麗亞的女人來往（Marie Mercier，喪偶不久）。這個年輕的女士當時的狀態是「nu」，就是「裸體的」，這位老紳士吻遍她的全身（這位老文豪用「Sec」來顯示愛情證明的補償——資助。他不缺金錢，再說，他是一位高雅的紳士。），雙唇不知疲倦地問候和接吻：

　　如此鮮嫩可愛的雙唇就像兩片玫瑰花瓣

　　然而它的裡面卻隱藏著醜陋的言辭

　　美麗的玫瑰花束喲

　　險惡的毒蛇在陰暗的葉子裡嘶嘶作聲

　　在《悔過歌》中，德國詩人海涅（Heinrich Heine）將一個嫵媚姑娘的雙唇看成是盛開的火熱誘惑，然而又隱藏著惡毒的話語：雙唇可以送出灼熱的吻，但也可以給予惡毒的話語、欺騙的謊言、蠱惑人心的耳語。人們經常會毫不客氣地說出：如果說得太多，反而會暴露自己的弱

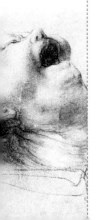

點。有時候，最好還是咬住嘴唇保持沈默。

以牙還牙

　　牙齒是指小而堅硬、嵌於上下頜骨之間牙槽內的骨頭。牙齒固定於頜骨中，可以撕咬、切割和搗碎食物。《實用醫學大辭典》對三十二顆咀嚼工具做了上述定義，雖然這定義非常簡單明瞭，但在這部著名的工具書中，以超過百欄的篇幅全面而詳盡地介紹了這個易痛的人體器官，其中關於牙齒的保健和營養是主要內容。另外，書中還介紹了每天使用牙刷，偶爾使用製成標本的珊瑚和磨細的鯨骨製成的牙粉。

　　在這本詞典中，在詞目「Deutitio」一章裡介紹了兒童的牙齒。在風俗習慣中，乳牙非常重要，部分原因是乳牙就像是過世的聖人遺骨一般，受到崇拜。十九世紀，奧地利提洛（Tirol）的民俗學家齊格勒（Ignaz Vinzinz Zingerle）寫道：「為了在世界末日（或在地獄裡咬牙切齒時）能夠找到它，最好將掉落的牙齒埋在墓地裡。」

　　1870 年 6 月 26 日，法國文豪雨果在他的日記中寫著：「孫女珍娜長出了第一顆牙齒。媳婦得到五法郎。」第一顆牙齒是人一生中最重要的事件，就像第一句「爸爸」

一樣。雨果因此斷定，珍娜將在戰爭之後活著，並且比羅馬教皇還長壽。雨果對此非常肯定，就如同他在這些日子中種下的橡樹一般。

超越奇蹟的奇蹟

當我們研究牙齒時，重點會放在它的材質、特性、數量、外形和顏色上。蛇仙美琉心說：「魯斯格南（Lusignan）祖先的兒子們舉世聞名，他們其中一個叫『Geoffroy a la Grand Dent（意即巨齒喬佛里）』。」庫德雷特（Coudrette）所寫的詩型小說這樣描述：「他的嘴裡只有一顆牙齒，怪異地伸出來。」這確實是顆憤怒的牙齒，就因為他的兄弟弗羅蒙德成為修士，喬佛里就把整座修道院燒了。

「另一些男士們長著堅硬的牙齒，能夠讓它們打出火花來。」丹麥解剖學家巴托利努斯在他的《歷史解剖學》中這樣寫道，而這些至少在二十世紀蘇格蘭的民俗中廣泛流傳。

男人認為女人的牙齒不堅固。1837 年的《百科大辭典》中這樣寫道：「女性的牙齒普遍比男性的牙齒更白、不結實、更嬌嫩、更敏感，也更小。」女性牙齒的黑白顏色，

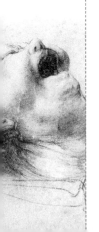

就彷彿是恐怖的幽靈和理想的翻版。古羅馬詩人馬提阿里斯（Valerius Martialis）在一首諷刺詩中步步緊逼地追問：

　　泰斯的牙齒顏色墨黑

　　拉卡妮雅的卻如白雪，這一切是為什麼

　　噢！原來一個剛買一套牙具，另一個卻保持原貌

　　很顯然，羅馬女士們缺少這種神效藥方：「為使牙齒變白，可取兩盎司硬水（稀亞硝酸）和一盎司（大約三十一升）稠白醋，再取半盎司龍血（亞洲棕櫚樹紅色的樹脂），把它們混合，然後就可用它來塗抹牙齒，但注意不要碰到牙齦。」

　　大約從 1300 年起，西班牙醫生維拉諾瓦（Arnald von Villanova）開始向人們推薦這個藥方。十六世紀的《窮人至寶》一書中就可讀到它。像這樣追求牙齒潔白的祕方在中世紀的下層社會已經相當普遍。但是，那時牙齒保健還不普及，因此直至十九世紀，中年就掉牙仍是普遍現象。

　　1652 年出生的法國奧爾良公爵夫人（Elisabeth Charlotte von Orleans），從凡爾賽來到她的姨媽侯夫人家中。她這樣描寫她的姨媽：「她的容貌並未洩露她的年齡，她的牙齒也沒有缺少，這是非常罕見的。並且，它們十分結實，甚至比我的牙齒還好。」

在這樣的歷史背景下，瑞士教育家裴斯塔洛齊（Johann Heinrich Pestalozzi）在六十歲時就只剩下一顆牙齒，人們當然會對此感到驚訝。即使到現在，人們也不應該認為刷洗得乾淨白亮的牙齒就一定是健康的。在雜誌報導上，人們可以看見名歌星嘴裡的可怕情景。在美國拉斯維加斯的百萊酒店舉行音樂會時，保羅安卡（Paul Anka）從嘴巴裡掉下一顆齒冠，使這位明星無法繼續唱歌。現在，他起訴他的牙科醫生工作草率，並要求其賠償一百四十萬先令。顯然，牙齒不僅僅與咀嚼有關，而且還對唱歌有用。

牙痛

牙齒並不只是切碎日常生活中食物的工具，它通常還表現出人類原始的野性，即野狼或者獅子的天性：「通常在打鬥過程中，一個人飛速地咬住另一個人的手或者鼻子，也可能會再凶狠一些。」

在一次酒醉後的鬥毆中，一個三十二歲的男子咬掉了對手的耳朵，並把它生吞入口。當警察走進酒吧時，他還咬著對手的耳朵。他拒絕吐出來，並且迅速地吞下了耳朵。這個男子由於身體傷害罪和犯行冷酷受到審判，但是

警察卻沒辦法在法律書籍中找到關於食人者的量刑依據。

由於在我們這個世界中缺乏創造奇蹟的人，這個身體受損的人不得不等待在天國以完整的身體復活，從而可以重見在俗世被那個傢伙嚼碎消化的耳朵。報界爭相報導這類事件，尤其集中表現這些食人者鑽法律的漏洞。1995年12月1日，瑞士《處望》雜誌以《煙囪工人咬房東的小腿肚》的大標題報導了這種事件，但如果牙齒想做什麼，他就可以做什麼，那麼，每個人的確應該考慮自己的安全！

接下來，我們離開富於冒險的嘴巴，來考慮現代生活中不斷增多的現象——牙痛。嘴巴裡儘管上下頜骨裡的成員工作起來非常賣力，但各個成員也是敏感而神經質的。它們在不滿意時總是咬得咯咯作響，使人們無法提升聲音說話。

皮凱爾（Philippe le Picard）是法國的古怪說謊家，他在1579年幫一位年輕女子拔掉疼痛的犬齒。一個弓弩手想幫助她，便把一根細繩綁在牙齒上，另一頭綁在他武器的箭頭上，然後射出箭。但是飛出去的不是牙齒，而是這位女子本人。她最後掉到了魚池裡，牙痛的結果使她飛上了天空。

過去流行的連環畫和現在發行的漫畫大多毫不掩飾地描寫那些因恐懼而大喊的樣子。以前用鉗子拔牙的醫生在

市場上要公開舉行儀式，才開始手術。手術開始得越早，越會產生撕裂般的疼痛。即使是救苦救難的聖徒阿波羅尼亞（Apollonia，牙齒殉難者，聖徒紀念日為 2 月 9 日，專司牙齒的疼痛），也絲毫不能幫助這些受難者。

　　因此，我們可以想像，深受牙痛之苦的天主教徒們只有用想像的方法來緩解病痛。例如「我在哥本哈根上貴族高中時，凡丁（Erasmus Vinding）是一位最值得敬愛的老師，曾經日夜遭受牙痛之苦。他在深夜獨自爬起來，給腳下放一個枕頭，在桌子上跳下來，再跳上去，以此來消除痛苦。當他再次躺下休息時，就不知道痛了。」保利尼醫生在他的《暴打治病》中記敘了這樣的事情。

　　無論命運給貴族、教育家或醫生什麼樣的打擊，對暴打治病的狂熱支援者們仍會告訴他們醉酒獵人的故事：獵人的妻子患有牙疾，疼痛不已，狂暴中向他扔酒瓶。於是獵人給了她一記耳光，結果「一下子流出大量的血水，疼痛不久竟減輕了。」

　　如果閱讀蒙紹克斯（Pierre Jean Du Monchaux）的書，就會知道病患在不使用暴力的情況下可以另尋減輕痛苦的方法：「一個士兵患了劇烈的牙痛，猛烈的疼痛不時地出現。所有的辦法都無法緩解他的疼痛，即使把鴉片放在牙齒上，仍產生不了作用。一個幸運的偶然事件卻使他平靜，不久之後更使他的牙痛痊癒。一次，他因為疏忽而

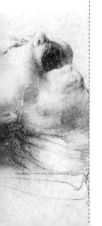

把雪吃進了嘴裡，士兵突然感到輕鬆許多，因此就不斷地吃雪。採用這種療法，沒有多久他不再牙痛了。」

我們都有過這樣的經歷，當病患坐在他所信任的醫生面前，急切地描述他們的疼痛時，牙痛或者其他地方的疼痛就彷彿被風吹散了一樣，彷彿不好意思讓醫生診治一般。我們可以再次引用德國醫生保利尼和他的《糞便藥劑學》：「一個酒店婦人患了嚴重的牙痛。一個車夫把新鮮的馬糞抹到一塊粗糙的麻布上，製成膏藥。當她看到這個藥膏時，立即噁心到嘔吐，並且開始流鼻涕。但半個小時之後，所有的病痛都消失了。」另一個病例是：「我曾經被叫去幫一名十七歲的女子看病。到了之後，我打算把藥丸放在牙洞裡。但當她一看到藥，整個身體竟開始發抖，並劇烈地嘔吐，眼睛充滿著痛苦的神情。最後，她把我的藥丸扔到院子裡。」誠然，這裡描寫的不僅僅是人的恐懼回應，保利尼這位男子也對女性病患的痛苦很關心。他相信，只要找到正確的病源，她們的疼痛最終將會治癒。

危險的舌頭和處於危險之中的舌頭

這個被下頜骨牙齒形成的籬笆所包圍的口腔器官，具有許多突出的特徵。舌頭是力量和運動型的，它是肌肉器

官，就像顎肌和頷骨間的肌肉、莖突處的肌肉以及舌骨的舌肌一樣，它們都是依靠肌肉來保證活動和執行功能的。舌頭表面具有不同的組織構造：舌頭表面分布著許多小突起（輪廓乳頭、葉狀乳頭、絲狀乳頭、菌狀乳頭），正是因爲這些乳頭狀小突起，使得舌頭具有感覺和味覺功能，辨味功能（酸、甜、苦、辣、咸）。舌頭還有一個重要的功能——輔助發音。

　　十七世紀的荷蘭醫生貝弗里克（Johann von Beverwyck，1592～1647年）這樣描寫舌頭：「在所有的動物中，人類有一個最爲卓越的舌頭，它可以自由伸縮，因爲它有兩個必需的任務：一是說話，這是人類舌頭獨有的功能；另一個是品嚐，這個功能與其他動物的功能一樣。舌頭是一塊柔軟呈海綿狀的肉，上面覆蓋著一層薄薄的黏膜，顎部也有這樣的黏膜，因此顎也可以協助品嘗味道。」

　　有關舌表面的味覺等微視架構的知識，在貝弗里克時代尚未被人們所掌握，但是人類的「舌頭」卻早已經存在，例如法語「Laugue」事實上有雙層意義：一是指嘴巴中的主要器官——舌頭，它感覺、品嚐、辨味，甚至還參與散發出味道；另一方面，舌頭同時也是語言器官，與聲帶、牙齒、雙唇以及顎共同作用而發出聲音。它能夠說話，儘管人們通常認爲，沈默比說話更有價值。

這個器官偏好甜食，好享受，所以首先被視為搬弄是非者。瑞士人還把它與蛇相提並論，因為蛇喜歡把舌頭吐出縮進來賣弄自己。話太多的人，應該管住自己的嘴巴，或者直接就咬住舌頭以免口出傻話。古時那些宣揚道德的冊子講了一個「教會的舌頭磨工」的故事。它介紹說，用七塊石頭可以打磨、拋光、洗滌這個樂於造謠中傷和誹謗的語言工具。

我們在這裡要再次談到引起人們疼痛的損傷，特別是舌頭的創傷。我們的主耶穌所受的隱疾之一可能就是：劊子手把刺扎入了他的舌頭。聖徒羅曼（Roman）通常被稱為神聖和殘暴的敬仰者，神學家史托茲在聖羅曼的生平中寫到：阿斯克勒皮亞德斯（Asklepiades）命令：剪下聖徒羅曼的舌頭，因為他說了冒犯性的話語……在這座城裡有一個天主教徒是名外科醫生，恰巧帶著手術用的器具，審判者命令他將這個殉道者的舌頭從舌根處剪下，這位不幸的天主教徒不願執行這道喪盡天良的命令，然而他又如此懦弱，不敢反抗這個法官。於是，這位聖徒友好地伸出他的舌頭，並且在整個執行過程中，盡力不合上嘴。這位外科醫生並未扔掉剪下的舌頭，而是把它當做聖人的遺物供奉起來。

直至現代社會早期，仍然實施舌頭刑罰。 1530 ～ 1532 年，在神聖羅馬帝國皇帝查理五世 1532 年的《卡洛

林納刑法》中，對那些罪不致死的犯罪處以一定的肉刑，條例在第 CXCVIII（S，253）條下寫著：根據判決，那些犯罪者被公開剪除舌頭。

經官方批准，剪除舌頭以後的罪犯要被驅逐出當地。如果不想在法庭審判中被公開執行的話，那麼罪犯只能自己剪掉舌頭，因爲如此一來，他們就不用出庭辯論了。另外，中世紀傳教士海斯特巴哈（Caesarius von Heisterbach）曾寫道，一個牧師被教徒撕掉了舌頭，然而聖母瑪莉亞卻給了他一個新的舌頭。

在天主教早期，幾個殉教者爲了證實他們的信仰，不用舌頭說話。聖紐曼（Johannes Nepomuk 或 John Nepomucene）受到拷問並被扔進墓道，因爲他將王后告解時的祕密講了出來。1719 年，當人們挖開他的墳墓時，發現他的舌頭完全沒有腐爛。其他聖徒傳說中也有這樣的現象，在他們死去很久以後，舌頭依然完好新鮮，這證明了他們的言語具有重大意義。

舌頭癱瘓與舌頭腫脹

我們的舌頭還會遭受另外的災禍，會因爲舌頭肌肉腫脹而失去說話能力。患這種病時會有一種要窒息而死的感

覺。德國外科醫生施密德在《傷病藥典箴言》中，講述了一個經歷：「1641 年 4 月 27 日，我來到一個小村莊。有位紳士的嘴巴灼熱，舌頭腫脹，感覺像是有一大塊肉在嘴裡，病患無法說話吐咽。我爲他開了漱口藥水，並不斷地多次加熱、漱口，舌頭終於裂開來，流出許多可怕的臭水。不久，他的病好了。」

不只如此，人們要警惕發熱的身體不要在冷水中降溫。 1601 年大伏天期間，許多學生就因此被淹死在洛桑。對於這一點，我們瑞士醫師法布里休斯在他的《觀察》一書中，記敘了自己的童年往事：「當我還只是一個十二歲的小傢伙時，很喜歡在炎熱的夏天到冷冷的河水中游泳。有一次，這種做法引起了舌頭癱瘓，這個後遺症一直伴隨我許多年。」

關於舌頭癱瘓的情節，通常會在天主教的傳奇文學中看到。這些情節往往有雙層含義：上帝懲罰有罪的人，讓他們失去說話的能力；上帝教育他們悔過自新或重新恢復他們的說話能力，使他們可以大聲地宣傳上帝的全能。

一部十六世紀的傳奇書籍講述的是聖徒卡薩達（Domingo de la Calzada）在西班牙洛哈（Rioja）的故事：收穫農作物時，一個叫凱瑟琳的人遇到了暴風雨，致使舌頭癱瘓。她徒步朝聖來到這位聖徒的居處，在他的教堂中告解，又重新恢復了說話的能力。

　　德國詩人海涅在《唐‧拉米羅》敘事詩集中抓住了這個主題，即由於驚嚇而使舌頭僵硬：多娜已經與另一個人結婚了，費爾南多幹掉了他的情敵拉米羅。這位追求者跳了最後一次舞之後就像影子般消失了。當多娜從昏厥中甦醒之後，費爾南多問她：「說吧！為何妳的臉頰如此蒼白？為什麼妳的雙眼如此悲哀？」「拉米羅……。」多娜因哽咽而結巴，然後舌頭就癱瘓了。然後，她得知她的拉米羅在中午就已經死了。哪一位聖徒會再創造奇蹟，治好多娜‧克萊拉的舌頭？還是讓我們留下這個疑問吧！接下來我們要講一講人類的第二個味覺器官，它可以輔助部分舌頭功能。

皮膚味覺和顎的樂趣

　　荷蘭醫生貝弗里克在《普通醫學》中描寫口腔的這一部分：「『顎』如同口中的天空，肌肉包裹在骨頭上，構成了口腔的穹頂，幫助舌頭品嘗飲品、飯菜。」顎就是要用來品評美味佳肴的，這種簡單的論斷眾所周知，十九世紀初更進一步發展為精細辨味理論。

　　1826 年，味覺理論中最重要的專家布希亞薩瓦利（Jean Anthelme Brillat-Savarin， 1755 ～ 1826 年），

冗長地訂出皮膚味覺的定義：「品味是人的一種感覺，關係到身體的鑑賞能力。為了能辨別和享受味道，我們擁有獨特的器官……味覺有兩種主要功能：首先，它為我們帶來許多情趣，以彌補人們在生活中遭受的損失；其次，它幫助我們在大自然提供的物質中選擇適合的東西作為生活物質。如果失去了舌頭，人們仍完好無損地保留有軟顎和咽壁等辨味器官，在嗅覺器官的配合之下，味覺依然可以發揮作用。」

布希亞薩瓦利接下來講了一個阿姆斯特丹可憐小伙子的故事。這個故事雖然詳盡，但卻未必正確：「他因為試圖逃跑而被施予割舌懲罰。我問他，是否能在吃飯時感受到味道，這個可怕的手術是不是完全毀掉了味覺？他用文字回答道（因為他曾受過教育），他最為吃力的是吞咽食物，但是味覺完整地保留著。他可以嘗出各種味道，但是太酸或者太苦的食物會引起難以忍受的疼痛。」

咽喉和吞嚥困難

現在我們講到口腔的後部，用醫學術語來講：咽是上呼吸道的一部分，處於口腔和食道之間；喉是嵌入呼吸道的發音軟骨器官。德語單字 Rachen（咽喉）是一個象聲

詞，發音時使人既想起了沙啞的聲音又想起了呼嚕聲。咽
喉自然與吞咽食物（不一定是食物，有時是其他東西）相
關，當異物進入氣管而不是食道時，氣管上的刺毛會強烈
地進行自衛而排斥異物。因為這個物體不能進入肺部，無
論如何也必須將此物向上驅趕出去。另外，並不是所有進
入食道的物質都是被充許進入的。

「把它吐出來！」父親對他的孩子說，因為孩子吞下了
一個便士。這是狄更斯的《匹克維克外傳》中韋勒所說的
名言。牙齒、舌和唾腺互相協作，將整塊食物粉碎成可運
送的小團食物。舌頭將食物向上壓至顎，這時向上遮住了
鼻咽區。於是食團向下而行，進入咽腔，咽喉的位置是保
護氣管通道以防食物混入氣管。食道是波浪形的肌性管
道，食團在其間向胃部運動。吃下和喝下的東西並非是做
墜落式運動。如果我們是倒立行家，照樣可以從下至上吞
咽食物與喝水。

喜歡冒險的人，當然不會只滿足於天天將麵包送進胃
裡就行了。他對所有可以強行咽入食道的東西都感到好
奇。在稀奇古怪的醫學案例中，有一些不同尋常的飲食習
慣。1539年，一名農民死於劇痛。當醫生解剖他的屍體
時，看到了奇異的景象，他的肚子裡有一根長條狀的圓棒
和四把鋼刀，還有兩件鐵器。1656年，德國外科醫生施
密德在一篇關於胃部受傷的文章中講到他的姐夫曾經吞下

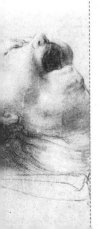

一枚杜卡特（十四～十九世紀在歐洲通用的貨幣名）：
「只是意外地吃了下去，到第三天，在他的便器中又發現
了這枚金幣。」

　　在十六、十七世紀的傳單和報紙中，講了許多這樣的
吞食異物者。德國醫生貝克（Daniel Becker）則提到一
些案例，他們嘔吐出頭髮、木頭、煤、玻璃、針、肉塊、
蛇、蛤蟆、蜥蜴或者狗尾巴、球、火藥或者骨頭。這位醫
生寫道，他許多同事認爲，魔鬼用魔力將這些東西塞進了
人類的身體中，撒旦的裝備就是他巨大的力量和層出不窮
的詭計，不需要自己動手，也無需使用工具，就能夠將那
麼多可怕的東西弄進人體中。

　　當然，貝克並未排除「這些行爲與憂鬱幻想有關」的
解釋。我們這些唯理論者所易於接受的思想是，這些人可
能真的吞了這些東西，也可以只是胡鬧而已——都只是爲
了讓別人知道，這些嘔吐出的成果是他人肯定做不到的。
貝克假設這些吞物冒險可能與憂鬱幻想的現象有關，是完
全有可能的。

　　1654 年，丹麥解剖學家巴托利努斯在他的《解剖奇聞
史》裡敘述了類似事件。書中寫了這樣一位男士，他認爲
自己吞了一根針，所以一直彎著腰，直到醫生用催吐劑使
他把這個「東西」吐出到痰盂裡爲止。1668 年，德國小
說家格里梅豪森（Grimmelshausen）講述了人類的妄想

症，這些人遭受著妄想之苦，他們認為自己是一隻雞甚或是陶製的罐子，也因此而做出相應的怪行為。在當時的醫學中，通常用迷亂的方法來對付這些迷亂的幻想。對於那些幻想自己身體裡有馬具、轡頭以及其他東西的人，用這樣的方法有助於病患的治療。醫生給病患服一劑瀉藥，病患就會覺得身體裡的「東西」隨著大便排出體外了。這個故事由格里梅豪森引自古老的軼聞文學，它並非出自於史學的記載，而是由於令人驚訝的口頭流傳才使這一故事得以傳世。

德國著名外科醫生赫文（Friedrich Wilhelm von Hoven，1759～1838 年）在《生物學》中講到，路得維希堡（Ludwigsburg）伯爵夫人魯賓斯卡的年輕女伴（上層社會雇用來陪伴聊天的女人）總是覺得自己吞食了一根大頭針，無法擺脫此一幻覺。赫文也一直無法證明她幻想的異物已經離開她的身體。忽然，赫文想起了這個古老的故事，於是，赫文命令一個守口如瓶的女僕在第二天早晨向這位小姐展示一個大頭針，說是在她的糞便中發現的。「當然這位小姐所有的擔憂全部一掃而空，也因為這個治療方法讓我從女伯爵那裡得到了八個杜卡特的治療費。」博學多問是值得稱揚的！

那麼吞針行為是否也有它的傳統呢？丹麥解剖學家巴托利努斯在他的醫學信件《醫學信件集》中描寫了這樣的

症狀：「一個十四歲的小傢伙，伴隨著可怕的抽搐和身體扭曲，嘔吐出了骨頭、魚刺、指甲、彎曲的針、鐵球和寫著 S.M.P.D. 字母的木塊。這種木塊在那個時代被挪威人視為魔法用品。」

然而，這還是未能超過瑞士一位年輕少女的「英勇」事例。1782 年在瑞士荒唐地判了一個女僕死刑，這是瑞士最後一次舉行的巫婆審判。判刑的過程中，一位醫生的小女兒和聯邦議員說出關鍵證詞：「這個姑娘多次吐出針，因此斷定，女僕對她施了巫術，透過小塊蜂蜜餅將針弄進小姑娘的胃裡。」

查閱同時期的醫學文學，可以發現孩子們故意利用吞吐針的伎倆來吸引人們的注意，以此來傷害那些令他們覺得可憎的人。十八世紀的教育文學顯示了對《兒童事故史》強烈的偏愛。這種教育文學以「警告──事故──懲罰」這種構思模式（基於警戒的目的，很多情況下蒙難者必定致死）描述吞針者的事例。很顯然，這種事例有非常強烈的恐嚇作用。

類似吞刀者或者吞針者這些危言聳聽的故事，不僅具有感染性的效果，而且內容和作用也扣人心弦。這一趨勢還在不斷地增強。在 1896 年度的法國周刊《政治與文學年鑑》中，有一篇名為《石胃者》的文章，首次講述了一位當時的名女士。她在醫院吞下三十七塊東西，其中有一

把叉子、兩把咖啡匙、玻璃片、紐扣、鑰匙等，至少醫生從她那堅實的胃中取出了這些亂七八糟的東西。

　　然而，不僅如此，「布拉格的德國醫生協會匹克先生最近提到了一位十九歲的小伙子。這個小伙子公開秀了以下的技能：『首先吞下一把鋸條，接著嚼下瓷片和玻璃片，再來是煤、硫磺、磚瓦碎片、皮子、火柴等，還有澆上汽油和酒精的木塊，他還點燃了木塊。他的表演贏來如雷的掌聲！可憐的失業者啊！』市集上的表演當然不能長久，他被送進醫院，匹克醫生用土豆泥為這位石胃者治病。」花生泥肯定能治療被弄傷的胃壁，包裹被吞食的碎片和堅硬的棱角。年鑑警告人們不要做這種危險的傻事，無論是在國外還是在法國，這些都是人類所無法容忍的。

　　不知不覺，我們就從口腔講到胃的吞食故事。我們會在後面的篇章中講述這個令人不安又充滿故事的孔洞——胃。

鼻子奇蹟和奇異鼻子

　　鼻子的確有一個罕見的形象（在拉丁文中，鼻子是陽性 nasus，但是在西班牙語中卻是陰性 la nariz），只有耳廓的古怪和對耳廓的譏諷才能超越鼻子。人們稱鼻子為

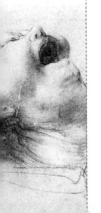

臉上的挑樓，因為它向外伸著，就像鳥的嘴，向前挑著。巴洛克時代的畫家勒布朗（Charles le Brun）很喜歡畫長著鷹鉤鼻的人。

鼻子也被看成臉部「廚房」的抽煙機，對於那些匆忙的人，它可以分散迎面而來的風。另外，鼻子從上唇和上顎骨向外突出，由軟骨和鼻骨做支架，被覆著皮膚和少量的皮下組織。它的外貌樸實無華，給人一種和善的印象。鼻子內部的鼻腔蜿蜒曲折，架構複雜，使得這個器官變得神祕莫測。它與稀奇古怪的骨質架構相連（顎骨、篩骨、蝶骨），與外耳相通，是腹腔的通道。鼻腔內覆有易出血且生有鼻毛的黏膜，對吸入的空氣有加溫、濕潤和淨化作用，並分泌黏液，俗稱鼻涕。鼻腔內還有一部分濕潤的黏膜，內含有嗅覺細胞，有嗅覺功能，將氣味信號傳遞給大腦。

關於各腔和它們之間的聯繫，以及它們健康與疾病的錯誤和混亂，需要具有專業知識的耳鼻喉醫生才能認識。在義大利語中，詼諧地稱這些專業人士為「Otorino」，這個詞來自於拉丁語中的耳—鼻—喉科名詞，Oto/rhino/Laringo/logie。

然而，大家對於鼻子的認識喜歡侷限在「嗅覺器官的外在觀點。俗語中，有些人的鼻子翹得高高的（自高自大）或者他的鼻子向前（意指名列前茅，獨佔鰲頭）；另一些

人嗅覺靈敏（意指對某事判斷準確）或者把他的鼻子到處伸（意指到處插手，多管閒事）；有些人會勸告他的鄰居，把自己的鼻子拿開（把自己管好，別多管閒事）。絕大多數的人對所有事都捂著鼻子，意指對一切都感到厭煩。也或是有什麼東西落到了鼻子上（剛剛受到訓斥），或者是因為調皮鬼拉著他們的鼻子到處跑（調皮鬼愚弄了他們）。

在日常用語中，人們喜歡討論某個人罕見的鼻子。在巴黎酒吧的吧台旁，法國女作家高瑞爾（Jean-Marie Gourio）記下了類似的閒聊碎語：「以前他有一個尖鼻子，但是他的鼻子現在戴了一個環形球。」或者，「他有一個塑膠造的假鼻子，做過美容以後，無論怎樣都是塑膠品。」鄰居問：「是不是它經常會散發出塑膠味？」

在那些討論美與醜的文學故事中，也集中出現了令人注意的鼻子。僅僅在兒童和少兒讀物中，就有幾個非常熟悉的人物。

《格林童話》的長鼻子：有三個被遣散的士兵，一個狡猾的公主騙取了他們三個具有魔法的禮物——魔衣、魔鞋和魔號，因此他們不得不再次沿街乞討。他們中的一個在半路吃了一個蘋果，結果令他的鼻子不斷地長呀長，以至於他都無法站起來。鼻子穿過了樹林足足有七十里。他的伙伴們到處找他，因為他們三個是好伙伴，但是卻無法找

到他。其中一個人突然踩到了一個軟軟的東西，他想：「嘿！這是什麼呀！」這個東西微微地活動，是個鼻子。他們倆說：「我們應該順著這個鼻子走。」終於在森林中找到了他們的伙伴。他躺在那裡一動也不能動。於是，他們找來一根棍子，把鼻子纏在上面，想扛著它走，但它太重了。於是他們在森林中找來一頭驢子，讓他騎在上面，用兩根棍子抬上鼻子，這樣他就可以向前走了。

他們走到一個角落，因為他太重，所以他們不得不停下來休息。就在這裡，他們碰到了一棵救命的梨樹。吃過一顆梨後，奇蹟出現了：長鼻子不見了，一切又恢復了正常。三個伙伴將這個意外發現的神奇水果製成粉劑，在這個具有魔法的粉劑幫助下，他們懲罰了騙人的公主。

就像在皮膚一章中所看到的一樣，義大利人在講述滑稽童話時出現的重要情節不是巨大的鼻子，而是角。因為在南部國家，這種肉瘤要比德國人的鼻子更幽默，鼻子與頭部其他的器官一樣，都隱含著性欲的意義。

德國童話作家豪夫的一則童話中有一個侏儒，外號叫「鼻子」。他是鞋匠的兒子，名叫雅各，他的母親是一個菜蔬小販。一天，一位又老又醜的女顧客不小心把鼻子深深地插入正在出售的菜中。雅各說這個老婦無恥又令人討厭，結果激起了老婦的辱罵：「孩子！孩子！我的鼻子喜歡你，我那又長又漂亮的鼻子，你也應該長一個，從臉中

間長至下巴。」這句魔法咒語剛剛說完，雅各的臉上就長出了一個這樣的長鼻子，並且他的脖子也變短了。這個小伙子不得不爲這個老婦效勞七年，才返回家鄉。人們一見他就叫道：「嘿！看這個醜陋的侏儒，他的頭就像是插在肩膀裡，他的雙手是可怕的褐色！」可憐的雅各變成了怪胎。

西部牛仔山姆·霍金（Sam Hawkens）的鼻子，Hacken 在撒克遜方言中是鷹的別名。這個機智的人物是梅斯（Karl Mays）筆下驚險西部幻想故事中的一個，這個西部歷險經歷已成爲著名的小說道具。在《榨油機》一書中就提到：「霍金是一個小個子，很胖的小傢伙，在鴨舌帽下，又黑又濃的大鬍子中伸出一個大鼻子。鼻子大得驚人，就像一個日晷儀。這張臉上除了這個過於巨大的嗅覺器官之外，只能看到兩個小而聰明的眼睛。」

這裡我們還想論述的在醫學上名聲不好的鼻子。鼻子經常會處於危險之中，常常被打斷、咬掉或者割掉。德國外科醫生施密德在《傷病藥典箴言》中講到：「1648 年，我在克萊蒙茨軍營幫一個騎兵上尉包紮，當時軍隊在維騰堡率領之下，正在奧格斯堡駐紮。他的鼻子被砍成兩半，吊在臉上。儘管如此，他的鼻子還是治癒了。我把蠟裹在羽管外製成小管子，將之推進鼻孔中，這樣鼻子不會長成畸形，而空氣又可以從這個管道自由出入。」

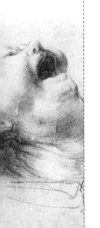

如果你像奧地利社會寫實作家伯恩哈德（Thomas Bernhard）一樣，是那些小報的熱心讀者，那麼，現在你每週都會在這些報紙中發現鼻子被咬的事件。例如義大利杜林（Turin）有名的《郵報》在 1996 年 8 月 24 日報道：「阿爾及爾的移民穆尼埃被拘捕。當警察要爲他戴手銬時，他把警察的鼻子咬掉一部分，然後吞了下去。該警官立即被送往醫院，給整形醫生施了手術。他現在狀況頗佳。」

然而，我們並不是只能討論鼻肉。德國解剖學家普拉特在《日記》中的回憶故事就非常有趣。 1546 年當普拉特爾還是一個小傢伙時，那時，孩子們在冬天都很喜歡扔雪球、打雪仗。有一次打雪仗時，他躲了起來，想要給他的玩伴一個出乎意料的突擊。然而，誰從木屋的台階上走了出來呢？不是玩伴，而是嚴肅的父親大人。「開始，我只看到一隻鼻子，就衝著它扔了過去，誤以爲擊中了『敵人』的鼻子。這時鼻子開始流血，說著：『夠了，你這個龜兒子！』父親要衝過來揍我，但我成功地逃跑了。」

對於這些或者更加糟糕的意外事件，古代的醫生已經非常熟悉一些有效的治療方法。瑞士醫師法布里休斯就提到：1590 年一個名叫蘇珊娜的勇敢女孩（作者後來親自見過她）受到一伙殘暴士兵的突擊。她雖然維護了處女的貞潔，卻被割掉了鼻子。

「兩年之後，她來到了瑞士洛桑，格列佛紐斯（Johann Griffonius）那時就住在這裡。他是一位感覺敏銳的外科醫生，同時也是一位成功的整形醫生。他爲她做了手術，並成功的爲她復原了鼻子。手術之後，人們幾乎看不出她受傷的痕跡。」

鼻血，鼻蟲

可惜，鼻子也是拳頭打擊的目標。對於性格懦弱而且膽小的孩子，我們喜歡唱這樣的恐嚇歌謠：

誰這樣做，我就搗他的嘴

打他的鼻子，打得它出血

當然，這個呼吸器官中的血管非常脆弱，經常會引起鼻孔出血。出現這種意外時，母親們都了解一些治療的方法。過去的醫生曾用一些冒險性的方法：之前提到過的柏拉圖尼克斯在 1575 年這樣寫著：「把山羊的鬍子燒成灰，並與醋混合，用於止住鼻血。」

在《九百個有用而有趣的要訣》中，米佐爾德（Antoine Mizauld）記錄了下列藥方：「當鼻孔不停流血時，用鼻血在額頭上寫『已經實現』四個字，則流血即止，百試不爽。」這種方法混入了宗教的神祕主義色彩，

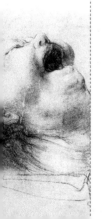

是一種詆毀上帝的方法：濫用釘在十字架上的耶穌所說的話，只是為了止鼻血。

瑞士醫師法布里休斯還舉了幾個駭人聽聞的流血事件，用此來貶損他的老同行帕拉塞瑟斯。後者認為，在人們能找到正確的補血方法之前，首先必須排除引起大出血的主要原因，例如發怒、淫蕩或者醉酒。法布里休斯認為，當一個大出血的病患即將死亡時，人們要求他遵守生活上的道德訓誡是毫無意義的。

為了證明這個論證，他講了一個流鼻血的悲劇故事：一個士兵突然流起鼻血，一個愚蠢的理髮師偏偏讓他洗髮沐浴，並為他拔罐，用來止鼻血。然而，鼻血依然不停地流。後來找來法布里休斯，雖然鼻血止住了，但他已經流了二十四個小時的血，在當天晚上，安靜地去世了。

在形容沈默寡言的談話伙伴時，有句諺語非常有名：「必須從某人的鼻子中拽出蟲（意指誘使某人說話）。」這個行為可不只是一句比喻的話，還是讓我為大家講些傳說吧！

丹麥解剖學家巴托利努斯提過一個病例。一位農婦長期患有嚴重的頭痛，當她再也無法忍受時，拜訪了一位以醫術精湛而著名的神父，神父給她一劑噴嚏粉，於是她開始打噴嚏。噴嚏引起頭部劇烈震動。一條一指長、受不住震動的蠕蟲從裡面爬了出來，頭痛也隨之消失。

　　簡直是難以置信，諸如此類的故事可以說是枚不勝舉。在法布里休斯也詳細地記著一個故事，但略有不同：他回憶起一個小伙子，他患有頭痛，後來從鼻孔中爬出一條蠕蟲，之後，所有症狀都消失了。爲證明此事的真實性，醫生附上一幅蜷曲小蟲的畫像。這條蟲背部長毛，有七隻腳。

　　在下次創造世界時（只是想像一下），人類的創造者在設計大腦，特別是多孔的鼻子時，肯定會簡化或者節省某些程式。在這個美麗的新世界中，病患和醫生會對造物主更加崇拜。

流鼻涕的鼻子與黏糊糊的鼻涕

　　「招魂術使之變爲魔鬼，冷漠成爲它的特徵。」德國詩人席勒（Friedrich von Schillers，1759～1805年）在《男人的威嚴》裡表現男子驕傲的詩中這樣寫著。學者布赫曼（Georg Buchmann）將德語中常被人引用的名言收集成冊。他認爲，這種狀況也有可能是酒精揮發引起的。此事可以咨詢醫學協會：「或許在1781～1782年冬天，席勒先生患了感冒，喝了一定量的格羅格酒（摻熱水的蘭姆烈酒）或者其他某種加工的烈酒。當他早晨起來時，詩

人的鼻子中堵滿了黏鼻涕。在布赫曼那個時代（1864年），人們無法想像優秀的席勒也會流鼻涕、嘔吐，也會回應遲鈍？」

　　古希臘醫生希波格拉底（Hippokrates）在《人類的特性》中說道：「人類的鼻涕在冬天會增多，所有體液中，以冬天的鼻涕最為寒冷。如果你觸摸鼻涕、膽汁和血，會發現鼻涕是最冰冷的，這就是鼻涕寒冷的證明。它還是最黏稠的。」他的部分觀點直到今天也還是正確的，冬天黏液比夏天更黏稠。為了把黏稠的液體從氣管中咳出或者從鼻孔中擤出，我們需要用力並且發出聲音，從而會影響周遭的人。在古代的體液病理學中，除了血液、黃色和黑色的膽汁之外，黏液是人體的四種基本分泌液之一，還代表了人類的四種性格之一，象徵著冷靜的特性。

　　黏液質性格的人被認為是像水一般冷淡（不會惺惺作態），拒人於千里之外，克制、從容、慢條斯理。例如俄國作家孔察洛（Ivan A. Gontscharow）所寫的《套中人》中的主角一般（另外三種是性情躁急，動作迅猛的膽汁質；性情活躍，動作靈敏的多血質；性情脆弱，動作遲鈍的抑鬱質），現在人們把這類人看成是固執的傢伙。

　　十六世紀，幾個醫生相信如比利時醫生海爾蒙特（Johann Baptist von Helmont），如果鼻涕不是這四種體液之一的話，那麼它至少是大腦消化之後的排泄物。他還

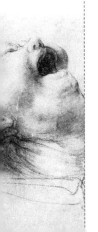

寫到，自己流鼻涕的時候：「由於我經常感冒，身體也因酗酒而變得虛弱，以至於不能支配四肢。我發現，感冒就是當身體機能對病菌的抵抗力出現問題時，讓篩骨處產生鼻涕。如果我現在覺得感冒了，那麼，當天晚上吸一些嚏根草製成的噴嚏粉和許多食用糖，第二天早晨就會覺得好多了……但是，我用這種方法來對付已患許久的感冒時，療效卻不很明顯。鼻涕長長地流著，就像是加了鹽的水。鼻涕透過鼻子流向咽喉，喉嚨卻不願忍受這不同尋常的鼻涕，不久就感到乾燥難忍，並且腫脹起來。在這裡，鼻涕變成濃稠的黃色黏漿，這種鼻涕黏液稱為黏膜炎。」

1737 年，德國醫學教授瓦爾特（Johann Jacob Woyt， 1671～1709 年）在他的《珍寶集》中講解這種「冰涼」的液體：「最初會引起乏力懶散，嚴重的頭痛，腰部寒冷，然後出現發燒，腳部腫脹疼痛。」

如果沒有用手帕把流下的鼻涕擦乾淨，則會被視為不文雅的行為。教科書都舉了不少有趣的例子，來教育邋遢鬼保持乾淨衛生。 1728 年赫維西所著的《聰明詼諧的醫生》：「酒使那個皮洛費魯斯晃晃悠悠，幾乎站不住腳。有一次他感冒了，鬍子上掛了一點鼻涕。由於過量飲酒，因此他不可能注意到這些。而同伴費蘭德不喜歡酒裡混入其他東西（他們共用一個酒壺），就禮貌地提醒他：「親愛的皮洛費魯斯，在你的鬍子上有一根羽毛。」皮洛費魯

斯擦下來一看，這東西多麼噁心，立即嚴肅地責罵費蘭
德：「從你鼻子裡出來的才是羽毛，這是一塊鼻痂子，你
這個瞎子。」這個酒鬼的笑話中，傳達了一個訊息：鼻涕
和鬍子不一樣，完全不能公開化，那些體面的人應該把它
藏在自己的手帕裡。德國斯瓦比亞高地在一首關於兔子的
歌曲中有這樣一節：

　　要用手帕擦掉鼻涕

　　母親嚴厲地告誡我

　　要講衛生，否則就是缺乏教養人

　　怎麼能把鼻涕掛在鼻子上？

　　歌曲是講一隻兔子，如果牠和一隻沒有修養的兔子結
婚，牠寧可像魚兒一樣，自由自在地獨自生活。這是首有
趣而精心編寫的教育歌曲。它間接地為我們提供了早期文
明化浪潮中最為重要的衛生原則之一：手帕必須時時存
在。這使我想起了一則高盧人的謎語：「什麼總是隨身
帶？什麼總是被胳膊甩？」現在，答案呼之欲出。

嗅覺和味覺

　　1619 年維爾松（Christoph Wirsung）醫生寫道：
「鼻子在恢復健康之後，它就會吸入新鮮的空氣，有力地

輸送給整個身體，從頭到腳經過心臟和肺臟。」此外，它還有分辨飯菜的香味的能力。它所在的嘴巴上方靠近口腔的位置是極具用處的，因此，除了嘴巴，它也能接收到各種芳香、惡臭、有益或有害的氣味，彷彿是法官和牧師一樣。儘管它位於臉中間，但它不僅是一件裝飾品，而且還是雙眼之間的隔牆，保護著它們。

這裡醫生們首先想到的是鼻子日常的作用，區分飯菜的味道和難聞的街井之味。香味與臭味在社會早期還暗含著道德判斷。通常，從逝去很久的屍體上依然散發出奇異的香味往往被視為是聖人的標誌。相反的，散發出刺鼻的臭味則標示出有罪的人，而他們討厭所有虔誠者所認同的高尚、神聖的氣味。

艾伯提努斯（Aegidius Albertinus，1560～1620年）是慕尼黑邁克西米里安一世公爵（Maximilians Ⅰ）的宮廷秘書。他寫了教育告誡性的作品，並且還為作品附上許多插圖。在他一本宣導辨別罪惡的小冊子《魔王撒旦的王國和靈魂》中寫道：「此外，人們很容易接受清純的香味，因為它使人們神怡氣爽，增添活力。但蛇卻討厭這種氣味，而且這種氣味可以使它致命。與此相類似的是，縱慾者也同樣憎恨真理，但真理喜愛、歡迎禁慾者。」因此，人們總是對放浪行駭的人說教，告訴他們應該脫離不正派的交往。但「縱慾者聽到這些，感到非常厭煩。」

看來巴洛克時期的作家還沒有通曉氣味調色板中所有的色彩。這可從二十世紀初德國詩人摩根斯坦（Christian Morgenstern，1871～1914年）的作品中反映出來，他曾經在自己的《棕櫚之歌》中使用「管風琴的氣味」和「芳香物質」等詞：

> 棕櫚的溪流構成五味的管風琴
>
> 用它彈奏出噴嚏奏鳴曲
>
> 開場是阿爾卑斯香草三重奏
>
> 接著便歡樂地唱出金合歡詠嘆調在諧謔曲中
>
> 出其不意地在晚香玉和桉樹之間
>
> 緊插進三個著名的嚏根草為這首奏鳴曲正名

對於管風琴師來說，這幾乎是用完全相反的順序來演奏樂曲。但是，安坐在書桌旁的作曲家卻根本不會為其所動，就如同一個藝術家——或者物理學家——不用對他的發明結果負任何責任一樣。它們確實是預言般的詩句，因為在現代社會的快餐店中的確使用圖片和預先做好的圖樣，在菜單上出現相應的味道和畫面，從而快速地端上盛滿飯菜的盤子。

飲料工業將香味附加到閃閃發光的廣告上，使我們聞到香味，品嘗享受這樣或者那樣的酒味。例如巨大的軟木塞，插在一個仍然密封的酒瓶上，酒瓶的瓶頸上裝飾著君王紋章。在瓶楔的螺旋紋上插著一個覆盆子、一個黑莓和

一個草莓。這則廣告的宣傳詞是：「這種酒來自法國安
茹，具有與眾不同的水果香味。」

摩根斯坦的表達方式令人想起了一齣古老的滑稽劇。
一個奸詐廚師因為客人深吸了飯菜的香味，就要求這位客
人付錢。這個聰明的客人給了廚師一個真正的教訓。他當
著廚師的面，把錢袋裡的硬幣弄得叮噹作響，然後說他已
經用錢的聲音付過帳了。人可以靠飯菜的香味而生存，這
個想法已經被許多貧窮或者富有的作家們反覆演繹過了。
巴爾扎克（Honore de Balzacs）的《高老頭》嗅了一下
沃奎爾女士的麵包，這位女士於是嘲諷地說：「您這樣節
省，那麼，就餐時嗅嗅廚房的氣味就行了。」

克萊伯特（Jean-Paul Clebert）在他 1952 年所寫的
《巴黎軼事》一書中，直接用嗅神經的表達方法講述了一
個巴黎人的故事，他總是被強迫在食品店裡吸食鯡魚卷、
泡菜、爪子、掛著的熏火腿、巨大的黑麥麵包以及浸在油
裡的鯡魚的味道。

童年時期一些味道的經歷會在人的記憶裡保留下來，
留下深刻的烙印。柏恩德（Adam Bernd）在他的《獨特的
生活寫照》一書中記錄了這樣的思想：「心靈會牢牢地記
住上百萬的特徵和印象，包括我們鼻子所嗅到的，一些散
發出強烈味道的東西。這些記憶甚或會超越死亡而儲存下
來：在天堂中是否會嗅到芳香的氣味呢？」

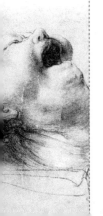

　　1785 年，莫里茲在他的《旅行者安東》一書中舉了一個典型的例子。護牆板完全褪色時，主角安東用象徵五種知覺的顏色把牆壁粉刷一新，關於嗅覺的記憶一直持續了幾個星期。從此以後，安東不斷地將當前的感覺與這個記憶結合。一旦他嗅到油漆的氣味，心靈中就會不由自主地浮現出那個時期所有不舒服的畫面。有時，處在與那個時候相似的場景時，他也會認為嗅到了油漆的味道。

　　氣味記憶也可能是非常錯綜複雜的，並形成聯想的鏈條。 1918 年出生於法國的小說家杜魯昂（Maurice Druon）講述了這次世界大戰期間一個法國家庭的沈浮。

　　賽門·拉肖穆是當地著名的政界要人，返回貧困的家鄉去探望住在一間快要倒塌的農舍裡的母親。當他走進廚房時，「站在大而昏暗的房間中，久放、變味的酒、酸臭的牛奶、煙味和洗滌水等各種味道立即包圍了他。這些氣味也包圍了他的整個童年，他母親的身上也散發著這些味道，它滲透到家中的每個角落和每樣東西，在器具上、織物上、飯菜中和記憶裡，無處不在。唯有過去父親身上所發出的刺鼻汗臭味，現在完全消失了。」

　　德國劇作家史特勞斯（Botho Strauss）在《題詞》中描寫了與此場景完全不同的記憶：「我把漢納的吹風機調到冷風檔，使新鮮的空氣吹到我的額頭上。她的一根頭髮纏在吹風口上，已經有一半被燙焦了。這種氣味浮現出了

死亡的場景。」漢納死於火刑，是那種過去對巫婆實行的火刑。然後，作者想起了關於巫婆以及中世紀後期一些觀念進步的女性人物。接著，作者又重新回到了漢納，然後「這個小小的氣味刺激早就消失了，我再也嗅不到了，但是記憶卻在腦海中穿越，四處翱翔。」

　　事實上，氣味就如同氣體的安慰劑，在這些飯菜或者飲品進入嘴巴之前能夠產生強烈迎面而來感覺，但也可能長期引起身體不同的反映。1617 年，法國醫生羅梭講述了下述關於特殊嗅覺的例子：「一位教會上層人士，他們稱他為領唱先生。有時他肚子痛，就請人拿來瀉藥，把藥粉放在水中，他只是嗅一嗅就可以達到很好的治療效果，就如同他已經服用了這劑瀉藥一樣。」

　　至少，不用懷疑羅梭醫生在說大話，因為比利時醫生海爾蒙特也證實了氣味可以誘發像頭痛、恐懼、嘔吐、咳嗽、打嗝、頭暈、栽跟頭、紅色痢疾等類似疾病（今天稱為過敏性回應）。但反過來說，他也相信香膏等適宜的氣味能夠治療某些病痛：「我仍然記得，一個人胃痛得幾乎要死去。飯後四個小時，他開始大喊大叫，蜷曲成一團，把桌角用力地壓在肚子上。我親眼看到，他的病是如何在很短的時間裡被治好的——用一帖比手還小的香氛膏藥。」

　　從那時起，醫藥工業就知道如何製造這種在鼻下散發出味道的化學藥劑。

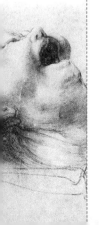

對很多民族來說，不僅僅是心臟（德語詞 Herz 是由拉丁文中的「cor」和希臘語詞根中的「kard」演變而來的），兩個腎臟也都是人體的重要部位，人體的全部力量都蘊藏在這裡。直至十八世紀（而不是至今），那些對醫學知識不甚了解的門外漢們還弄不清楚心臟（特別是腎臟）處在什麼位置，在人體「辦公室」中的這些「高級官員們」承擔著什麼樣的任務。

法語中，心痛或心臟出了問題，實際上說的可能是胃痛；當一個人感到噁心而嘔吐出來，其字面意思就是「從心臟中吐出來」。我們的鄰居（指法國人）在憂愁時有顆多愁善感的心。法國人與德國人一樣，心中都會藏有憤怒、充滿勇氣的感受，愛情、好感以及許多悲傷的事情也會闖入我們的心房（或許它們只是撞擊了我們的胃），或壓抑著我們的心。

一個企業具有強而有力的腎臟（意即有厚實的資金注入企業之中），原因在於厚實資金的匯入。當一個更強大的企業想要挫敗競爭對手時，它需要擊垮這個腎臟。如果法國人感到腎臟不濟，就是說他筋疲力盡，腰酸背痛，累得要死，並且感到「腎臟中有一把刀」。

我們已經知道，除了心臟部位，其他部位可能會更常出現疼痛。用軍事和政治上的術語來說的話，這些地方算是「敏感區」。上帝已經特別注意到這些器官，舊約《聖

經》中就說道：「沒有神靈的罪惡走向滅亡，促進正義的
到來，因爲你，正義的上帝，審查人們的心與腎。」並不
是說，上帝會讓無神主義者身體器官所長的位置與眾不
同，偏前或者偏後，或受到折磨，而是上帝能夠探索心並
且審查腎，賦予一個人相應的行爲和工作的成果。

　　不管怎樣，我們值得研究，爲什麼上帝認爲這些器官
如此重要。閒聊之後，我們首先來探索研究心臟。

塊狀肌肉

　　「給你漂亮而堅實的肌肉！」這種廣告詞說明上百萬的
男性們都希望有著運動員般的體魄、超級身材，以成爲女
性的夢中情人。用 Muscula（實際廣告商品的名字可能有
所變動）你就可以做到了！因爲 Muscula 有健肌高效物質
L-Carnitin，所以，你可以在很短的時間裡將你的肌肉塑
形到完美的尺寸。你看起來棒極了，在海灘上，露天游泳
池中，你將成爲眾人注目的焦點。現在就爲自己買一包
Muscula 吧！雖然它有藥物作用，但它卻是非處方藥。

　　對於曾經拜讀過達文西（Leonardo da Vinci）人體解
剖學中特別針對男性胳膊畫和腿部肌肉組織畫的人來說
（對於女性，達文西所研究和觀察的重點是腹部），那樣的

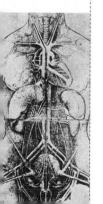

廣告是爲了缺乏體力鍛鍊的現代社會男性而生的。在十五世紀，每個正常的男士都擁有強勁而有力的肌肉，無論是年輕力壯者，還是步入不惑之年的人都不例外，因爲大多數男性都要做粗重的體力活，而且每天都要讓肌肉工作和運動——可沒有藉助那些不斷在電視和雜誌上推銷的健身器材。其實，這些健身器材並不可靠，如果能夠騎著單車在新鮮的空氣中活動，你還需要在地下室裡使用電動跑步車嗎？

德國醫學教授瓦爾特不僅爲我們描述了肌肉的功能，並且還解釋了人體不同的肌肉名稱，每一塊肌肉都可以分爲三個部分：「即頭部，這部分向固定的方向收縮；尾部，這部分的另一端可以運動；腹部，處於兩端之間的飽滿部分。」

在區分幾百個不同的肌肉時，醫生們運用了詩意般的想像。例如，瓦爾特稱呼它們爲下頜的翼形肌（musculus alaris），眼睛上的熱戀肌（musculi amatorii），背部的抓癢肌（M.aniscolptor），同樣還有眼部的醉酒肌（m.bibitorius），臀部的僧帽狀肌（M.obturatores），或者織補肌（m.obturatores）等等。所有這些，都爲我們展現了龐大而富層次，且非常活躍的人類肌肉世界。

但瓦爾特醫生也有一個疏忽，那就是他竟然沒有指出心肌。健美先生、小姐們展示他們胳膊、腿、胸膛和背部

的肌肉，現在已經很普遍，但我們差一點忘了人類最值得
觀察的肌肉，它大約只有拳頭大，在胸腔之內的肺部之
間，是不可轉讓或替代的。雖然它只是樸素而簡單地被稱
作「心」，但比起我們其他的力量，它卻有多重含義。

跳動的心臟

　　心臟並不像肚臍那樣絲毫不差而且明顯地處在人體的
中心部位。它位於人體內部，但並不在胸廓的左邊，也並
不能靠著左邊胸腔的心臟跳動就能猜測出它的位置。它位
於胸腔中間，稍微偏左。

　　醫生們對於這些早已知道了。英國醫生布朗寧，在他
的《病變的異端》一書中特別為心臟寫了一章：「人們產
生錯誤知識的根源，是因為只對脈搏或者心臟運動做一般
性觀察（即能鮮明地感覺到心臟在左邊跳動）。造成這種
現象的原因不是在於心臟所處的位置，而是在於心瓣的位
置。是它推展了生命之神（血液）的運動和最大的動脈，
透過它來輸送血液。而這兩者都在左邊。」

　　由於這個原因，對心臟進行濕、熱敷治療的活動總是
在胸腔的左邊進行。尤其是第五根肋骨之下的傷害會造成
致命的創傷，傷口越靠左邊，傷勢就會越重。士兵的長矛

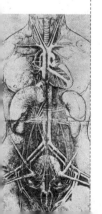

刺穿了我們的救世主，如果畫家將傷口往左移一些，對刺傷的描寫就會更加清楚了。

當然，人體的小世界與宇宙的巨視世界有關。這樣的說法再一次把心臟推向人體的中心，因為太陽就是舊的宇宙中心。瑞士醫師法布里休斯這樣來比較兩者：「現在，太陽自始至終地永恆運動著，從起點到終點，週而復始；心臟就是小世界的太陽，它是人類的太陽，就像亞里斯多德所證明的那樣，在人體的中心運動著、生活著。儘管太陽高高地掛在天穹，但它的光輝撒遍地球的每一個角落；人類的心臟也是這樣，儘管它藏於胸中，卻輸送著波與光，這就是活的神靈，透過血管而遍及全身，直至骨髓，沒有任何一個器官因為太過微小，而使心臟忘記幫它輸送生命之靈和自然溫暖。」

法布里休斯從他所經歷的事件中又舉出一個例子，一位牧師的兒子脛骨骨折並且發炎，法布里休斯不得不把腐爛的骨頭去掉一節：「我和我妻子（助手）取出了許多小骨頭碎片，然後可以明顯地看到心臟靜脈開始將血液輸送至脛骨。年輕人骨頭上的傷不久就癒合了，這完全是因為心臟有力地供給了血液。」

下面這個幼稚的口號一點也不荒謬：「心中有太陽！」我們的中央輻射器本身就是我們人體的太陽。儘管法布里休斯沒有發現到心臟靜脈的運動，但是他卻感覺到了血液

透過心肌有規律的收縮和舒張，像幫浦一樣不停地將血液由靜脈吸入，再從動脈射出，從而在全身做著循環運動。

　　英國的解剖專家哈維（William Harvey，1578～1657年）研究了血液在所有血管中的運動，並且區分了這個過程中的小血液循環和大血液循環：大循環（體循環）是從左心室壓出含有氧、營養物質的動脈血，至主動脈的各級分支輸送到全身器官和組織的微血管，血液在微血管與組織之間進行物質交換，再經各級靜脈，最後沿上、下腔靜脈返回右心房，血液經此路稱為大循環。小循環則是從右心室壓出的靜脈血注入肺動脈，經肺動脈各級分支至肺泡壁上的微血管網，在此與肺泡進行氣體交換，即排出二氧化碳吸入氧氣。動脈再經過各級肺靜脈最後注入左心房，然後再次進入大循環的通道。不同心腔構成的系統導致血液往一定的方向流動。心臟內部是心內膜，外部是心包腔，透過冠狀的血管而輸送血液。

　　對每一個活著的人來說，心臟都像幫浦一樣，周而復始地運動。它的脈搏大約是每分鐘七十次，每天至少十萬次以上，這的確稱得上是重複性的勞動。如果一個成人的平均壽命是七十五年，那麼，對於一個健康的人來說，他的心臟在一生中要跳動大約二十七億多次。

　　過去的解剖學家顯然對心臟複雜的內部構造不感興趣。他們把它放在解剖桌上（大部分是被斬首罪犯的器官）

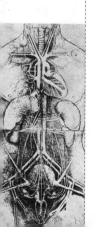

仔細地分析，通常只是為了尋找心包的奇怪特徵。古拉特（Simon Goulart，1543～1628年）是日內瓦的改革派神父，他在《奇異故事集萃》中，根據古代的作品講述了這些人的故事。他們心臟上長著頭髮，看起來毛茸茸的。它們的主人據說非常勇敢，並且充滿暴力。幾個醫生在打開的心臟中發現了軟骨以及小骨頭。

　　古拉特還講到蠕蟲使一個男子早逝的故事。不久以前，在義大利托斯卡納大公的宮殿中，一位佛羅倫斯人正在聽一個流浪藝人講逗樂故事時，突然死於心臟的撞擊。僕人和他的朋友們對此異常吃驚。他們為了弄清緣由，解剖他的屍體之後，發現他的死因：一條蠕蟲活生生地鑽進了心包腔或者心臟的外壁。

心臟和虔誠的心靈

　　直至十八世紀晚期，醫生們對心肌梗塞、心臟瓣膜閉鎖不全、心絞痛和其他心臟的缺陷和疾病還是一無所知，但是心臟的各種疾病卻是很常見的。例如在過去的幾百年間，古老的聖地小教堂（或在現代民間博物館中的民眾虔信庭）中陳列的還願心臟（用蠟或者銀片所製成的）就說明了許多人有心臟上的疾病。

　　1673 年，卡謬主教（Monsignore Le Camus）在各教區巡視。他在到達法國巴森教區後記錄：聖徒巴托羅謬紀念日赦罪七年。人們說在這一天可以治好發燒，於是就在他的畫像前掛了無數用蠟製成的心臟。在天主教的許多聖地，可以發現形形色色的這類還願物。直至今天，還有一部分保留在那裡。

　　當然，它們除了表達生理上的心臟問題，還有其他方面的寓意。根據宗教神學的道統，心臟還或多或少地表示了我們虔誠的心靈位置。因此，天主教的信徒們用這種心形的還願物表示將自己的靈魂獻給聖地和上帝。這類的宗教禮俗與崇拜耶穌心臟的教義有關（從十四和十五世紀開始流傳），而這並不是指上帝之子的身體器官，而是指最本質的意義和他的整個教義（耶穌基督的本質、自我犧牲精神及對人類的拯救）。

　　從中世紀晚期開始，流傳至二十世紀的「心──耶穌──神話」和與之相關的「心──瑪莉亞──崇拜」，占了歐洲宗教文學史很大的篇章，其中有許多獨特描寫。男性和女性宗教團契的建立成為心臟祭禮新的推展力（由於鎮壓耶穌會，法國在十八世紀末期形成了這種團契）。這些團契對耶穌基督心臟的崇拜，當做是自我犧牲和博愛的象徵。他們在聖靈降臨節的第三個星期五舉行供奉耶穌心臟節，而且在廣為人知巴黎殉教者山上的大教堂舉行。

在幾百萬冊廣泛流傳的傳教小冊子中，虔信故事的連環畫中和小型的祈禱圖中都向信徒們介紹了耶穌的心臟。當然，每年還發行「耶穌心」年曆。在義大利，一百年前還必須在手工藝課程上刺繡出耶穌的心。簡言之，最為神聖的虔誠心的形像無所不在。

言歸正傳，透過比擬耶穌或者瑪莉亞完美無缺的心臟來進行信仰宣傳，完全是為了達到督促和教育那些基督徒的心靈。例如 1775 年在巴勒摩有一個神父卡皮茲（Ignazio Capizzi）應當地本篤會修女們的要求，編寫了一本附有十九幅銅版畫插圖的祈禱手冊。這本書名叫《上帝的行為（Lavoro della Div-ina Grazia）》，它就是為了達到上述目的而印製的。嬰兒時期的耶穌本身就很有名，聖嬰耶穌意味著純潔的心，聖嬰竭力爭取人類的心靈回歸（耶穌）嬰兒般的虔誠。

基督徒為了表示虔誠的心，總是用圖畫來表達自己的心願，以便從塵世和魔鬼撒旦中永久地解脫出來：聖嬰耶穌穿著淺色的修士服，用力敲打著心的木門，害怕這兒散發出的惡臭。他發現了房中的垃圾和寄生蟲。

他把這個心房打掃乾淨，親手將它裝飾一新，以贖靈魂之罪。耶穌建起他的寶座，用他受難的工具和四件最後事件的描繪，即死亡、末日審判、地獄和天堂來裝飾正在修繕的心房，從而顯示出八種至高無上的福祉：灼熱的箭

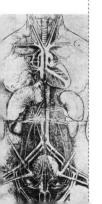

射向心臟，點燃了愛情之火，然後在這溫暖的房子裡，安靜地睡著了。雖然外面雷雨大作，基督徒的心卻更加強壯，因為對上帝的虔誠而感到愉快。這簡直是最高福祉。

上面提到的八種福祉除了心靈的純潔之外，還有心靈的貧乏。這裡所講述的奇異現象並不比天主教虔信故事中所講的更加怪異。我們對新教中的圖畫世界以及與此相似的描述並不完全陌生（基督犁心靈之田，拔除淫欲之草，播種神聖的貞潔之種）。「我希望給予你們一個新的心，給予一個新的靈魂，將那鐵石心腸從你們的身體（你們的肉體）之中取出，給你們一個血肉的心。」以西結（Ezechiel）的話引起講授基督教義教士們的幻想。

在巴洛克時期，他們運用對心的暗喻（用文字）和象徵（文字和圖像）來慶祝歡樂節。例如基督徒考森（Nicolas Caussin，1583～1651年），他是一位博學多聞的作家，主要描寫王室的道德教育故事。在他的《神聖的皇室管理》一書中，他把心描寫成一艘船，在生命的海洋中駛過道德墮落的深淵。智慧駕駛著它穿越激情的風暴，然而，首先要承受險惡而危險的沉船事件，一直到在心靈的平靜中找到安全的港灣。艾伯提努斯是巴伐利亞的宮廷道德主義者，他引入了這個象徵：「小小的心高高地站在高山之巔。」（大意是：生命的靈魂或上帝的愛只能透過艱辛的努力和追求才能獲得）。

在他所講的許多故事中有這樣一個例子：一個魔鬼裝扮成天使的樣子當循世修行者。他接到了以下的任務，唯有完成這些任務才可以進入天堂，享受永恆的福祉：由於所犯下的罪惡，他必須祭奉三樣東西，即「新的月亮、太陽的圓周和車輪的第四部分。唯有當你將這三件東西收集在一起祭奉給我主上帝，你死後才能進入天堂。」很幸運，有一個真正的天使來為這個修行者解開這個宗教的謎語，並且使他勇敢地鼓起勇氣：「因為新月就是指字母 C，太陽的圓周就是指字母 O，車輪的第四部分即是 R。這三個字母連在一起就是 Cor，意指心臟。就是把心奉獻給主，如果這樣做了，毫無疑問他就會進入天堂。」

另外還有一些虔信的故事，例如人們在屍體裡發現了一顆毫無損傷的心——殉教者的心。他在受到火刑而死之後，留下了一顆沒有被燒毀的心，人們視之為聖人遺物。還有，聖嬰耶穌的女崇拜者們由於對他狂熱的愛，她們的心不僅僅是想像上的「破碎」，而是肉體的心真的碎了。

這件事發生在一個十四歲的少女身上。聖壇上瑪麗亞臂中的耶穌迎著她走來，少女欣喜若狂而亡。「當醫生解剖她的屍體時，發現她的心已經破碎了，在心臟之中用一串金色的字母寫著——哦！我的耶穌，我愛你，因為你是我的主和救星！」

當信徒解剖聖徒蒙特法爾哥（Chiara da Montefalco）

的屍體時，信徒們在他的心中發現了耶穌基督的十字架和他的受難刑具。

改革時代以來，在宗教團契中廣泛流行著帶有插圖的文章，其在德國的標題是《人類的心作為上帝的廟宇或者撒旦的工廠》，而其在法國的標題則為《罪惡之鏡》。畫家和作家一方面給正義之人的心中注入所有天堂的歡樂，而一方面將慾望推入罪惡之心的泥潭之中──信徒對這些安排自是滿心歡喜。

如果在當今的報導文學中，尤其是虔信文學，稍作瀏覽，我們就會發現傳統的基督教義中隨處可見罪人和正直者之死的比較。的確，自從啟蒙運動以來，神奇的心的故事中所包含的宗教含義在不斷地世俗化。然而，在現代一些古老的圖畫裡，在世俗化的過程中再次體現出心是戲劇性的人生舞台，是最為激盪的痛苦遊樂場，而不僅僅是為了詩歌的押韻。換言之，世俗中的許多愛情詩中許多心的形象，都來自於宗教文學。

被吃掉的心

在古法蘭西時期，以及薄伽丘的《十日談》中也時常出現這種陰森恐怖的素材：唐克萊親王殺死女兒的情人紀

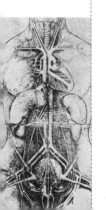

斯卡多，並取出紀斯卡多的心臟盛入金杯，送給女兒綺斯夢達。女兒吻著它，淚水滴在上面。她將毒藥倒在淚水上，一口喝下去，然後她躺在床上，將已死戀人的心壓在她的心上，無言地等待死亡。另一個故事中，羅西雄殺死了妻子的情人，取出心臟，做成菜給妻子吃。她知道真相之後，立即躍出窗外，跳樓身亡。

　　吃心這一主題在十八世紀成為偵探故事的熱門話題。法國的梅內特（Jacques-Louis Menetra）在《我的生命日誌》中講到：「杜哈梅爾（1763 年被判刑的殺人犯）殺死了他的情婦，慘無人道地將她的心煎炸後吃了。」

　　描寫這類悲劇性的愛情和通姦故事，以十三、十四世紀的古法國詩體小說《柯西城堡主和法耶魯女士》最為著名。烏蘭德（Ludwig Uhland）後來將這個素材加工，變成一首恐怖而美麗的敘事民謠。卡斯特蘭在十字軍東征中受到致命創傷，臨終前命令護衛將他的心送往遠在法國的戀人那裡：

　　　聽到了嗎？忠實的侍從
　　　當這顆心停止跳動，你應該將它送到法耶魯女士手中
　　　將這個高貴的身軀，埋進奉獻生命、冰冷的土地裡
　　　讓那顆心，那顆疲勞的心永遠無法平靜

　　法耶魯的護衛騎士挖出死者的心，命令宮殿廚師將之烹調。然後，富麗堂皇地插上鮮花盛在金色的盆子裡端

上，等候法耶魯的騎士和這位貴婦坐下來享受盛宴。他將它遞給這位美人，用她戀人的語氣說道：「我堅持不懈地追求著，這顆心永遠屬於您。」這位貴婦吃掉了這顆心，然後發願，這是她的最後一餐。絕食終於將她帶往永恆審判者的國土，帶她到已死的戀人身旁。烏蘭德的結語是：「所有這些都已發生……，以一顆詩人的心。」

在世界文學中，被吃掉的心是廣受喜愛的素材之一。歐洲童話中也保留「被吃掉的心」這樣的主題。瑞士人岡澤巴赫（Laura Gonzenbach）也講述了一個吃心的童話故事。兩個獵人住在一間森林茅屋中，在燃燒的爐火下面發現了「一顆又大又漂亮的心」。這顆心散發出的芳香撲鼻而來，嗅起來與聖徒故事中眾所周知的那種神聖的香味一模一樣。他們兩個把心拿到一間客棧裡，店主的女兒非常好奇，把它拿到地下室。

一天，當她再次下來看它的時候，忽然冒出一個強烈的念頭：把它吃掉。於是，她吃掉心之後不久，便發現自己懷了身孕。她父親知道後，非常憤怒，想把她打死。「哦！」姑娘哭訴道：「我並沒有做出什麼醜事。」但父親並不相信，反而每天折磨她。可是每天晚上，一個自稱「聖奧尼利亞」的仙人都會出現兩次（奧尼羅斯是古希臘的夢神），他說他就是那顆心的所有者，並說，他想借店主女兒的身體得到重生，當然，這個女子依然是處女。

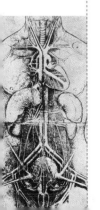

儘管店主極其反對和憤怒，一個美麗的嬰孩還是出生了。不過，這嬰兒在死去之前，給這個不歡迎他的外祖父幾句不好的預言。果然，沒過多久，店主受到一起謀殺指控。當小嬰孩復活時，指証了真正的兇手，證明了店主的無辜。結尾是：他的母親和外祖父過著幸福美滿的生活，經常為窮人做些善事，死後也來到了天堂。

有些童話實際上變成了傳教故事，也同時再次塑造了聖心傳教士的形象。

關於腎臟

「腎臟呈紅色」，1737 年德國醫學教授瓦爾特提到：「位於腰肌部兩旁，在肝臟和脾臟的下方，是產生尿液的器官。」右腎臟比左腎臟略低，形似蠶豆。它們的主要功能是排泄可溶於水的代謝產物。機體在新陳代謝過程中所產生的廢物，經血液運送到腎，透過腺物質的過濾功能，從血液中分解出鹽水，形成尿液，經輸尿管流入膀胱暫時貯存。當尿液達到一定數量之後，再經尿道排出體外。

當時，瓦爾特還不知道這個過程中的滲析概念：人工對血液進行洗滌的昂貴過程用以替代發生障礙的腎功能，是二十世紀物理、化學的重要研究成果。尿液隨血液運送

到腎（不僅僅是蛋白質轉化過程的殘餘物，例如尿素和無機鹽）這一觀點，早在巴洛克時代的比利時醫生海爾蒙特就已認同。他為了證明這個見解，舉了下面這個例子：「我們城裡有位神父，在死前的十七天裡，他不吃不喝，可每天還是排出尿液，只是越來越多，漸漸變成了紅色。我分析，其原因在於，腎有將血液轉化為尿液的功能。」

人們可以看到，在十七世紀，關於不同的體液，例如血清、淋巴液、關節液和整個機體的水分平衡等，依然是非常不清楚的概念。那時醫生所要解決的問題，不在於分析身體的水分及它們的功能，而在於腎。例如腎裡長期滯留並引起疼痛的腎結石，它的成因、特性及如何清除等。

在過去的醫學書籍中有許多與此有關的軼聞趣事，講述那些醫生自我誇耀的技術。瑞士醫師法布里休斯在記錄治療腎結石方面的失敗案例時，引用了一個貴夫人的故事：病患大約三十歲時，在一次火災中受到驚嚇，從此以後，她的月經再也沒有來。許多年來，她總是感到背痛，在停經的十七年中，上述疼痛越來越嚴重，終於導致了死亡。我們在為屍體塗防腐香料時，發現她的背部脊柱呈 S 狀，在左腎裡發現兩塊顏色、大小與石頭類似的東西，就像是畫出來的一樣。一切彷彿是大自然的遊戲。

脊柱的彎曲變形幾乎不是引起死亡的原因。這位御醫沒有意識到腎結石的危害，而是將疼痛錯誤地歸咎於脊

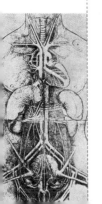

柱。不過，無論是朱斯特斯還是法布里休斯，最終都沒有對這位早逝的女子表示惋惜。這就是那個時代醫生的認識和感覺。

今天，人們對於腎的興趣，主要集中於另外一些問題上，即腎的移植。腎臟既不是美味的荣餚，也不是騎機車時可能受涼的身體部位，更不是深藏體內的疼痛中心，而是一個價格昂貴，可以為所有人提供的替換器官。在國際人體替代器官儲備中心，腎的價值極其昂貴。

一個腎的價值究竟多少呢？據 1995 年 11 月份的《時代》雜誌報道，一位叫呂恩伯格的汽車銷售商在孟買為一個腎支付三萬五千美元，而他的醫療保險並沒有為其支付這筆費用的一分錢，因為德國的刑法第 298 條反對器官的貿易。在南亞或南美的腎臟移植手術中，一個腎的價值約為兩萬五千到十萬馬克，而捐贈者往往只能獲得交易額的 20 ％，即使是兒童也遭受這種剝削。在這個圈子裡，人們很少會想到倫理或者道德的關聯。

尿液運輸道

經過一對腎的過濾，攜帶經蛋白質轉換以後產生的廢料和多種鹽分的液體，稱之為尿液。經上方的一對輸尿管

（一對細長的肌性管道，直徑約一公分，長約二十五公分
～三十公分），流入膀胱暫時貯存。膀胱是梨狀肌性囊狀
器官，它將尿液經尿道排出體外。女性透過陰道上方的尿
道，男性則經過陰莖。液體的收集和排泄原理看似簡單，
然而大家都知道，泌尿系統是非常容易受到疾病的侵襲。

　　法國國王亨利四世（Henri Ⅳ）的保健兼外科醫生羅
梭一度非常驕傲，因爲他幫助國王解決了排尿的痛苦。
1617 年，在波爾多出版的醫學觀察彙編中詳細地記載了這
一病例。他的主人在 1598 年巡遊孔泰省（Franche Comte）
期間，在尿道靠近附睪處長出一個腫塊。這是國王在八年
前染上一次淋病後留下的後遺症。這個腫塊導致他在排尿
時非常疼痛，經藥物注射仍毫無起色。因此，羅梭建議國
王做手術。醫生在同年六月份爲他實施手術，使用的是自
己配製的藥粉和自己發明的工具，樣子就像注射插管，藉
由它便可以將藥粉放置到醫生所希望的部位。

　　神祕的藥粉必須溶解於黃油之中。「每天晚上，我讓
國王在小便之後將藥膏敷在腫瘤上。」再用冰冷的注射器
治療被藥水浸過的病變部位，也就是使用金屬注射管插
入。這是一根可以靈活彎曲的小管子，透過它可以將醫生
的藥膏或純水銀塗到病處。

　　這位四十五歲的國王不得不堅強地忍耐治療中的痛
苦：「五周之後，這位國王只能請上帝幫他治病了（1610

年，亨利四世才因遭到政治謀殺而亡）。」當然，醫生承認，在劇烈的治療過程中，免不了持續發燒和兩次嘔吐。

在感染性病時，膀胱和尿道很容易造成生理殘障，尤其是對於男性，這個易感染部位更是如此，因為經陰莖通往膀胱的這個通道醫治起來特別困難：尿道部分，男女差別非常大。男性尿道約十二公分長，女性的尿道則只有三～四公分，但比男性的尿道寬闊，因而其中的結石也易於取出。

德國醫學教授瓦爾特所提到的膀胱結石，在過去曾使病患驚慌失措，因為去除結石的手術艱難而痛苦。瑞士醫師法布里休斯在一篇名為《膀胱結石切除術》一章中，講述了這個問題，並且評估，結石不僅對病患來說是最糟糕的疾病——當然是上帝故意送的禮物——而且對外科醫生來說，再也沒有比去除結石更大更困難的手術和切口了。

戴維寧（Francois Thevenin）大師是法國國王路易八世的御用外科醫生，膀胱結石專家。在他的《外科手術文集》中，描寫了用於成年男子的機械除結石技術（該器械包括探子、導管和擴張器）。用這個工具透過陰莖，並在會陰處做一個切口，幫助將其推入膀胱，另外，用小型的手術器械也可以幫十六歲以下的兒童做這種手術：首先讓病患跳躍幾次，使結石落向膀胱頸。然後，讓病患坐在一個強壯的男子的膝上，而這個男子坐在凳子上，雙手緊抓

病患大腿，然後，在空心導管的幫助下排空尿液，從而使膀胱留空。手術醫生剪掉指甲，在食指和中指塗上玫瑰油，伸入肛門，當呼氣時用棉花墊壓腹部，壓扁腹部，用手指夾住被壓下來的結石。而後，在現在結石處，透過會陰處做一個切口，注意不要切及直腸。如果結石容易取出，就利用鉤子挑出，然後縫合傷口。關於治療兒童的方法，這位外科醫生倒沒有提及，顯然他認為療效很好。

蒙紹克斯醫生在他的《醫用解剖》中提到了一個三十多歲的病患。「1651 年 4 月 5 日，他突然感到難以忍受的痛苦，於是在伙伴的幫助下，自己打開腹腔，成功地取出一個重達 125 毫克的結石。這個人後來在一副銅版畫上描繪了這塊石頭，並配有一首詩。」

蒙紹克斯還記錄，這種結石有時連一些醫生也無法辨別出，甚至採取錯誤的治療手段：「諾曼第的一位貴族，在排尿時感到非常困難，並且尿液中還有膿，於是前往巴黎尋求解決。這位醫生認為，所有這些症狀都是尿道感染引起的。著名的外科專家邁瑞（Jean Mery，1645 ～ 1722 年）也是這樣診斷。他們決定將發炎部位切開。進行手術時，兩位醫術精湛的醫生非常吃驚，因為他們並沒有在尿道發現化膿或受傷的跡象。在這場手術的五、六天之後，病患不治身亡。後來，解剖死者的下體，不僅在其中發現許多較大的結石，而且整個盆腔都充滿了膿液。

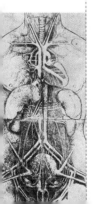

我們每日的水分

　　從膀胱中排出尿液是人體水分的日常流動，儘管排出小便要比大便簡單得多，然而也免不了一定的禁忌，至少要將下半身遮避，這一點更多的是與人體生理上的複雜程度有關。

　　多數人經常會忍受這樣的病痛，如尿道發炎、尿酸結晶淤積、尿道變窄或者尿瀦留。丹麥解剖學家巴托利努斯在一份診治尿瀦留病例的清單中引證了一個病例：1662年，一名四十四歲病患，在尿道阻塞十四天之後死亡。在這份清單中，還記錄著尿道阻塞的時間分別有持續四天、五天、十一天甚或十二天的。巴托利努斯還寫到，荷蘭醫生申克（Johann Georg Schenck）還曾記錄過十八天，法國醫生比索（Carolus Piso）甚至有六個月的記載。

　　從過去醫生們的統計中來看，這個記錄應該是很平常的。來自哥本哈根的一位男子增加了這個記錄名單的長度。他引證了《膀胱疾病記錄》書中的記錄，舉例說，一位患尿瀦留的病患活了十二年。在醫學史中無法醫治的疾病，這一病例也是其中之一。

　　從古希臘、羅馬時起，醫生們就已經嘗試透過觀察尿液來識別是尿道的病變還是整個體內器官的疾病。在許多古老的圖片上，這麼做的醫生標準象徵是尿檢玻璃片。醫

生把它高舉到他們的專業眼睛前。病患們也給醫生提出高度期許，或在經過尿道檢測之後，醫生提供的診斷和建議成爲病患評判醫生的根據。

1563 年，當德國解剖學家普拉特與他父親一起到親戚家旅遊過夜時，「清晨，來了許多女子，拿著裝有尿液的陶罐。我觀察之後，告訴她們結論。」年輕的姑娘們不是給他端水洗臉，而是用夜壺盛著她們的小便來，希望醫生在觀察小便後能知道她們身體的狀況。現代化的實驗室中，離心機和各種預先製作好的化學反應試劑的配合，使尿液分析既快又準確。但在過去，尿液觀察並不是一個易於學習的技術，而且它是一個不易掌握的藝術。

在這個過程中，「掌握」一詞可能並不適合：儘管醫生手中拿著尿檢瓶，但分析時需要的卻只是他的眼睛。他觀察尿液的狀態、數量和液體的顏色，以及液體中的懸浮物質。顏色不僅僅是金黃色，而分別呈：金色、檸檬黃、灰白色、乳白色、紅色的、橘黃色的、黑色或者藍色；尿液的外觀有：氣泡狀、霧狀、雲狀或白色的圓圈狀；在玻璃瓶底部的沈澱物質有：微粒、沙粒、血塊、膿塊、精液、黏液。分析尿液時使用嗅覺，當然會被認爲是不恰當的，不過，江湖騙子甚至會品嚐尿液。「但我可以感覺，那味道一定是糟透了！」——赫維西在《聰明詼諧的醫生》這樣寫著。

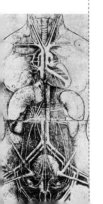

當然，不是所有的人都厭惡品嚐小便。這裡並不是指有關的性模式，而是以治病爲目的的服用尿液，或注射尿液，就像今天再次被尿療法的支持者所介紹的那樣。使用尿液的方法要溯源於著名的保利尼醫生和他的《糞便藥劑學》。

拜讀此書之後，至少讀者對口服自己的小便這種觀點會有所了解，也不再會對這種見解如此厭惡。另外，蒙紹克斯醫生在他的《醫學解剖》中講到，法國首相迪普拉（Antoine Duprat）被逮捕之後，要了個詭計：「他偷偷地將自己的小便喝掉，以假裝患有尿瀦留。」保利尼醫生也講了個故事：「一個人被埋在地下七天，唯一的飲品是自己的小便，他以此勉強維持生命，最終奇蹟般地脫離險境。」

無論如何，尿液（尤其是兒童的尿液），在醫藥界被廣泛地視爲良藥。裴德蒙坦努斯（Alexander Pedemontanus）認爲其治療眼疾效果極佳。他用新的搪瓷罐裝處女的尿液，再混上白酒。在搪瓷罐中先放進少量芸香和搗碎的茴香，然後將所有這些東西放在爐子上燒，最後敷在患病的眼睛上。但這個方法非常麻煩。哪裡能夠同時找到芸香和茴香呢？

一位現代尿療法的代表人物介紹了道地的尿療法，但是《鏡刊》稱之爲「回歸中世紀」，並且公開地反對

（1997 年）：「她認為自己的尿液有助於治療關節炎、過敏、偏頭痛等，並能治癒耳朵化膿及脖子發炎。」然而公眾卻相信她。幾個月之內，她已經賣掉了兩萬五千本書。

相反的，官方的說法卻不為大眾所理解和接受（《鏡刊》顯然代表了官方的立場）。坦率地問，為什麼那麼多關節炎、偏頭痛、過敏反應的患者，享受著官方醫療系統的服務，卻還會陷入這樣的理解困難之中呢？

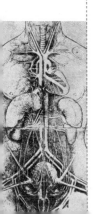

第六章
體液和力量

人體的大部分（約佔 70 ％）是我們這個星球上的基本物質——水。根據傳統的觀點，這些液體以不同的形態在人體內流動著。

1590 年瑞士醫生維爾茨（Felix Wirtz）為一位婦人治好了頑症。這位婦人不小心用刀割傷了手，傷勢嚴重。前來診病的醫生為了止住血和關節液（相信那時人們已經認識到關節液），努力了一個多月，毫無幫助，於是他們請維爾茨來參與治療。維爾茨詢問了女士的月經情況，得知她已經停經。他意識到：婦人的月經可能全部跑到受傷部位，從錯誤的位置流出來了，因而他採取霍爾波助劑使月經恢復到正常位置。奇蹟發生，傷口竟不再流血。

十八世紀前期，德國醫生施托赫（Johann Storch）曾經為許多女性治過病，對女性身體頗有了解。她們對他講述自己的症狀：她們的身體有多種體液，她們擔心這些體液是否會流得太多或流的位置不正確；有時，她們還擔心這些液體會凝結成塊，尤其是月經。任何不正常的情況都會導致痙攣、疼痛等症狀。而醫生擔當了如同水流調節器的工作，努力使水流暢通，無阻地向外引流，阻止其淤積倒流——病患與醫生都這麼認為。

古希臘時期的蓋倫體液理論，顯然至今仍廣泛影響許多人。根據這個理論，四種體液可以導致人體的健康和疼痛，應該分別述之。

100 個
不為人知的
人體知識

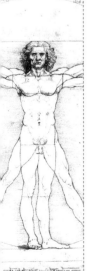

生命之液，心靈的處所

　　紅色的液體不知疲倦地從心臟湧出，流到身體最末端的組織。它們總共大約四到五升。粗略地說，該液體的基礎是由血清和纖維蛋白共同混合成黃色的水樣血漿。另外，血液中還有血細胞，由血紅蛋白形成的紅血球和白血球。每立方公釐血液有四百五十～五百萬個紅血球和千分之二白血球；血液運輸氧氣、二氧化碳以及營養物質（各種糖分、脂肪、氨基酸、礦物質、維生素），是運輸大隊和抵抗細菌、寄生蟲和病毒的抗體。

　　對於這種構成複雜的液體來說，它們的主要任務是，在雙循環過程中發生氣體交換和為各種人體器官提供所需的營養物質。此外，它們的任務還包括透過肝臟和腎等器官的排泄來清除廢物。

　　血液的意義及作用是如此廣泛，如此簡易而完善。不僅如此，我們的血液還包含豐富的文化意義和情感意義。法國的士兵們能夠使村莊陷入到血與火之中（en fen et en sang）（純粹的詞彙學術語），也就是把村莊夷為平地，也可說為祖國流血（donner leur sang pour la patrie）。

　　血液在這裡很顯然與愛國主義有關，主要涉及到戰爭中的生與死。在和平年代，我們很難保持平靜的血液

（ruhig Blut 意即冷靜）。人們可能認為受到非常危險的威脅，被威脅者嚇得血管中的血液凝固了（das Blut in der Adern gefrieren）。遭遇不公則會引起憤怒的血（machen boeses Blut）。當某人對某事無法容忍時，會心裡淌血（blutet j-m das Herz），意即非常難過。當一個人非常激動時，會熱血沸騰（dem das Blut zum Kopf steigt）。

這些表達描述了各種情緒，其中不乏對恐懼不安的心理表達。血有時也暗喻血光之災，從而具有特殊的影響意義。當英國人罵起人來，「血」這個詞是絕對少不了的。巴伐利亞人用帶「血」的詞組加重他們咒罵的程度，這大概起源於天主教中「基督」或者「瑪莉亞」所受的酷刑。

亞伯的兄弟該隱殺死亞伯後，亞伯血的聲音從地下向上帝哭訴。已死的被害者是不可能再說話的，但在屍檢過程中，血液同樣能夠說話，並且提出謀殺者犯罪的證據。

1503 年，瑞士伯恩的史皮斯（Hans Spiess）法官透過這樣的方式證明了一位謀殺妻子的嫌疑犯的犯罪事實：當嫌疑犯走近他妻子的屍體時，屍體就開始流血。瑞士史家洛德（Valerius Anshelm Rud，1475 ～ 1547 年）評論這件事時說：「正如人們所說的那樣，謀殺不可能永遠掩蓋，只是暫時沒被察覺罷了。何況，亞伯的血已從地下向上帝吶喊了。」

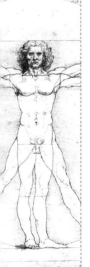

　　魔鬼用他的血將我們的靈魂轉贈給上帝。在其他的事件中，靈魂隨著流淌的血液而逃逸。但血液也有其積極的一面：血跡在哪裡出現，人們就會在哪裡找到生氣勃勃的靈魂。歐洲的許多民間故事和十八世紀的恐怖長篇小說中，血液會從植物或者石頭上流出來，這往往表明，這裡曾經發生過流血事件。根據這些血跡或許還可以挽救遇難者的生命。

　　在義大利托斯卡納的童話《烏雲》中，一位漁夫將第一網打到的大魚放歸大海，還其生命。然而，這條大魚還真不幸，再次被漁夫抓住了，它於是說：「看來，我今天必須死，現在就殺死我吧！把我剁成肉塊，一半送給國王，一節給你的妻子，一節給你的小母狗，一部分給母馬（它懷孕三個月了）。你再將魚骨綁在廚房的房樑上。將來，你就會有兒子。如果你兒子出什麼事的話，魚骨將會自動流出血來。」

　　事實果真如此。他的第一個兒子在冒險旅行中遇到一個女妖，陷入危險。第二天早晨，父親和弟弟們發現廚房讓血淹沒了，魚骨上的血還在向下滴落。他們說，一定發生了什麼不幸的事情。於是，第二個兒子帶上一隻狗和一匹馬，出發去尋找老大。這個惡女妖又再次使老二遭受到同樣的不幸。魚骨像以前一樣，仍然不停地滴血。最後，最小的弟弟解救了他的哥哥們。

在西西里童話《美麗的姑娘》中，當故事中人物的生命處於危險之中時，魚血同樣可以報告這個消息。有個王子從窗戶跳了出去，撞破玻璃，並扎滿一身的碎玻璃。當血淋淋的他回到王宮時，國王看到了，雙手拍打著自己的頭問：「我的兒，怎麼發生這樣的不幸？」於是國王頒發公告：「誰能治癒王子的病，將會獲得巨額獎勵。」

後來，有位年輕女子吃飯的時候，女僕端上一條魚，年輕女子想要切開它，卻看到血從裡面流了出來。她害怕地喊來女僕問道：「這血代表什麼意思？」女僕說了王子的遭遇。於是她裝扮成醫生的模樣，煮好藥送去王宮。

古老的英雄傳說讓更多的血流淌，當英雄喝了敵人的寫後，就能獲得敵人的力量。而德古拉伯爵吸血鬼的童話中，魔鬼需要人的血液才能夠生存。

天主教徒受聖餐和新教信徒們進晚餐時，聖餅的形狀以及紅酒與麵包都表達了他們宗教上強烈的精神支柱，無論是真實描寫還是象徵意義，這些樣式總是讓我們想起基督耶穌的血和肉。

具有治療作用的血

因為基督用鮮血拯救了我們，所以使我們強壯，使我

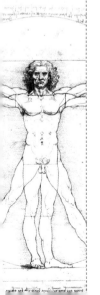

們健康，這種結論並非遙不可及的。奉獻出的鮮血能使人恢復健康。我們仔細觀察就能看到，血液從小小的傷口流出，凝結在傷口處。幾天後，傷口就會癒合。例如現在許多醫生爲病患進行神奇的輸血治療，透過補充血液而使病患痊癒。他們這樣的做法承接了醫病的傳統，成爲長長的血液療法故事之鏈的一環。

曾經有許多的天主教朝聖者虔誠地相信，親自去看一下裝在珍貴的雕飾瓶中聖人的遺血，或者裝聖體的盒子，或者被小心地仔細保留的沾有血跡的聖人織物，那自己所患的疾病就能治癒。

這個信仰讓人們想起這樣的事例：在十七世紀，每當綠色星期四和耶穌升天節，威尼斯人就在他們的聖馬可大教堂裡供奉一個小瓶子，裡面裝著據說是耶穌的血；嘉布道會的修士們斷言，自己具有眞正耶穌流出的血。他們在拉撒路休息日展示「Santa Sindone」（在都靈供奉的耶穌裹屍布），在不同城市儲存的「Volto Santo」（聖顏）或者「Vera Icon」（眞實的畫像）以及那塊裹屍布上印出主的樣子。所有這些聖者的遺物上都保留著主的血跡。

1263 年在義大利化體時（使聖餐麵包和酒變成耶穌的血和肉），神父將聖餐麵包裡的血滴到聖體布（今天供奉在奧維多）上，出現了著名的「聖餐中的聖血奇蹟」，儘管人們對此抱有疑問。可以與之相提並論的，是德國的瓦

爾杜恩（Walldurn），耶穌的血總是出現在聖餐杯中所放的小方巾上。而被儲存在聖瓶中的那不勒斯聖徒亞納略（Januarius）的血，在每年他的聖徒紀念日中都會液化，則令人印象深刻。簡言之，聖血具有治病救人的神奇力量，不管神聖與否，神奇的傳說或者虔誠的信念也使它具有治療的作用。

　　尤其是在中世紀，處女的血和純潔兒童的血被視作具有獨特療效的藥物，用於治療麻瘋病。為治療這種病，需要大量的生命之液，以便使麻瘋病能洗個血液浴（在古希臘羅馬時期的神話提供了這樣的範例）。

　　根據十一世紀以來廣泛流傳的聖徒傳說，為使遭受麻瘋病之苦的朋友阿梅庫斯（Amicus）得以康復，阿梅利烏斯（Amelius）殺死了自己的兩個兒子。為獎勵這位父親的犧牲行為（如果這種謀殺行為可以稱之為犧牲行為的話），上帝使他的孩子復活了。他們的母親又重新看到自己的孩子高興地玩著紅色蘋果。在奧厄（Hartmann von Aue，1200 年）所著的《可憐的海因里希》一書中，年輕的農家女想要將她所有心中的血奉獻出來，用以治療騎士海因里希的麻瘋病，然而，海因里希堅拒了她的想法。上帝又再次獎勵了這種善行，恢復了海因里希的健康。

　　如同童話百科作者蘭克（Kurt Ranke）在有關「血」的豐富詞條中所展示的那樣，古代還有許多這樣的故事，

甚至到十九世紀的童話作家們也無法忽略這個扣人心弦的
素材。

在岡澤巴赫所著的西西里童話中，王子為了救一位朝
聖者的兄弟，必須殺死一個兒童：「當王子聽到他不得不
親自送出他可愛的女兒，非常震驚。但他回答道，我以我
的朋友為榮，將他視作我的親兄弟，如果別無他法，那我
願意犧牲孩子的生命。」傍晚來臨時，他送來了孩子，割
斷她的血管，將血抹在病患的傷口上。可怕的麻瘋病治好
了，但孩子卻顯得蒼白而虛弱，看起來似乎要死了。這
時，聖壇上的散提果（就是聖徒雅各）重新給她生命。

在岡澤巴赫的另一篇童話中，犧牲者的拯救過程卻是
完全不同的。王子菲雷迪寇被預言將在十八歲時死去，因
為命運女神決定用他的血治療土耳其國王的麻瘋病。美麗
的異教公主破除了這個惡毒的魔法，救出了這位年輕人。
這對戀人克服了艱難險阻，使異教徒用鮮血治療麻瘋病的
計畫終於泡湯。

如果剔除治療故事中那些嘲諷這類特有文化背景的內
容，則無可爭辯地顯示出一個嚴肅的核心問題：人類所遭
受的災難是多麼殘暴。麻瘋病這種傳染病，直到今天還使
成千上萬的人遭受痛苦。

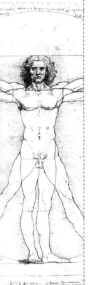

月經的神話

月經，是一種身體的生理現象，是成熟健康女性所無法避免的。月經排出物完全是血液，古人們扯了許多荒誕不經的故事，並且認為它會傳染疾病，含有毒性。但事實上，所有故事都是無稽之談。

女性最初出現月經的時間一般在十四歲，這是青春少女生理成熟的標誌，是區分兒童與少女的時間界線。當第一次出現月經之後，它就具有一定的規律，每四星期出現一次，但不是有些人所說的那樣依據月亮變化。實際情況是，許多人月經出現的時間與四個星期前來月經的日子相同。

因此，德國醫生布勞納（Johann Jacob Brauner）在《衛生知識彙編》中概述了月經與女性吸引或擺脫男性的主題。這本書可能是作者出於妒忌、好奇或厭惡，而在書中利用女性的這種特殊情況來對她們侮辱與貶低。不過，一般在討論對於女性的看法和觀點時，女性天生的特性也往往得不到尊重。

保利尼醫生像其他男性一樣，用聖經來為他的態度作證：當男人在女人月經來時睡在她身旁，使她裸露出下體，揭開她的井口，這樣會使兩人都被染紅。「揭開井口」指在女子月經時與其做愛。

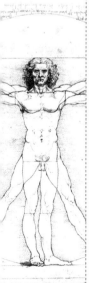

　　馬可福音認為，月經之所以是一種痛苦，不僅是因為它過於麻煩，女性不得不忍受這種辛勞，而且是因為上帝想讓她經常想起自己的原罪（夏娃在伊甸園偷吃禁果之罪），要她以這種痛苦鞭笞自己，促使自己經常告解，從而使精神得以解脫。

　　保利尼醫生認為，女性（此指夏娃）遭受的肉體痛苦起初不只是「月」流，而是一流十二年。但這有什麼關係呢？對於其他同行來說，這種奇蹟的細節並不重要，他們更看重這個老生常談：液流（與男性的剛熱相反，女性是陰冷的）是不乾淨的，充滿著痛苦、虛弱、無能、偏愛、懲罰等。這些概念經常出現在與月經有關的內容中，以及古代關於歇斯底里病的醫學論文中。

　　1601 年，法國外科醫生帕雷認為，女性由於陰冷的體質和天生劣勢而顯得非常軟弱。基於這些自然生理的原因，女性不能做特別的肢體活動（例如戶外……），在特別的時間裡，子宮要出血流出體外。然而，這些出血現象卻有積極的作用：「沒有這種出血現象，世界上不會有孩子孕育在母體之中，在子宮裡長大，因此，在懷孕期間，月經停止了。」

　　讀者們當然不會因此而認為女性憑藉血多而顯得比男性更具優勢。這位外科醫生仔細地闡明：「由於男性出血較少而顯得體質更好，身體更健康，精神更充沛。」因

此，男性的消化功能也更強。總而言之，男性血液循環比女性更加有力和完善。

男人有時也會出現月經。蒙紹克斯於 1767 年在他的《醫學解剖》一書中講到：有個男子像女性一樣，每個月都出現月經。葡萄牙人亞伯拉罕（Abraham Zacuto，1575 ～ 1642 年）是一個例證。他是一個不長鬍子的男性，每個月都會有四至五天的時間出現出血現象，儘管他的身體架構中並沒有長著像女性那樣的出血器官。這個病例非常具有諷刺性。男性向女性證明這種基本的煩惱，並且批評她們必須不斷忍受月經之苦。

我們可以引用老年時瑟康杜斯（Plinius Secundus）的觀點，來證明這個理論。他在書中寫道：「再沒有什麼比女性的月經更為罕見、奇異的事了。月經會使種子和胚胎枯萎，使果實從樹上掉落下來，使鏡子模糊，使尖亮的鋼鐵失去棱角，使蜂房中的蜜蜂死去，狗也會因此瘋狂。」德國御醫賽內特（Daniel Sennert）也提到：「如果男性有月經，他們會變得健忘、憂鬱、心不在焉，幾乎會精神錯亂。有些人甚至斷言，他會因此而患上麻瘋病。」他推薦摻有蜂王漿的酒和洗澡來作治療手段。至少在這一點上，賽內特表現出了一定的正確性。

錯誤的判斷往往具有很強的生命力。 1836 年，德國名醫伍夫蘭認為，「懷孕、產褥期和哺乳」是健康的使命，

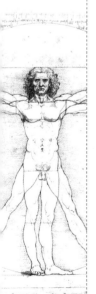

是女性合乎自然規律的正常生理現象，而月經卻是一種替代現象與疾病。一位民俗學家對這種見解進行了解釋：「我們可粗略估計一下，一個正常健康的女性，從十八歲開始懷孕以避免這種病態的月經，她的整個生命就不得不忙碌於生育和照料不斷增長的後代（這裡不談論丈夫）。經過十五次生育之後，她大約在三十五或者四十年裡不會有月經經歷，完全成為一個生育和哺育的機器。」

伍夫蘭接下來寫道：「月經是每月一次的『大掃除』，它不僅僅清潔子宮，而且還清潔了整個機體器官。然而，這種『完美的每月危機』可使呼吸氣味改變，眼睛暗淡無神，皮膚細微麻疹，神經系統激動，情緒惡劣、波動等。這種狀況引起了一系列不潔淨的現象。這的確是事實，它引起了不良的身體狀況。在此期間，女性要避免過度活動（特別是跳舞）和受涼，不要吃過甜的食品，尤其是新烤製的麵包，要防止強烈的情緒波動、性交及盆浴。女性在來潮時，她應該沒有激動的感覺，並且應該保持不乾淨的狀態，也就是避免洗澡。「Aus dem Volk gerottet」是指女性在下體出血時進行性交。在聖經中有這樣的說法，伍夫蘭則認為，這種行為應該受到禁止。

男性在討論純粹女性的生理現象時，總是出現許多問題。德國女醫生杜克曼（Anna Fischer-Duckelmann）在大約一百年前就注意到這些事情。在她的《作為家庭醫生

的女性》一書中，月經是一種病態的觀點受到多方面的反駁：「農村中的女子和女僕，容易引起感冒的原因不是月經，而是衣服穿著上的不適（杜克曼醫生反對緊身胸衣，贊成穿著輕便透氣的涼鞋）和缺乏鍛鍊、虛弱的體質。」

杜克曼還提到了不衛生的現象，建議女性在月經期間可以使用小型坐式浴盆以保持下體的清潔和正確的生理週期。這位女醫生還斷言：「男性在女性來月經的日子裡，絕對不會聞到來自健康、保持清潔的女性的任何味道。」這種觀點完全與廣泛流傳的錯誤看法相矛盾。錯誤的看法認為，月經所散發出的氣味，會對烘麵包、種植，甚或對鏡子的光澤，都能產生有害的影響。當然，杜克曼也堅持，應該避免劇烈的運動，如跳舞、唱歌以及喝酒或者性生活等與促進血液循環有關的行為。直至 1900 年前後，人們仍認為女性壓抑的心情來自於月經。

人們可以看到畫報上和電視中那些自稱能使女性無憂無慮地度過經期的廣告（廣告中多半使用某些特定字眼來表達，因為「血」字極難為情，所以要特別避免）。廣告中那些蹦蹦跳跳的女主角們一副壓根就不知道這種煩惱。在柔和舒適的環境中多姿多彩地生活是多麼幸福啊！

幽默大師雷格曼（Gershon Legman）講過一句美國名言：「每天剃鬍帶給男性的麻煩超過月經帶給女性的煩惱。」顯然，這正是人們無法理解女性的最佳例證。

血管和脈搏

　　講述女性特殊血液的奇異流血故事和觀點是如此繁多，現在讓我們重新回到真實的人體生理學上來。生理學中談到了人體的兩個血液循環系統。兩個循環全是由心臟引起的。講到血液循環時，我們必須聯繫到血液循環所流經的路徑。另外，生理學中還講到能量系統。它是生命之液、保障正常生活所必需的系統，簡而言之就是血管和呼吸。這兩個概念都引出一個日耳曼語系的基本詞素。這個詞素意指處於內部的心臟或者五內，或指呼吸之類。

　　在我們身體中的這條血液運輸線，拉直後足有數千公里長。這些血管（包括微血管），當然不僅是人體中最長、最平滑、最靈巧的器官，而且是最和諧的。醫生不只是講血管，還要講兩個劃分等級的系統：一個是強有力的動脈系統。動脈是導血離心的管道，外觀呈圓管狀，在其營運的過程中逐漸分支，管徑越分越細，管壁越分越薄，最後變成微血管。動脈血管將攜帶新鮮氧氣和營養物質的血液，從心臟的中心運輸到身體各處的微血管。

　　第二個是靜脈系統（這裡需要採用與前述相反的觀察模式，即從小血管到大血管）。同樣的微血管經小靜脈連接匯合，管徑逐漸變粗，管壁逐漸增厚，最後以大靜脈連於心房。透過這個系統，攜帶著二氧化碳及組織廢料的血

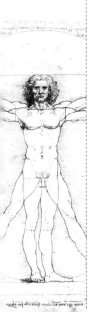

液與肺泡的氣體進行交換，釋放出二氧化碳並吸收氧氣，經肺的各級靜脈最後流入左心房。

在這個系統中，主要的動脈有主動脈（Aorta，位於心臟的上半部）、頸總動脈（Karotis 或者 Karotide）和腹腔動脈（Aorta abdominalis）及上支動脈和股動脈；而靜脈系統擁有著具有詩意的名稱，分別是上腔靜脈（Vena cava superior）、鎖骨靜脈（V. Subclavia）、頸靜脈（V. jugularis）、頭靜脈（V. cephalvica）和下肢靜脈（V. femoralis）。

血管一詞在德語中是陰性的。根據過去的大男子主義作風，血管暴露即表現內心的本質。我們很少看到她們（這裡指血管）的廬山真面目，除非她們走近自己寓所的視窗。我們將手掌平壓桌面或者緊握拳頭，然後觀看手臂，就會清楚地看到幾條血液的通道。由於我們的醫學知識貧乏，因此通稱她們為血管，而不去也無法深究細研這個不同尋常的有許多分支並且錯綜複雜的血管大家庭。

在這個家庭系統中，她們互相協助。靜脈凸出會妨礙它的正常工作，下肢出現這種症狀稱為靜脈曲張，在肛門處，這種症狀稱為內痔或者外痔。即使是現代醫學，也無法確保透過手術就一定可以治癒靜脈曲張這種疾病。

「一些血管比其他血管滯留了更多的血液，因此出現腫脹，例如靜脈曲張。當血管出現這些症狀時，必須放血，

而不必害怕失血過多，因為透過流出血液這樣的方法，也帶走了許多淫穢的成分。」多納提是義大利的宮廷醫生。他認為，用放血療法來治療靜脈曲張的方法是一個使病患恢復健康的有效途徑。他藉此聯想到一些庸醫的錯誤手術，並對這類人的行為進行嚴厲譴責。他認為，庸醫的行為應該引起大家的重視，否則會使病患無辜受難。

伽提納利（Marcus Gatinari）在「治療靜脈曲張」一章中講述了下面一個故事：「我至今還記得一個英俊的德國大學生，因為患有靜脈曲張而毫無戒備地落入一個庸醫的手中。這位庸醫為他進行放血手術，然後縫合靜脈傷口。由於沒有採取正規的消毒措施，幾天之後，這位病患出現四日發的瘧疾發燒症狀。這是一種致命性病症，病患最後不治而亡，其原因在於自然規律確定了在大腿外某處傷口，本應流動的物質在這種情況下就會滯留在那裡，並在那裡腐爛變質，從而引起上述症狀。」

奧地利的朱安（Don Juan）是神聖羅馬帝國皇帝查理五世的親生兒子，據說他也是在三十二歲時死於治療痔瘡的手術。由於極其不負責任的一刀，致使他血流不止，不幸而亡：「鮮血流了那麼多，任何措施都無法阻止血液湧出。不到四小時，病患的靈魂就離開了身體。」（我們經常發現，即使是「殿下」的身分也無法保護他們免受自然的突襲和意外事件的發生。）

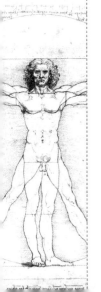

對於隱藏在血管之後複雜的專門知識和血管的功能，我們無需深究。在大眾俗語和大眾的普遍認識中，血管具有不同的意義，其中大部分是積極而正面的。血會在血管中沸騰（盛怒之時）或在血管中凝結（恐懼之時）；人在非常激動時脈搏會狂跳如飛，因此，血管也像血一樣能夠表現出男子氣概。

佛羅倫斯人但丁在《神曲地獄篇》中敘述說：他處於人生道路的中間，在一個陰暗的森林裡看到了三隻狂怒的野獸相對而立（這裡意味著處於道德和政治的危險之中）。這使他萬分恐懼，因而擋住詩人維姬兒幽靈的去路，乞求他的幫助：「你看那隻野獸，我真想逃跑在野狼的面前；請你幫助我，赫赫有名的智者，它們使我的靜脈和脈搏顫抖。」

1767 年的《醫學軼聞》講述了一個熱戀中的男子，在面對戀人時表現得非常激動與不安。據說，他的戀人是一個漂亮的寡婦，他可能是過於激動，血液突然從額頭的一個血管中劇烈地噴射出來。

如果英格蘭人要進行一場十分嚴肅的談話，就會說「嚴肅到血管裡」。德語中，在談論一個性格憂鬱的熟人時，會說這個人隱藏著悲觀主義的「Ader」（意指悲觀主義的天性）。我們描寫天才人物時，總是說他們具有音樂或者詩歌的 Ader（天賦）。貴族們的血管中流著所謂高貴

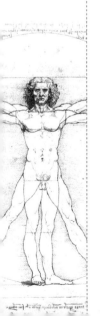

的、「藍色」的血（儘管藍色的血根本就不是最有力的血）。民族社會主義者號召「全民奮戰」。他們喊著：「爲什麼還在懷疑，聆聽他的抱怨。在我們的血管中流淌著德意志民族的鮮血。」顯然，人類的情感，不僅存在於心靈和頭腦之中，還存在於血液之中。思想家認爲，德意志的血液只能在這個民族的血管中恣意流淌，而那些非本族、來源不明的外鄉人當然只有輕賤的血統。

　　這種觀點是虛僞的。有時，有些自稱具有優良或者正直血統的人所說的根本就是謊言！不過，所謂貴族的稱號、性格、心靈、民族、品性僅僅是透過血統進行定義，這也表明，人體的這一部分器官具有特殊的判斷意義。

　　對於這些判斷，我們卻沒有辦法審核其眞實性。但是，其中正確無誤的一點卻是，脈相可以作爲評判一個人身體健康程度的依據。「Pulsus」，脈搏跳動是人體內動脈中血液流動的外在表現。由於心臟跳動而推展動脈中的血液前進，並且透過觸摸而感覺到這種運動。在檢查疾病時，脈搏是醫生最重要的檢查部位之一。

　　能感覺到脈搏跳動的地方通常在手腕內側。除此之外，還有其他許多部位，例如拇指和食指之間的虎口、太陽穴處和足部距第二個腳趾較近的部位。 1737 年，德國醫學教授瓦爾特說道：「即使在今天，也無法準確地描述「脈動」這一概念，重要的是，從過去到現在，認眞負責

的醫生都認爲用手指把脈是重要的方法之一。」

1836 年，德國名醫伍夫蘭在談論「把脈的技巧」時，稱之爲一種「獨特的感覺文化」，一種「指尖的絕技」，並且斷言：醫生必須檢查脈相，懂得分析脈搏跳動所反映出的不同情況，就像演奏家能夠嫻熟地掌握樂器一樣，醫生必須學會熟練地演奏它，並且確信它的狀況。音樂家醫生用溫柔的手法撥弄脈搏之弦，這種觸摸不僅具有診斷疾病的功能，而且還對病患產生穩定情緒的作用。

從放血到捐血

當法蘭克福人形容一個被嚇得面無血色的女性時，可能會添油加醋地說：「就像打破了她的血管，流光了她所有的血一樣。」這種打趣的說法影射了一個在古時流傳甚廣的醫療方法：放血。

在 1623 到 1675 年間，來自荷蘭外科醫生巴貝特（Paul Barbette），在《醫學實踐》中多次介紹「venae-sectio」，一種治療胸膜炎的方法。方法是在患病初期的兩、三天內爲病患放血，或當持續高燒時，小心謹慎地採取放血療法。據說，隨著血液流出體外，可以讓引起疾病的有害物質也離開身體。放血的位置通常在病灶的背面。

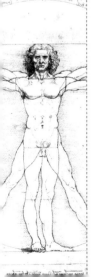

　　病患們幾乎都不知道，在十六世紀，醫學理論家們曾就這一問題激烈地爭論了將近一百年，爭論的焦點是，到底是在人體靠近病源區實施放血手術呢？還是在距離病源較遠的地方？流血與病源處於同一方向，還是朝其相反的方向？

　　在十九世紀，放血專門用在治療發燒症狀，直至二十世紀，人們還讓理髮師用放血療法來治療身體的不適症狀。甚至今天，有些理髮師在他們的店鋪前仍掛著一個銀色的盤子作為放血用碗。儘管他們已經不再是醫務助理人員了，但還是喜歡保留這一標誌性的特徵。這樣的手術（切開靜脈）與今天在醫院中實施的簡單易行、無危險性的抽血非常相似：緊束上臂，將刺血針插進肘窩正中的靜脈裡，吸取血樣然後取出。這些方法也引起了許多錯誤的認識。

　　放血方法在中世紀晚期已經廣為流傳，有個關於放血女子的故事十分流行。到處流浪的女理髮師來到一位貧窮女子家中，為女主人治病。然而，沒過多久真相就暴露了，「她」的真實身分原來是這個女子的情人，只不過男扮女裝成一個女理髮師而已。她的丈夫耐心地在樓下等候，這位情人卻與這位自稱患有腎病的女子在樓上偷情。名義上是放血，卻結實地發生了一件桃色事件。女主人的傷口總是好不了，最後終於用一種珍貴的藥物治好了。

　　在十六世紀的德國滑稽劇中，奸詐的理髮師承認自己的罪行，因為這些少女們希望透過放血以擺脫懷孕所引起的尷尬及恥辱。理髮師向她們解釋說，他必須根據病患是處女與否來決定使用什麼樣的手術刀。如果使用錯誤的器械，在放血時會引起危險。他現在應該選用婦女用刀，還是處女用刀？詩這樣敘述著：

　　因此我不得不對親愛的女士說

　　說出真相吧，請不要害羞

　　如果您欺騙了我

　　我可能會使您失去手臂，甚至因此而送掉您的生命

　　請用婦女之刀吧！因為也應該用它自己所犯的罪孽

　　我自己當然心知肚明，承認它吧

　　反正對我沒有壞處，還能保住我寶貴的胳膊

　　這位年輕女子的緋聞當然會散播出去。這類故事的教育意義在於：當年輕的少女懷孕時，流出的鮮血不會帶來任何益處。

　　那麼，我們為什麼要講理髮師和放血？只是想利用這些敘述來引出十六世紀中義大利最受愛戴、同時也是最令人難以置信的醫生之一，法洛皮歐（Gabriele Falloppio）。他的《自然之謎》（Geheimnisse der Natur）一書是許多行醫者的必讀之書。

「放血療法的優點在於：它可使人神清氣爽，記憶力加強；它可清除囊水泡，使頭腦平靜；它可強壯體格，增強聽力；它可使淚眼不再流淚，消化不良的胃重新發揮功能；它可趕走疲勞和困頓，消除乾舌燥，促進血液循環，增進消化功能；它可使人心情愉悅，思唯敏捷，延年益壽。」這些觀點或許是以用血祭神靈的古老信仰爲根據而產生的（直至今天，南歐的天主教公審大會上，還有一些半裸的勇士，將自己刺出血來，以表達對神靈的忠誠之心）。

十七、十八世紀，放血有益的觀點引起了社會性的轟動。專門講解放血的手冊和傳單大行其道，例如 1632 年出版的《療法大全》，向讀者介紹了「放血、拔罐法和藥劑，以及剪頭髮、鬍子和指甲」。幾乎每一種日曆上，都印有放血男子的圖畫，而且木刻版畫上的內容大都涉及一個裸體而性的人物形象。他的四肢印有黃道十二宮，用此指出哪一天適合進行放血療法。

1601 年，法國的宮廷外科醫生帕雷曾經爲一位因傷口發炎而發燒的病患放了二十七柏萊特的血（折合三盎司，一盎司大約是三十克），也就是大約兩升半多。在 1767 年發行的《醫學軼聞》，以批評的口吻記述了一位姑娘的經歷：「她一年之中被放血四千次，但作者在推算這個數據之後，認爲這個事例完全是虛假的。」所有這些，顯然是

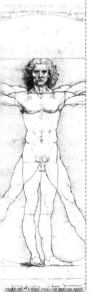

宣傳過頭了！隨著後來支援自然治療的觀點出現，反對放血的呼聲越來越高。精通化學的比利時醫生海爾蒙特是靜脈放血的強烈反對者。

　　瑞士醫師法布里休斯則用許多可怕的事例來警告人們，尤其不能進行雙倍的放血，也就是不能同時在左右兩側實施放血療法。這種放血方法可能導致當事人死亡──除非最後以正確的方法將病患從毫無希望的景況中挽救過來。他提到一個病例：「1626 年，鐵匠施托爾身體非常健康。二月份，他被同時在雙臂上實施放血療法，而在此之前，他從未放過血。當天晚上他就感到全身不適。第二天早晨，這位鐵匠四肢僵硬，不能活動。不久，肺炎症狀併發，高燒不退。第四天，醫生採取危急的擠壓方法將有害物質壓入陰囊右側，在那裡出現一個大包，加上上帝的幫助，終於使他脫離危險。後來，他完全復原，健康地活著。」

　　諷刺醫生的文學作品比醫生們相互矛盾的觀點更有影響力。拉薩吉（Alain-Rene Lesage）的社會小說給予放血這種行為十分刻薄的批評：小說主角到桑格拉多醫生的診所裡就診（這裡意味著放血），醫生的方法就是讓病患立即躺在地上，因為這樣做可以儘可能地抽掉病患身上的血，並大量喝溫開水以代替被抽掉的血。桑格拉多的理論是：「血液是維持生命的必需品這一說法是完全錯誤的，

因而，可以毫無顧忌地放掉病患的血液。不需要任何活動或者努力，唯一的任務就是不要死去。他們生存下去所需的血液不會比睡眠者多。病患和睡眠者，兩者生命持續的表現均只是脈搏和呼吸。」

隨著十八世紀末期的啓蒙運動激烈的辯論，那些帶有濃烈神祕色彩的迷信思想，以及與低劣醫學行爲相關的、能夠帶來豐濃利潤的血液胡鬧行爲，部分涉及到放血的日曆和整個民間曆書被禁止發行。在各地的開業外科醫生，以及某些江湖郎中們所採用的把脈手段，也同樣受到限制。工業化的過程同時也是建立官方的醫學體系和形成更加正確的血液循環觀的過程。

從這方面的意義來看，在今天的歐洲，持續百年的以人體保健爲目標，以增強身體素質爲要求，並且也獲得不少成就的文明實踐已經過於陳舊了。即使是那些古老本土醫學的追隨者們也不願冒險去重新採用這些方法。

然而，由於人們的需要，現代社會並不能完全放棄抽血行爲。由於輸血的需要而抽取幾百萬健康者每人半升血，仔細地加以儲存，同時贈給每個捐血者一片麵包。許多志願者還將捐血行爲帶來的有益影響視爲額外的幸運效應。

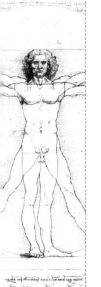

空氣和肺

為了不斷獲得新的能量而完成大量的工作，我們的血液需要「空氣」，這是古時醫生們對肺的稱呼。德國醫學教授瓦爾特給「Pulmo」下了一個直接簡單的定義：「它是一個不對等的器官，幾乎填滿整個胸腔，由許多肺泡組成，是一個真正用於呼吸的工具。」

瑞士外科醫生穆拉特則蘊涵著一些詩情畫意，他將人體比做一個宮殿和三個大房間：下面是腹部房子，上面是頭部房子，中間像二樓，是胸腔間。在中間的房子中，房東和生氣勃勃的心靈透過呼吸而沐浴在日月星辰所製造的空氣中，從中獲得養分（氧氣），透過左心室射出，流往全身各個部位。

肺位於宇宙和人體心臟之間，是兩者的仲介，也是呼吸的仲介。人在整個生命過程中，呼吸借助肺部不斷地進行氣體的吸入和呼出。希臘人稱這種呼與吸的交替行為為「Pareuma」，意即就像氣息一樣，靈魂也在不斷地重複。

這種交換的載體不能簡單地認為是大片的肺葉，而是其中所包含的數量巨大、能相互連接並相互貫通的肺泡。肺葉位於肋骨的後方和橫膈膜的上方。氣管與主支氣管相連，至肺門處又分出肺葉支氣管。肺葉支氣管在肺內反覆分支，呈樹枝狀，稱為支氣管樹。氣體狀呼吸物質，在其

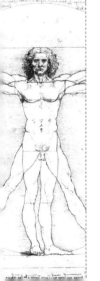

間上下營運。氣泡被讚譽爲特別形式的交換室：將殘破和損耗了的物質不斷地轉換成繼續有用的東西。

　　無論是過去還是現在，某些行業的從業人員會經由呼吸而吸入大量粉塵。在礦坑工作的礦工們非常容易罹患「塵肺」這種病。如今，在石棉廠工作過的老工人爲爭取給這類病設定專門的傷殘保險金而抗爭。吸煙者患氣管癌和肺癌的危險率要遠遠高於正常人，今天，就是煙商本身對此也不再表示懷疑。只是有些男性和許多年輕的女性不願承認這一事實。

　　我們還應該提到麵包師，儘管他們的肺看起來並不顯得蒼白，但卻比正常的麵包享用者更加缺乏抵抗力、易於患病。麵包師整天與麵粉爲伍。一個接著一個的麵團，這是一種格鬥。他們用帶有體溫的手、胳膊和胸將麵團分開，從而使麵團變成帶有生命的物體。麵包師卻因此而獲得一身粉白的「膚色」，宛如時髦女郎所維護的膚色一般；又似一個精緻麵粉做成的「面紗」，覆蓋在氣管之上，散落在整個呼吸道上。麵包師也因此擁有鐵一樣的胳膊和一個白花的肺。

　　在《藍領階層》中，法國小說家巴雅薇（Rene Barjavel）眞實而生動地描寫了麵包師的處境。「我父親死於肺癌，致病的原因有很多，或許麵粉是其中一個，因爲在他年輕的時期都呼吸著它。」

現在，透過手術可以切除一個病變的肺葉，另一個仍然可以繼續工作。這樣，肺部生病的人們可以繼續在藍天下呼吸。這給那些肺部可能處於各種危險之中的人們帶來一些慰藉和光明。

呼吸，氣息，水腫

在呼吸管有兩種恩賜
空氣吸入，澎脹
空氣壓出，獲得新生
如此奇異地支配生命
當它壓迫你時，你要感謝上帝
當它將你重新放開時，你同樣要感謝上帝

我們閱讀歌德的《護身符》時，就會看到上面的詩句。呼吸只有短暫的生命，不具有重大的意義。就如同前面所展示的那樣，定量相互交換的空氣只是我們人體中的匆匆過客，在體內停留極短的時間。然而，「呼吸」的意義卻遠大於只是「吸入，然後再呼出空氣」。

在生命初始，呼吸就具有某些至高無上的意義。它的古語名稱或者法語名稱是「esprit」，意指呼吸是氣息，氣息則是靈魂，靈魂能夠到處飄揚、活動和產生影響。呼

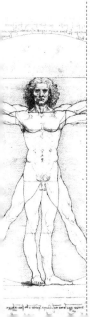

吸就是生命本身，連上帝也有呼吸。《創世篇》中這樣說：「我主上帝用一塊土製出人，並對人的鼻子中吹了一口氣，人類因此才獲得具有生命的靈魂。」

上帝、聖徒和英雄們的神奇呼吸並不背離這樣的觀點，即人類吹出的氣具有治療的功效。值得一提的是，《伊索寓言》中，有一則《來自嘴巴中的冷與熱》著重描寫這個現象。人類神奇的本領在於既可以用他呼出的氣體溫暖雙手，也可以用它來吹涼熱湯。

不僅如此，在《通用民間醫學》中，德國外科醫生莫斯特（Georg Friedrich Most）在「呵氣」這一詞條下，介紹了呼吸作為治療手段的功能與作用（在咀嚼茴香之後的呼吸），另外罩向因風濕而疼痛的部位和神經性的疼痛處呵氣，無論是在頭部、脖子、胸、耳朵，還是鼻子部位，都會有鎮痛的作用。一個完全健康的人應該為疼痛者做這樣的工作。必須指出的是，不能間斷地吹氣，而要持續一刻鐘至半小時向患處吹氣。中間，病患可以隨意休息，但治療者不能離開病患。

然而，人類的呼吸並不總能擁有治療的功能，或總是令人感到舒適。有一個古老的故事，講的是一位國王。有人告訴他說：「你嘴裡散發出難聞的味道。」他因此斥責他的妻子，為何她以前不早點告訴他呢？她回答說：「我一直認為，所有的男人都是這樣的。」另外一個故事講述

的是一個酒鬼，他嘴巴中的味道臭氣熏天，並導致一個女子流產。

　　的確，長期以來，在呼吸時所散發出的口味被認為是令人討厭的倒霉事兒。人類呼吸時所散發出的臭味是如此地令人反感，可以說沒有什麼比這個更令人討厭的了。通常，口臭都與肺病、壞血病、牙病等有關，大部分是人體中異樣的腐敗液體所引起的。

　　「唾液和胃液的氣味透過呼吸而散發出來，這些氣味煩擾了周遭的人。」德國醫生布勞納是一位異事珍物收集者和哲學家，他為抵制這些令人厭惡的事，準備了一系列的方法和手段：加香料的酒，或帶有麝香的糖塊、灰色的龍筵香（這是抹香鯨的腸結石）和聖靈（香料，用魚卵調製成的黏液），或帝王香料、酸橙的果皮或丁香。咀嚼茴香、芫荽或桂皮可也都可以很理想地遮蓋口臭。

　　保利尼在他的《糞便藥劑學》中講了幾個相關的故事：「法蘭克博士是我的一位秘友，他給一個可憐的農民使用三團新鮮的馬糞，榨出汁液，然後讓病患趁熱喝下，喝之前要伴入果汁，使這個汁液甘甜。魯林則使用乾牛糞，把乾牛糞扔進燃燒的煤炭中，然後張開嘴，用煙燻口腔。孟格印則用蝸牛殼、蝴蝶花根、乾狗糞製成的藥粉來治療她丈夫的氣喘病，使用方法是，將藥粉混入糖水中服下，由此可以完全緩解病症。」

　　這些是否有效？對於那些病入膏肓的人來說，醫生費盡所能也只能爲他們帶來些微新鮮的空氣。這只是生命的一刻喘息，是否能夠給所有的病患帶去慰藉呢？看看歌德的詩句吧！他因爲呼吸而感謝上帝。他所寫的一首無斷行的詩中，有這樣的句子：「在所有的樹梢之間你幾乎感覺不到一絲氣息只是靜靜地等待不久你也會安靜下來。」

更黃、更黑的體液

　　在德語中，「肝」（Leber）這個詞，聽起來與「生命」（Leben）、「有生命的、生氣勃勃的」（Lebende）這兩個詞很相似。究其原因並非偶然，因爲有些民族認爲「Hepar」（希臘語中的肝臟）是攸關整個生命、生死存亡的器官。但這個發音給人一種錯覺：「肝臟」這個詞的意義較偏重於「Fette」肥胖這個詞意，而自然界也同樣賦予它豐富的脂肪。

　　羅馬語中「fegato」或者「foie」的意思是「嘴巴塞滿的人」（在拉丁語中爲「iecur ficatum」）。這會使人聯想起被餵得肥肥的鵝，牠們總是被許多食物填得飽飽的。由於填塞許多草料，他們的肝就長得異常肥大，也因此，鵝肝受到了人們的喜愛。當義大利人說一個男人「fega-

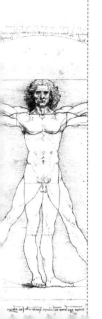

to」，就是說他是一個勇氣非凡的人。

肝病當然是危及生命的疾病。在聖經「引語」的第七章裡描寫了一個裝扮成妓女、很有誘惑力的女子。她埋伏著等待伏擊這個男子，最後用箭射中了他的肝臟，使其裂開。「就像飛鳥急速地撞到細繩上，他還沒有意識到危險，生命就已終結了。」

肝約兩公斤重，除心臟之外，它幾乎位於人體的中心部位，橫膈膜的下方。橫膈膜是分割胸腔與腹腔的界線，是肚子的中線。有人認為，動物的肝特別有營養，具有滋補功效，因此偏好這類食物。他們希望在吃肝臟時，也吸收這些動物的力量。

實驗證實，肝的功能是極其複雜而重要的。它是人體內新陳代謝最活躍的器官。肝的血液供應極為豐富，既接受肝動脈的供血，又接受肝靜脈注入的血液。它從來自消化系統的門靜脈中獲得營養物質，以供應其工作所需。然後，這些血液經肝靜脈和下方的腹腔靜脈回流到心臟（大約每分鐘一升半）。在這個器官中，總計有幾百種不同的化學反應過程參與肝臟的功能活動。

肝是我們的物質轉換銀行，每天都孜孜不倦地分泌膽汁，參與蛋白質、脂類、糖類和維生素等物質的代謝，對激素類、藥物、酒精等物質進行轉化和解毒，產生抗體及吞噬防禦等功能。如果不斷地攝取這些有毒物質，肝細胞

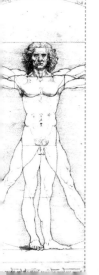

的外觀和功能會發生改變，最後引起炎症。我們這裡並不是要詳細描繪肝硬化及其導致的結果是多麼可怕，或因為這個人體器官而引起人們的臉色發黃。

本書已經講了兩種不同的體液：一是鼻子與冷漠的關聯（生氣的冷漠者：由水元素組成，屬於冬天，屬於北風，像它們一樣寒冷和陰鬱）；另一種是血管中的血液（多血質者：人們用空氣元素、春天和北方人來描述他們，是熱情而爽朗的）。

根據古希臘醫生蓋倫的觀點，肝臟分泌濕氣或一種液體——膽汁，這種液體是稀薄而苦澀的，呈黃色。它被列入火的元素（熱而乾燥），因此它是夏天，是東風。古時醫生稱這種體液為「黃色的膽汁」（與黑色的脾臟相對），性格屬於易怒的人，也就是容易大動肝火。

因此，1601 年法國外科醫生帕雷在《傷病藥典及藥典箴言》一書中寫到，這類人「臉色發黃，身體瘦小，毛髮乾枯」，他們的皮膚「乾燥、粗硬、粗糙、散亂且不乾淨，全身上下散發著嚴厲的氣氛，透過排泄和嘔吐而排出垃圾……他們有著細緻而敏銳的理解力，復仇行為是如此的激烈，迅捷而貪婪，又是如此的慷慨大方而揮霍無度，但又有著雄心壯志，夢想著歡樂和激昂，嘲弄陰冷、潮濕的泥漿。」因此人們往往認為，易怒者不是那種非常可愛的人，但還算得上是善於交際，比較可靠的聰明人。

　　法國人熱中於談論他們的肝痛。他們說，肝痛大部分起因於引人發怒的事情，或起因於一頓豐盛的飯菜、一個不眠之夜等。培爾（Lynn Payer）在她的《醫學與文化》一書中猜測，肝病是偏頭痛的另一種表現模式，或許只是一種幻覺。出於這種幻覺，法國人確信他們可能是因為烹飪藝術過於高超而受到懲罰，或由於烹飪藝術而將肝臟陷入危險之中。這是一個涉及民族性的疾病。

　　據說，1970 年法國大約有三百種不同的藥物專門用於治療肝損傷。與國內報紙所宣傳的情況相比，肝病的實際患病率則小得多。在 1976 年舉行的法國肝病研究會確認，比起歐洲其他國家的人來說，法國人的肝臟功能並非比較糟糕。培爾則認為，法國人較其他民族更受到其偏好所造成的疾病困擾著，且一直如此。

　　1889 年英國小說家傑洛姆（K. Jerome），就在《一艘船上的三個人》中講述了憤怒造成肝腫大的事情：「至於我本人，與自己的肝肯定是不相配的。我知道，肝有些不大對勁，因為我剛剛讀過專利的肝病藥物廣告傳單，上面詳盡列述了識別肝病的表現症狀。而我具備了所有的症狀……毫無疑問，我已經具備所有症狀中最為顯著的一點，就是厭惡任何模式的工作。就這一點來看，我遭受的壓根就是難以言語的痛苦。從幼年時期開始，我就是這種疾病的受害者。當我還是個小伙子時，它幾乎不曾離開過我，

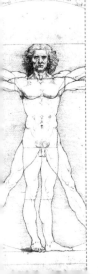

而那時我根本就沒有意識到這是肝病引起的。那時的醫學知識遠遠不及現在普及，因此，人們總是直覺地以為，這是因為懶惰而引起的。『哎呀！你裝模作樣幹什麼？』然後他們會說『停！站起來！看看你，都做了些什麼？重新做！』他們根本就不明白我是生病了。我沒有得到藥片，而是挨一頓栗暴（用勾曲的手指敲人頭頂）。這種懲罪現在很少見了，但當時人們常用它來為我治病，過不了多久就會遇到一次。我已經獲得一個經驗，一次栗暴會對我的肝產生強烈的影響，並且把我的腿訓練得更加迅捷，使我不得不花費時間完成我應該做的事情，比現在一盆藥的功效還要強一百倍。您知道，事情總是這樣，簡單過時的療法有時比現在所有的藥物都管用。」

現在人們不再談論「肝」這個話題了。可惜的是，法國人閱讀外國讀物太少。如果他們讀過這書，依照這個藥方來做，就不會有那麼多的肝病患。至少可以省去他們三百多種治肝藥物。

苦澀的膽汁

實際上法國人的肝細胞每天要分泌出半升至一升黃綠色的苦澀膽汁。膽汁中的鹽分具有下述主要功能：轉換過

多的糖分，加工蛋白質或分解脂肪，減少腸子對這些物質繼續消化和吸收的工作。膽囊位於肝右葉面的膽囊窩內，似一個長茄子，大約十公分長，容量大約為五十立方公分，有儲存、濃縮膽汁及調節膽道壓力的作用，尤其在吸收營養及促進消化時，膽汁發揮著重要功能。

在膽囊這個小小的容器中，有時會形成一些小石塊（膽結石）。這些石塊可能會引起疼痛或炎症（但並不一定會引起這些症狀）。法國外科醫生羅梭解剖過一位死於胸膜炎的女屍。解剖中，他發現膽囊中「有一塊橄欖大小的石頭，像綠寶石一樣的顏色。」

易怒者的憤恨實際上起源於這個小囊。他分泌的汁液有時呈黃綠色，有時呈黑色，其中黑色的汁液是從脾臟中流出來的。正是這種黑色的液體造就了多愁善感的性格。

在拉丁文中，膽汁是「fel」。當一個義大利人像《使徒行傳》中的巫師西門一樣吐出了毒藥和膽汁，意思是他怒氣沖天。希爾博抱怨說，主搗碎了他的腎並「把我的膽汁傾倒在地上」，也就是說，膽汁對希爾博很重要。與此相反，耶利米亞卻請求主說，他要讓這個沉淪的民族「吃苦艾，喝膽汁」。

在耶穌受難時，折磨他的當然不是必須吞下這些健胃苦酒的民族：根據馬太福音的描述，僱兵們將被捕的耶穌押到刑場，在那裡「他們讓他喝下伴著膽汁的醋。而他喝

這種醋時，一點異樣也沒有。」海爾蒙特醫生認爲：「猶
太人認識膽汁，因此，這些蔑視上帝的壞傢伙們將膽汁混
入醋中，爲的是使我主耶穌在臨死之前受到更爲長久的折
磨。」

　　然而，耶穌是否眞的喝下了苦澀的膽汁，在馬太福音
中並未講明。膽汁與止痛藥膏完全不同，後者在於維持生
命，而前者的這種黃色毒藥則常常使人不停地嘔吐。

多愁善感的脾臟

　　脾臟是一個重約兩百克的小器官，位於左季肋區胃底
與膈之間，恰與第十一肋相對，其長軸與第十肋一致。德
國醫學教授瓦爾特將它的形狀比喩爲「牛舌頭」；法國人
叫它「rate」，意思是它看起來像一隻小老鼠。脾臟是人
體內最大的淋巴器官，主要功能是參與免疫反應，吞噬和
清除衰老的紅細胞、細菌和異物，產生淋巴細胞及單核細
胞，貯存血液。

　　脾臟的拉丁文名稱叫「Splen」，英語拼寫爲
「spleen」。如果不將它與憂鬱性格描寫連接起來，這個在
人體中默默無聞的「僕人」就沒有多少好講的了。在任何
一本完備的英語字典中，你都可以看到：「這個器官被認

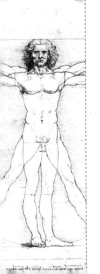

為代表著缺乏歡樂，指的是精神或情緒上的糟糕狀況，特指心情抑鬱寡歡或多愁善感者。」

在法國詩人波特萊爾的散文詩集中，有一首詩叫做「le Spleen de Paris」，最初的譯者給它取了個德語名字：「Pariser Grillenspiel」（巴黎的憂鬱遊戲）。詩情畫意的景象來自粗暴、可恥大城市中的日常生活。詩人假托喜歡這個城市，這種充滿詩情的景色並沒有激起單純的憂鬱，而孤獨、思想貧乏、不滿足、憂鬱、缺乏交際和絕望的主題在這裡卻佔據著主導地位。

波特萊爾的一個故事中——它是獻給一位畫家馬奈的故事，講述的是一個來自貧寒家庭的英俊小伙子，生性詼諧，畫家雇用他做模特兒兼助手。「現在我不得不說，這個小伙子有時確實令我吃驚，他陷入了早熟的憂鬱症之中，毫無節制地食用糖和利口酒。儘管我無數次地警告他，但他依然我行我素。有一天我威脅道，我不得不相信他無可救藥，打算把他送回他父母那裡，然後我就出去了。由於工作的關係，我在外面耽誤了很長一段時間。當我返回家時，第一眼看到的景象是多麼令人驚恐和震驚。可憐的小伙子，曾經給予我生活快樂的伙伴，竟吊死在框架上！他的腳幾乎挨著地，一張可能是他用腳踢到一旁的凳子，翻倒在他一邊；他的頭靠在肩膀上，臉腫脹著，眼睛十分可怕地呆瞪著，起初我還以為他活著。」

　　這個小伙子的悲傷和壓抑在這裡並不是當做憂鬱表現的描寫；自殺行為完全屬於憂鬱者的思想和行為範圍。德國解剖學家普拉特透過許多事例來講述女性的憂鬱症。一個貴族女子在違背自己意願的情況下，與一個她根本就不愛的男子結婚，於是，她在臥室裡用一條亞麻布將自己吊在床桿上，結束了生命。

　　在古代醫學中，很快就能找到脾臟所具有的意義。根據古希臘醫生蓋倫的傳說，脾與膽、肝互相協助，分泌一種體液（這是第四種體液，也是最後一種）。這種體液濃稠，呈酸性，並且是黑色的，其性屬土（冷而乾），就像秋天中的南風。這種體液叫做黑色的膽汁（與前面所說的黃色的膽汁相對應），所屬的性格是多愁善感。法國外科醫生帕雷也認為，這種黑色的液體將心情引向悲傷和憂鬱，並造成具有悲傷、嚴酷、堅強、悶悶不樂、妒忌性格的人。

　　直到近代文藝復興時期，思想家們才為這類人塑造出令人神往的新形象。 1514 年，德國畫家杜勒（Albrecht Durer）將這種壓抑性格的憂鬱症比喻為女性：「她撐著思慮重重的頭，坐在具有強烈象徵意義的人體雜沓紛亂之間，表達了圖形、器械、精神、時間和空間、永恆和過去、藝術和無所作為等。儘管絕望於世界的迷亂，然而她仍然健康地活著。」從那時起，透過多少帶有藝術的觀點

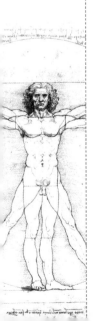

來分析這幅銅版畫者不再少數，而外國詩人也不斷地重新
解釋德國畫家杜勒的這些論述。

1621 年，英國作家波頓根據這個充滿哀傷陰鬱的可怕
現象編輯了一部涉及醫學和道德哲學的百科辭典，名叫
《憂鬱解剖》，波頓首先簡單介紹收集到的幾百名作家關於
人類各種健康狀況的所有描寫。這些描寫從古希臘、羅馬
時期直至近代，然後從蘇格拉底到梅蘭希頓
（Melanchthon）等關於憂鬱及大量近似情況的幾百種威權
解釋，但沒有一個統一的理論。法國啓蒙運動的狄德羅和
達朗貝爾（Jean D'Alembert）已經把這些廣博的事實材
料系統化地加以整理，透過他們的素材，我們就能認識
到，我們的世界並不比義大利作家葛佐尼（Tomaso
Garzoni，1549～1589 年）和奧地利名作家貝拉所說的
「愚人醫院」世界進步多少。

保利尼醫生認為，憂鬱症是容易診斷的。他還介紹了
一種有用的體罰療法：「當一個人由於愛情而變得憂鬱苦
悶，甚至發瘋，其他方法對他都沒有療效時，用荊條死命
地抽打他，可能會消除他心中的障礙。若一次沒有完全奏
效，那麼就再一次。」十五世紀法國醫生泰倫塔
（Valescus de Taranta）也說：「如果是一個年輕人，那
麼就鞭打他。如果他還沒有好，那就把他關在大鐘底下，
既不給他吃也不給他喝，直到他請求回到美麗的天空下，

因為人們必須透過嚴厲的懲罰和殘酷的鞭打來抵禦心中的惡魔。」

　　現在人們應該想到，不僅憂鬱症患者才是敏感的人。對他們來說，一頓毒打也無法產生積極的影響，而且脾臟也真正是一個敏感的器官。在十六世紀，一些醫生幾乎認為，它是人類所不可缺少的器官。德國傑出的外科醫生史密特非常清楚地知道，這個血流不息的器官如果受傷或者被摘除，將會多麼危險：「當生命由於它而不再延續時，應該馬上想一想，是否可能是因為脾臟大出血而造成的。如果其他器官和血管沒有受傷，那麼，只可能是這個原因了」。

　　比利時醫生海爾蒙特從理論上深入分析並詳細劃分了憂鬱症的種類，從而使人們更加深入地了解到脾臟對於身體的重要意義。他認為「身體——靈魂原則」的思想是從胃和脾臟部位產生而來的。根據這個原則，病態的幻覺，比如異端學說的想像、絕望、自負，或恐怖的幻覺（例如對地獄的恐懼）等等，尤其對女性來說，都是從脾臟這個想像的源頭中滲透出來的。幻覺突如其來地致使身體陷入混亂，並且自我封閉，不受其他外界原素的影響。這種病往往無法治癒，常能引起人體的功能紊亂（今日稱之為「心身醫學」，研究心理對疾病的影響）。

　　比利時人稱這些症狀為「疑心病」，其原因在於位於肋

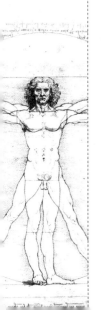

骨裡面腹部上半部分中的器官發生了紊亂。《醫學——藝術階梯》關於幻覺一節這樣寫到：「各種過度的激情，如果經常突然而猛烈地闖入人們的心中，或者持續過久，就會引起幻覺和病變。對某些人來說，它們的症狀是相同的，因而壓抑著這些人的生活。因此有一些人，儘管為人處世非常冷靜、理智，但當他們陷入這些危險狀況之後，就會變得瘋瘋癲癲，被他們所隱藏的瘋狂也會趁機表現出來……許多女性由於這種心理上的疾病而引起血崩，不治而亡。但這種幻想造成的惡果並不能透過流血而發洩出來，同樣也無法驅除心中的煩惡，它們會滯留在脾臟區（季肋部），造成癲瘋。」

這裡所講的就是在過去引起不斷爭論的憂鬱症幻覺，即不同的病患具有不同的意識幻覺。他們往往認為自己是一個頭顱、一隻雞、一匹野狼、一個燈芯甚至一顆芥籽——這些例子出現在義大利人葛佐尼所著的《無法治癒的精神病醫院》透過一個特別的例子說明了這種症狀：一個病患將一個患水腫病而死的猶太人屍體從墳墓中挖出來，並且與他玩，「把這個屍體當成一顆球來踢。這個遊戲一直持續兩個星期，直至屍體發臭腐爛。」

人們認為，禁慾者也屬於抑鬱症一類。巴洛克時期的詩人喜歡將自己歸於黑色膽汁質類型的人，反正他們總是用黑色的墨汁進行寫作。早在十七世紀就已經出現了對於

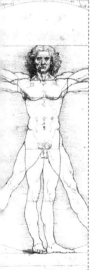

憂鬱症相對應的評價，因此，瑞士醫生威普弗（Johann Jacob Wepfer）在寄給丹麥解剖學家巴托利努斯的一封信中，具體地描述了女侯爵費爾史丹柏格（Franziska Elisabeth von Furstenberg）的脾病：這位大約三十多歲的貴婦，於 1653 年 9 月在維也納產生了幻覺。或許是因為秋後暑氣太重，她吃了許多甜瓜且喝下許多冰鎮的葡萄酒後引起了間歇熱，幾個星期之後，又引起脾部腫瘤。在這位女侯爵再次懷孕時，這個腫瘤不斷變大，終於導致流產。病情持續惡化。儘管採用瑞士療養池的池浴和那裡的碳酸礦泉水，她的病情仍毫無起色。這位女侯爵絕對沒有憂鬱症，而是大咳血。

　　這個病例可以看出，當時幾乎所有的醫生都認為「脾臟是疑心病或憂鬱症的根源」。醫學界還認為，有多少種脾臟，就有多少種見解。

神經，或近代體液的神經系統

　　今天，人們對於古希臘醫生蓋倫的體液病理學說可能知之甚少，然而誰敢斷言，它在過去不曾推展和輔助過新的理論發展呢？如所謂的神經系統替代體液理論：在人體內的神經纖維由神經細胞發出的纖維束構成，它們是白色

的，並有傳遞信號的作用。這些纖維束傳遞著各種信號，首先將來自大腦和脊髓的（中樞神經系統）信號傳遞給身體其他器官（周遭神經系統），再從這些部位回饋到頭部——人體的網際網路的工作效率要比世間所有的電話、傳眞、電腦或者 E-mail（電子郵件）快得多。

在交際語言中，向來都是將神經看成類似肌腱或者肌肉，因此人們總是說，一個人生來就有一雙強健的（nervig）胳膊或者一張堅韌的（nervig）面孔。另一方面，在德語俗語中，有這樣的說法：「你使我神經緊張。」大多是指影響人們情緒的壓力和負擔。因此，我們可以說，神經在日常生活中有著多層面的意義。

二十世紀初，醫學方面的「神經」概念不僅爲人類神經病學的整體理論奠定了基礎，而且還是現代文明大強壯或者虛弱的解釋用語。我們這個飛速發展的工業化時代帶給人類強烈的不適，由於這些不適而建立了現代診斷學和新的解釋病例模式。現在，這種新的「體液」替代了古老的黑色膽汁和憂鬱之說。新的頭部疾病症狀表現爲：對所有的事物都提不起興趣，筋疲力盡，自省要求不斷提升，身體稍有不適即害怕不安，無論是在人群匯集的地方還是在狹小的房間中，都覺得沒有安全感，總是頭昏腦脹。

在人群集中的地方有這種感覺叫做懼曠症（Ago-raphobie），在狹小的房間中出現這種心理叫做閉室恐懼

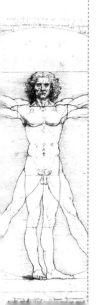

症（Klaustrophobie）。其症狀爲各種形式的頭痛、耳朵中響起不同的聲響和噪音、背部各種疼痛、消化器官的疾病、呼吸困難、突然大量冒汗等。簡言之，出現在現代人身上的個別或者多種的疾病症狀，幾乎不能具體地確定歸因於哪一個器官，因此治療起來非常困難。

　　1880 年，美國比爾德（George Beard）博士發表了有關這類綜合症的開山之作，由此以後，現代醫學將這種綜合症稱之爲「神經衰弱症」。這種說法將人體的這些不適歸因爲神經系統方面的原因，而無須仔細地描述或者確定這些不適。

　　醫生們準備了大量勸告和建議來應對這些新的不適，人們可以將這類不適稱爲「文明病」。例如法國布瓦希埃（Galtier-Boissiere）醫生所寫的著名《醫學大辭典》中，不但介紹了適用於胃的嚴格規定食譜，而且還介紹了一些保健措施：「立即中止令人疲憊不堪的工作或者娛樂活動，避免爭吵和法庭訴訟，疏遠大家庭的圈子，去高山療養，少做令人疲勞的旅遊，做做按摩，適度地騎單車郊遊，居住在安靜、簡僕的住所，適時加減衣服以免感冒。」

　　新式疾病和醫學界的新理論長期影響著敘事文學。在《黛萊絲·拉甘》這部小說中，作者左拉（Emile Zola，1840 ～ 1902 年）以神經病學的模式，而不是以心理學的

模式分析了一對謀殺者夫婦的行為，想以此為例表現一種
新的世界觀。

　　作者如此描寫：「在《黛萊絲‧拉甘》中，我曾經想
要探討人的陋性，而不是人物。這種思想貫穿整部小說。
我選擇的那些人物均強烈地受到他們的神經和血質的控制
……黛萊絲（神經質的妻子）和勞倫特（吸血鬼丈夫）具
有人的外形，但卻與野獸無異。我逐步追尋這對野獸夫婦
身體中嗜好的麻木作用、本能的慾望、大腦中的錯亂，展
示他們如何陷入神經錯亂的危機之中……最後，他們的悔
恨內疚——如果我能夠這樣稱呼它——是一種單純的器質
性紊亂和神經系統的反抗。他們由於過度的緊張而崩潰。
我承認，靈魂並未進入這部小說的情節，但這確是我有意
而為的。」「神經過度緊張而崩潰的黛萊絲是神經系統危
機的犧牲品，處於神經錯亂的邊緣。她的行為是不理智
的，沉溺於不可抑制的狂熱。」「幾個星期以來，她都被
嚴重的失眠所困擾，無法入睡，她的肌肉神經質地顫抖」
在情節敘述中，被感覺神經所控制的妻子和被劇烈沸騰血
液所控制著的丈夫相互合作，在他們行駛於卡麥爾河上的
船中，必然變成麻木不仁的冷漠殺手。

　　正如薛弗（Martin Scharfe，1996 年）所揭示的那
樣，在關於現代神經理論實用性的討論中，就其獨特、積
極意義的探討達到巔峰。就如現代交通工具汽車一樣，知

名的醫生和文化哲學家們將這種不斷震動的馬達視爲增強
神經、促進健康的工具推薦給大眾；那時的綠色環保者、
步行者、散步者將司機倍受讚揚的冷靜視爲引起公憤的舉
止。

　　這些表達如「Der Kerl hat Nervern（這個傢伙頭腦
冷靜）」，或者「Mann，der hast vielleicht Nervern
（伙計，你眞有種）」始終都有著雙層的解釋：一是表達欽
佩或者肯定，二是所指者神經不大正常。在這個對汽車狂
熱的世紀末，人們可以確信，至少在運輸工具製造領域中
可以找到結實的鋼絲繩：汽車司機肯定是神經質的。

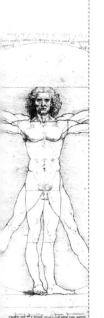

第七章
乳房和腹部

《愛麗絲夢遊仙境》作者的另一作品《透過這面鏡子》中用簡易的手筆描寫了一個矮個子：「那個惴惴不安、坐在圍牆上暗中守候的小傢伙，雖然長著胳膊和腿，但其身體的主要部位——頭部、胸脯和腹部——卻毫無界線地連在一起，形如一顆雞蛋，一個盛滿蛋清液體的容器，裡面僅僅容納著一個蛋黃。」正如所述，解剖學家們也能用簡單的語言介紹這個傢伙的身材。

如今，人的身材比較高碩，當然不包括頭部在內，人們可以相對清楚地將其分為兩個部分：胸膛和腹腔。人們可以將這兩個主要部分（原本是個整體）稱作身體或者軀幹，可視為一個圓桶。然而，它的內部架構複雜繁瑣，就連一座高層百貨大樓的架構也不會比人體的內部架構更複雜，更讓人難以捉摸。

崇高的本質

「胸脯」這個概念有很多種表述：

1.德國醫學教授瓦爾特於 1737 年所定義的「身體背的前面部分」。

2.一種被稱為胸甲的寬大匣子，它的壁是由皮膚、肌肉、軟骨以及十二組肋骨組成，四周包圍著心臟、肺、氣

管、食道，有時還有其他管道組織。

3.特指人體上身的前部，由腺組織構成，兩個帶有乳頭的隆起部分，男人的胸有時也被稱爲「乳房」。

4.轉意爲人類崇高的內在本質（與卑微的腹部比較）。例如胸脯可能蘊藏著「兩個靈魂」。歌德曾在《浮士德》中用「胸」字押韻，認爲其中一個靈魂要依附於世界的「塵埃」，另一個卻要攀登列祖列宗的「崇高境界」。

當然，我們不可否認在涉及人體的敘事中，人們的注意力大部分集中在上述的第三種情況。《德國迷信大詞典》中曾經這樣寫道：「人們更喜歡看到豐滿、讓人賞心悅目的乳房。爲此，下巴伐利亞地區的人們經常使用聖水。」擁有豐滿的乳房就意味著神聖。男人的想像也一樣豐富有趣：「在奧地利，如果女孩子想讓自己的胸脯更加豐腴，就可以在月圓的夜晚脫光衣服，站到窗前念經、禱告。」

在這種不自覺的愚昧普遍化的背後隱藏著一個事實：女人的乳房是人類經濟、文化以及精神形成和變化足跡上最優秀的部分。換句話說，社會的看法和要求比自然更能造就一個人完美或不完美的胸脯。繪畫故事、服裝工業、美容、笑話報刊中幻想的故事都爲論證這個命題提供了足夠的材料。

大約是第一次世界大戰以來，人們對超大型的乳房持續抱有一種狂熱的態度。它一方面表明男人的口腔性欲幻

想受到了巨大的抑制。歐文（George Orwell）曾經在一篇散文中描寫到，英國滑稽明信片上印有女人的豐腴乳房和超大臀部，這些畫面證明了人的內心普遍存在一種壓抑，這些漫畫的背後隱藏著一串嚴肅的道德號碼。另一方面，它也告訴人們哪些力量可以影響女人的形象和狀態。但是據說，有些美國人將女人胸脯的豐滿程度當作是檢測她們智商的標準。至少在德州流行著這麼一句話：「女人越豐滿，智商越低」。

　　人類對形體的文化理念一直在發生變化。例如人們普遍忌諱女人在公共場合袒胸露背。但是，在特定條件下就不存在這些忌諱。在一些南歐國家，女人只要是為自己的孩子餵奶，就可以露出乳房，就連那些最聖潔的少女也可以裸出胸脯，讓虔誠的藝術家們為她們作畫。另外，當耶穌的孩子們處於哺乳期時，人們可以奉獻奶汁。不過，這句話有多層含義。據說瑪莉亞不僅給她的兒子餵奶，而且還提供乳汁給幾個小教士及崇拜她的信徒。

　　如果人們相信奇妙的醫學文獻，那麼，女人身上不僅乳房可以產奶，而且其他部位也可以產奶。此外，不僅僅是女人才能產奶，男人同樣可以。1767年的《醫學軼事》裡講到一個芳齡二十歲的姑娘。她的左大腿靠近髖骨的部位長了一個囊。它不僅能夠產奶，而且能分泌出和一個奶媽乳房所分泌的量一樣。囊中所擠出的奶和牛奶一樣可以

解析出乳脂和乳清。這件事非常奇異，可以說駭人聽聞，一直受到人們高度的重視。據說，有些女人除了乳房之外還有幾個額外的器官用於產奶。

　除了這些說明乳房數量多的例子以外，還出現一些「乳房超大」的事例。早在十九世紀，阿爾卑斯山的居民就樂於講述森林野女人的故事。她們的乳房大而長，以致在跑步時必須將乳房甩到肩上，這方面的介紹可以追溯到中世紀的世界奇觀遊記。在童話《忠實的約翰》中，英雄約翰為了營救年輕貌美的女王，吮吸的不是奶汁，而是三滴有毒的血液，然後再吐出來。還有些故事講述的是小伙子和大男人的胸脯也能分泌出奶汁。當然，這些情況都被視為奇聞軼事，有人也把它們看成一種迷信。

　男人的胸脯除了可稱為胸脯或胸膛以外幾乎沒有什麼其他名稱，對女人胸脯的表達方法卻多得可以編一本小詞典。過去，人們不可以直接稱呼這個身體部位。「乳房」是人們忌諱的詞彙，人們首選的是一大串委婉的表達法。老人們稱之為「寶房結」，它的意義等同於皺紋、弧線、隆起處、海灣或者胸脯。確切地講，就是女人在少女期之後形體上隆起的兩部分之間的彎曲空間。「開始發育的少女胸脯通常比在一般情況下更豐滿，尤其是在月經到來時，乳房會迅速增大。人們將其稱為「兩姐妹」，如同阿廷根人將兩座蜿蜒的山丘稱為「同種事物」。巴伐利亞人

更喜愛講「小心臟」，而不直接說「乳房」。「靠近我的心房」表明說話人希望得到對方的擁抱。

即使人的感覺並不總是很靈敏，胸以複數的形式也有各種貶低性的名稱。至於其他形象的比喻，如盛奶器或前面的籮筐，這裡就不一一舉例了。人們可以在相關的詞典或笑話書裡找到它們。其他粗俗的名稱表現了社會對那些老年婦女的反感，因為她們的乳房已喪失了哺養後代的能力。

義大利的符號發明家雷帕（Cesare Ripa）其著作《肖像學》中提議，將邪教形容成掛著乾癟乳房的裸體老婦。邪教是毫無生機的，沒有「生命永恆」的教義。然而，有些關於老婦人的傳奇故事還是友好而善意的。每當有苦難中的孩童或者羸弱消瘦的隱士需要撫養時，老婦人們的胸脯總是充滿乳汁。塞拉諾（Thomas de Celano）在有關聖潔法國人的奇蹟宣傳冊裡提到一位八十歲高齡的薩比那老婦人，她用自己的乳汁撫養她快要餓死的孫子。

令人遺憾的是，這位文化歷史學家比起女性乳房問題更喜歡報導一些讓人感到不適的事情：「男人在折磨女人乳房時竟然會感受到那種對寶房結的嚮往和愉悅。」這一點實在讓人瞠目結舌。美國幽默大師雷格曼在「反乳房病態性欲衝動」這一章節裡揭示了美國的男人笑話是怎樣體現這一點的。

　　這些粗俗的介紹大多是陳詞濫調，可在那些有關殉難女聖人的報導中找到，比如聖徒雅嘉莎（Saint Agatha）。「總督大發雷霆，折磨她的乳房，折騰好一陣子才走開。聖雅嘉莎說：『你這個殘忍的傢伙，邪惡的暴君，你真是恬不知恥，竟然派人去砍掉女人的乳房，而你自己也曾經吮吸過你母親的乳房。但是，我全部的乳汁都在靈魂深處，我享受著上帝從我年輕時就賦予我的一切。』」

　　這樣的話我們可以在十三世紀末義大利熱那亞大主教瓦拉金所著的《金色的傳奇》中讀到。不容忽視的是，他在爲絞刑場景添枝加葉時感受到莫大的樂趣。在他的筆下，聖潔的聖彼得爲了拯救殉教者，乳房再次出現在她的軀體上。

　　至於其他忍受著肢體殘缺痛苦的聖潔女人和非聖潔女人，她們的故事在歷史的長河中也是屢見不鮮，不勝枚舉。下面是一些歷史上真正發生過、並在群體記憶中流傳下來的關於人類受傷或生病的故事，大屠殺和殉難的經歷，還有真正執行的體罰和醫療截肢（不帶麻醉）的經歷。

　　德國女傳教士米樓（Margarethe Elisabeth Milow，1748～1793年）在她的回憶錄《我不想發牢騷》中就講述了這樣一次經歷：「我禱告完後走到窗前，懷著平靜的

期待等待醫生的到來。十點鐘過後，他們終於來了。塞普和一個修女在樓上，跟我在一起。格拉斯邁爾到樓下去做準備工作。不久，醫生和他的助手們終於來了。我解開衣兜，扯出緊身內衣，坐了下來。我非常害怕，兩腿發抖。格拉斯邁爾緊緊地把我的腿夾到他的兩條腿之間，塞普抬起我的右胳膊，一個助手站在他的後面，修女則握著我的左手。床上還有各式各樣的刀以及手術工具。我閉上雙眼，一切就發生了。當我再次睜開雙眼時，看見血淋淋的乳房擱在那裡。他等了一會兒，我又閉上眼睛，第二刀完成了。這一次，時間更長一些，我問：『很快就會過去嗎？』的確很快就過去了。他要煤炭，我不安地問道：『您不會是要燒我的血管吧？』待一切都縫好之後，我噁心得想吐，接著就換了一件襯衫和內衣，躺到床上去了。當時我的內心充滿感激之情，然而我早已虛弱得根本無力和他們說話。痛楚是巨大的，但我願意去忍受。」

　　米樓害怕醫生治療她的傷口，這很正常。在治療乳癌的手術中，燒灼流血不止的血管早已普遍。「人們將所有東西都切除掉，就不會留下任何含癌的物質，而且如果已經放了足量的血，就可以使用事先準備好的、灼熱的烙鐵去止血。這可以徹底消除可能遺留下來的有毒細胞，舊病就不會復發。但這樣的手術還是留有很多問題……接受治療的病患還不如那些僅僅需要減輕疼痛的病患……癌既不

能透過一次手術，也不可以透過其他模式得以清除。」法國宮廷外科醫生戴維寧（Francois Thevenin）在他的「外科手冊」中就寫得格外現代與明智。他所引發的爭論至今仍未消散。

事實上也存在另一些有關胸脯的故事，讀起來真的很令人備感愜意。「女人的胸脯是愛情的港灣，裡面隱藏著她們的愛情符號、愛情信物或愛情繫帶。」美貌的瑪格蓮娜在被劫持的過程中睡著了，後來躺在騎士彼得的宮殿裡。「他把她看了個夠，漂亮的紅唇，還有那迷人的容顏。他克制不住自己，解開了她的上衣，窺見了雪白的乳房。接著，一塊更白的東西映入眼簾，是水晶。他渾身立刻燃燒起一片激情，情不自禁地撫摸了她的胸脯。彼得再一次欣賞漂亮的瑪格蓮娜，隱約看見她雙乳中間纏著一個紅色包囊。彼得發現裡面有三只精美的戒指，正是他曾經送給她的。正因為她愛他，才一直將它們掛在身上。這些愛情戒指先是被一隻小鳥叼走，後來又被人發現在一條魚的肚子裡。總之，它們搞得這對戀人聚散離合。」

四百年過去了，法國一位著名詩人重塑了那張畫有「胸中藏有愛情信物」的圖，畫家米斯特拉爾（Frederic Mistral）在他的畫中描繪了一棵桑樹，樹枝上坐著一對對戀人。年輕人想到這裡採摘一些樹葉做成絲帶，好使彼此之間漸漸地熟悉。畫中的女主角米黑勒帶著男孩威森

特，爬到一棵桑樹上。米黑勒發現了一個藍山雀的巢（詩
人將其看做一種標記，表明婚禮即將舉行）。威森特就從
巢邊拿出四個鮮嫩的桑椹，然後又拿出三個。米黑勒將那
塊質地柔軟的寶石（鳥）放在自己溫熱的胸罩下。這裡是
一所白色柔軟的監獄。她難為情地用手遮住自己下體裸露
的部分。這讓威森特知道，這些小鳥啄著她是多麼的令她
興高采烈！然後她又想將小鳥讓威森特放進鋪開的套子
裡。突然，那根樹枝折斷了——戀人們在經過空中的短暫
分離之後又一次回到大地上。此時，他們靠得更近了。這
就是甜美的愛情祕密。米黑勒乳房的奇妙之處就是隱藏著
小鳥，而不是那個小男孩從桑樹鳥巢裡拿出來的鵲蛋。害
怕和驚慌之下，她下來得極不靈活，以致將自己的胸脯刮
破了。

　　另外，還有人報導了一些有關乳房捐贈的故事，充滿
著愛心。一位身陷囹圄的父親，被稱為賽門，他的女兒佩
魯斯為使他保持充沛的力量而奉獻出自己的乳房。《羅馬
的愛》裡也有類似的故事，它象徵著家庭成員之間那種忠
實而又虔誠的團結。

　　如果人們回憶一下吮吸母親乳房或牛奶瓶時的幽靜時
光，那就有數百萬人也講不完的溫柔甜美故事。當然，歷
史書經常提到，有些嬰兒透過母乳懂得了真情奉獻所表達
的意義，而有些嬰兒卻吮吸了殘忍的惡意。透過乳房所傳

遞的惡不是來自於人類的營養泉源。正如所描繪的感情一樣，它們是社會教育的兩種截然相對的產物。

洞穴式的祕密：腹部

　　和「頭」相比，「肚子」並不是哪位醫學家能夠進行許多研究的概念。上腹、中腹和小腹至多只是對一個人體的前面靠下部位進行的粗略劃分。在流行語中，這一身體部位無所不在：男人/女人自豪、體面、沈著冷靜地挺著肚子。當然，它在特殊情況下會引人發笑。「飽食者不思學。」一名和藹可親的奧地利開侃大師在大批仰慕他的觀眾面前舉行了腹部隆起儀式，展示了所有具有諷刺意義的漫畫。

　　實際上，人的腹部確實非常重要，值得人們去敬奉。如果我們將關於人的腹部和四肢的古老寓言追溯到古代歷史學家阿格里帕（Menenius Agrippa）的寓言，那我們會發現，故事中在講述庶民的肢體時，肢體會進行暴動，以反對胃的統治。但它們發現，儘管人們不停地用食物和飲料為胃效勞，也還是沒有什麼用處。一個著名的德國詩人艾爾伯（Erasmus Alber）就說了一則故事：「手、足及所有的肢體一向對腹部有意見，頻頻不想再為其提供食

品，因為他們的全部所得都讓腹部貪婪地鯨吞，四肢卻總是勞作不停，白白承擔日間的辛勤放任腹部揮霍這一切，終於，一無所有的四肢將其放逐，可憐的腹部無依無靠，只有靠自身。」

四肢進行罷工，會發生什麼事情呢？寓言詩再一次進行了說明。拉封丹（Jean de La Fontaine，1621～1695年）在他的故事集中這樣表達：

「命令已下達，胳膊卻不想承載，手不想包裝，腿也不想再走，軋斯特先生環視其他部位，它們都感受到了不利的未來，這些窮光蛋們很快就會虛弱，心臟也將走向枯竭，所有的肢體都在生病，全身的力氣也逐漸散開。」

因此，奴隸們產生了君主制的想法。但這種想法絕不是民主的想法。他們需要一位大力士為他們完成工作，為他們取來食物。再用艾爾伯的話來闡述一遍：

國王，貴族與主人們

沒有麵包，沒有水，沒有葡萄酒我們怎能忍耐

我們缺乏的東西實在太多

我們遺忘了政治道德

除了孕婦之外，女英雄們的腹部很少是圓滾滾的。莫泊桑（Guy de Maupassant）的《羊脂球》滾遍了整個文學史。男人在日常生活中喜歡挺著自己的肚子，甚至還把它袒露出來。肚子本身就可以點綴和修飾歷史上的一些偉

大人物：「拿破崙年輕時瘦弱不堪，後來他成為砲兵軍官，之後他當上皇帝漸漸發福，腹地廣大的國家也落入他的手中，直到死前福肚依然，只是他變得又胖又短。」

這是個貪得無厭、永不滿足的洞穴。特別要提及的是瑞士外科醫生穆拉特於 1687 年所描繪的小腹。圖畫的背景是一片絢麗的風景，右邊是一位揮霍無度的裸體男子，左邊是一位母親正在為她的小孩（她有四個小孩）餵奶。文化過盛和自然滿足是相對的。地球女人擁有足夠的精力撫養我們。姆爾特大夫當然知道葡萄酒就是地球女人的一個出水口。簡言之：人們崇尚的是理智、節制和節慾。有些人認為，如今還是能夠感覺得到蘇黎士人壓抑的精神。那些女性畫冊比醫生還要戲謔得多。瘦身工業正悄然興起，人們試圖給女人注入一種精神食糧，一種意識型態：胖就是醜。

讓我們來問一問老醫學家拉伯雷。他對人類下體的性慾持有比較寬容的態度。他在自己的作品《四分之一磅因》一書中介紹了軋斯特（Gaster）大師（軋斯特在希臘語中表示「胃」的意思）。胃是世界上所有藝術的開山鼻祖。它沒有耳朵，只會用標記講話，每個人都必須立即服從。「你們知道，當獅子怒吼時，所有其他動物都站在只能聽到獅子聲音的遠處，圍成一個圈，瑟瑟發抖。上面就是這麼寫的。是的，這是真的。我自己也曾經見過，但是，我

可以向你們保證，當胃大師做出吩咐時，天地都會振動三下。人類一旦聽到它的命令，不是刻不容緩地執行它，就是走向死亡。」

人類和動物都是這位大師的奴隸，所做的一切都是為了它，一切都是為了吃飯。在這片土地上，胃擁有生機勃勃的擁護者，有仰慕肚子的人，有具有巨大胃潛能的上帝，也有象徵著權利的大肚子。人們帶給它的犧牲品構成了一張沒有盡頭、可口且有趣的菜單，上面有：開胃湯和燉重汁肉丁，蒸肉片和醍科，捲心菜和冰棍，蛙腿肉和乳脂，羊肉和胡蘿蔔，西鯡和冬蔥，鱈魚和煎雞蛋，十六種糕點，七十八種果子醬等等。如果還有更多的上百種美食的話，人的肚子怎麼能不飽呢？

所有民族的諺語庫都喜歡追憶這個永不滿足、積滿脂肪的洞穴。人們對它並沒有置之不理。它總是能抓住恰當的時機，讓自己眼前就能得到滿足。

肚子是個暴君，時而狼吞虎嚥，時而安閒幽靜，然後又重複一次，全部排空。許多人把它當做是上帝，樂意為它帶來最豐富的犧牲品，帶來真正實惠的東西！1655 年10 月，舒馬赫（Peter Schuhmacher）醫生寫給他在丹麥的同事解剖學家巴托利努斯一封信，信中提到他在市集上參觀了一個十歲的裸體女孩。小女孩被展示在作秀篷裡，從胸脯到腳跟只有一個超大的肚子。肚皮繃得緊緊的，好

似一張定音鼓的皮。小孩子們甚至可以在上面擊鼓，還可以唱首歌：「我不知道，煙霧騰騰的聲音從何而來。」成群結隊的人蜂擁而來，欣賞這一奇觀，爭先恐後地將錢扔進女孩肚臍的凹陷處。「那裡已經有幾個三十塊的或更大面值的荷蘭幣。」然而，「空腹則淡而無味，沒有意思」。飢腸轆轆者給人留下的印象只有肚子的咕嚕聲，其他啥也沒有。

　　不僅對孩童而言，肚子才意味著深奧的陰暗洞穴，隱藏著大量祕密的洞穴。裡面堆積著許多膠凍狀的物質，它們津津有味地品嚐著吞進去的食物。時而咕嚕幾聲，時而隱隱作痛，時而不辭辛勞，有時甚至提升嗓門，大叫起來或高談闊論。早在十六世紀就發生過一件刑事案件。其中一位腹語作秀者充分展示了他的藝術才能，他讓別人死去的丈夫或者父親的靈魂說話，從中牟取暴利。他也因此贏得了一位光彩奪目、值得追求的女人，還奪走了大量錢財。

　　西西里島上流傳著一則名為「會說話的肚子」的童話，講述的是王子想擁有一個會用肚子說話的女人。老國王在眾多大臣的提議下派出一名親王布拉特帶領十二名畫家到全世界各地去搜尋，布拉特果真碰見了一個引人注目的小姑娘。於是，布拉特和畫家們晚上就留宿在她家裡。布拉特要找一盞燈，就走進一間臥室，發現那個小姑娘正

好躺在裡面。當他再走近一些時，他摸了摸她的肚子。小姑娘的肚子說：「不要碰我，我屬於國王。」親王走回畫家居住的房間，說：「你們聽一聽，裡面就有一個用肚子講話的年輕女人。」「那好，明天我就為她畫張肖像，然後交給國王。」

他們返回宮廷後，宮廷裡的其他官員和畫家們會聚一堂，商討這件事。布拉特親王站起來，說：「陛下，如果這幅畫您還是不喜歡的話，那就沒有您滿意的女人了。」說著，他呈上了那幅畫。「我喜歡，」年輕的國王說：「不過，她能用肚子講話嗎？」「陛下，她能。」「那她就是我的王后了。」後來，在克服各種童話般的困難之後，婚禮終於如期舉行。和一個肚子能說話的女人結婚確保了不會出現任何外遇。

肚子是充滿童話、傳奇色彩的部位，充滿了神祕。當外科醫生的手打開這個神奇墓室時，偶爾或經常會出現一些意料之外、令人難以置信的東西。特別是外科醫生將這個軀體洞穴裡搞得亂七八糟的時候，它更是一個外星世界。

義大利日報《共和國》於 1995 年 11 月 8 日在一個專欄裡報導了令人震驚的事件。一個男子被迫和一把鑷子一起生活了八年之久，這個鑷子是在 1987 年的手術中被醫生遺忘的。而人們卻把他持續的腹痛解釋為腹部絞痛。他

終於在 1995 年又動一次手術。鑷子取出來了，受害者通知警方，提起刑事訴訟。

這一實例讓人們想起了一個傳奇故事：一個女孩到醫院裡治病。那些「濟死扶傷」的醫生們（但不是神醫）竟然把一把小鉗子忘在她的體內，她被迫進行第二次手術。還有一個二十四歲的女性在開完刀之後，有一根紗帶留在肚中。待傷口癒合之後，這捆兩公尺長的紗帶長成了一個黑球體。其他醫生以為又是腫瘤，新手術開始了——又是一個反應工作草率馬虎的實例。如果讀者您來自羅馬，您可以鬆一口氣，因為這種可能性雖然在義大利的基層社會是普遍的，但在首都還沒有出現過！

不過，在那不勒斯也是不言而喻的。義大利一家報紙於 1996 年 8 月 30 日刊登一篇題為「被不健康的東西所謀殺」的文章。一名女退休工人在經受了四年疼痛之後逝世了。詢問後發現醫院該負起責任。因為一名醫生在對她動手術時將一根長達二十公分的引流管遺忘在體內。

如果義大利人沒有這些未經證實的消息來填飽他們的肚子，他們就會飢餓難忍。慶幸的是，德國的醫生挺仔細的。但是，即使這樣的事件在德國的報紙上從未出現過，卻不意味著真的沒有發生過。

胃痛

古希臘醫生蓋倫，應羅馬皇帝康茂德（Marcus Aurelius Commodus）的邀請來到羅馬。原來是這個最高層的統治者身患重病，腹部劇痛。在那兒他碰見了其他三名醫生。在他們爲病患把過脈之後，病患高熱發作。蓋倫按了按科蒙都斯的手腕，診斷爲「消化不良」，這個說法得到統治者的認同及表揚。「是的，你說的非常對！」由於自己的診斷和旁人的診斷如此吻合，蓋倫對所要照顧的人進行了正確的治療。蓋倫並未向宮廷醫生要求拿到摻有胡椒粉的葡萄酒，而是要了一團沾有甘松茅熱油的紫色羊毛。蓋倫將它放在皇帝的胃部，也就是賁門周遭的肚皮上。接著，他讓這位病情大好的人又喝一些摻有胡椒的葡萄酒，他很快就恢復健康了。

法國外科醫生帕雷早在 1601 年就說過這個需要細心呵護的部位，其廣義上稱爲「腹部」，狹義上爲「胃」。「胃是整個人體的食物儲藏室，蘊藏著由人體入口處或上部的嘴神經力量引起對吃喝的慾望和興趣。」對胃的治療旨在平緩病患的胃神經，就如同一種對付腹瀉的化學藥劑能夠安撫過於積極的消化器官一樣。

實際上，胃的外形呈橢圓狀，像一個風笛。它是一個相當敏感的器官，經常會顛倒人的食慾，甚至讓人感到痛

苦，令人煩惱。如果胃部反應強烈，筵席上的美食和飲料甚至會轉變成噁心的酸水。比利時醫生海爾蒙特在他的《醫療藝術的昇華》一書中講到這樣一則故事：「我的繼兄在一次筵席上喝多了酒。雖然他沒有生命危險，但是，他一直覺得噁心，連續達八天之久。當地醫生給他一些嘔吐的藥。他服藥後每天都要嘔吐兩次。因此，他前一天就寫著要到布魯賽爾治病。他急急忙忙地出發，踏上旅遊的征途。但當天中午，他卻不得不向自然還債（喪命）……黑色液體和血從他的軀體裡流淌出來。然而，當他的軀體剖開後才發現，除了胃裡充滿著黑色膿水以及下面的胃門受阻以外，其他並沒有什麼發病的部位。」

　　無論嬰兒、小孩、成年人還是老年人的胃內壁都是非常敏感的。胃外壁同樣也容易受傷。已經有不少人由於胃穿孔而喪失性命。德國醫生史密特講述了他在奧格斯堡行醫的故事：「單身潑婦蘇珊突然沒有任何原因地將一把磨得尖亮的鋼刀捅進年輕人大衛的腹部，鋼刀碰到了胃，裡面的食物直往外濺。女兇手逃跑了，刀還插在腹部，後來一個小男孩將它拔出來。大衛被帶到一個房子裡，安頓在樓梯上。他萬分沮喪，覺得自己丟盡臉面。別人把我叫來後，我發現他已經處於半死狀態，渾身冰涼、危在旦夕。我替他包紮傷口，他抽搐不住，手腳直蹬，人們只好按住他。他使勁咬著自己的嘴唇，咬得嘴唇上起了皺，還在用

牙咬⋯⋯一小時之後，他還是支撐不住，放棄了生命，年僅二十三歲。當他還活著的時候，將他的鞋穿反了。現在人都死了，鞋仍反穿在腳上。後來，女兇手被捕，並於 1654 年 7 月 18 日用劍處死。」

雖然這個不完整的謀殺題材一定會讓每個喜歡看偵探故事的人迷惑不解，但它顯然是一命償一命。根據當時的信仰，這個女兇手也許是個女巫，否則，那個治病醫生為何要將仍在哭喊的受害者的鞋子穿反呢？毫無疑問，這是一個神祕的肚子，它的本來目的模糊不清。醫生覺得病患可能著魔了，他必須將體內顛倒的東西重新倒過來。但也可能是，這個即將到陰間去的旅行者為了他的路途需要一雙堅固耐磨的鞋，醫生卻要阻止他太早離開人世。這個解釋還是有說服力的。史密特將案件中的女兇手看成是一個女巫，並透過交叉鞋的模式來抵禦她使用過魔法的刀刺，或者透過這種模式降妖除魔。事實上，她的確在第二天就受處決。

腸，內臟

食物吸收，獲取能量和排泄廢物的更替原則屬於動物故事中最原始的規則。最原始的生物本身都有一個消化

翼。出於這個原因,大家不會將腸和他的出口當作笑柄,而是能夠嚴肅地對待它們。這是個經常出現問題的區域。腸並不是一根長六公尺多的普通管子,也不可以簡單地將它和一個十六寸長的彎曲法國號相比。食物的湯汁流經消化道時,並不像號手的氣息那樣平順。其內部構造的複雜性、胃功能的差異還有它對植物的抵抗力絕對可以和一個現代化原子發電廠相比。當腸這個超級區域具有「悲慘的遭遇」時,連上帝也給予同情。

如果我們想讓人體內這個錯綜複雜、動盪不定的輸送體系能夠暢通無阻地運作,我們至少需要在近代的著名醫生那兒上一次補習班。瑞士醫生法布里休斯 1615 年在伯恩落腳行醫, 1624 年為那些對解剖仍持有異議的高官們進行「人體解剖學導論」的培養訓練。當時他一再強調,人較像個小宇宙,有著奇妙的特徵。法布里休斯有意識地將他無法動搖的研究精神和那雙解剖屍體的手聯繫在一起。運用解剖學的知識來為人治病還需要上帝的恩賜。他把上帝、醫生和病患連成一個三角關係,行醫要學習傳統醫療以及根據他長年的行醫經歷;病患並不總能用理智來對待自己的實際生活情況;醫生也很遺憾的並非總能勝任工作。

法布里休斯闡述了人體內臟的性質和功能。當食物和飲料在胃裡消化時,同時被煮成了一鍋粥。此時,胃最下

端的口就會打開，食物透過這個端口進入腸道，眾人皆是。這一點已經得到解剖學家卡斯帕（Kaspar）及其他人的證實。我本人也見過醫生解剖出的腸內部架構，腸大約比人高還要長六倍。

雖然從胃部到肛門只有唯一一根腸子，但它仍然可以根據它的形狀、大小、位置和功能分成六個部分。人們通常將連接在胃下端的腸稱為「十二指腸」，因為它有十二個手指這麼長；第二個叫「空腸」，因為人們發現它是空的；第三個被解剖學家們稱為「曲腸」，「曲腸」是所有腸類中最長的。法布里休斯在這裡首先講解了小腸的三個部分。它們可能達五公尺多長，但是不像畫家們所描繪的那樣——小腸可以達到船帆的長度。

「大腸分為三段，第一段人們稱之為『獨眼』或者『盲腸』，因此它只有一個入口，沒有出口，也可能由於它的形狀人們喜歡將其稱為腸袋。另一個被稱為大腸，大腸大而寬，能夠儲藏特別的東西或亂七八糟的食品，但它總有一股惡臭。腸並帶有許多蜂窩組織，可以兜住食物裡亂七八糟的東西，讓人們不需要經常解開褲子，否則會顯得野蠻而不雅觀。

「人們將大腸的第三部分稱為直腸，因為這一部分很直，沒有任何彎曲。德國人將其稱為桄杆腸或肛門腸。在腸的末端還有一塊小肌肉包在腸端口。有了這一層保護，

每當腸端口打開，等候特殊物質排泄乾淨之後，就會自動關上。」法布里休斯在他的描繪中還深入到掛在盲腸上的闌尾。經常有人患上盲腸炎，進行小腹手術。這個名字早已廣爲人知，盲腸炎和結腸不同。結腸首先在右邊柔軟部位出現，然後轉移到胃的左下方，最終又從左邊往上發展。另一方面，闌尾阻止糞便從大腸裡反流到小腸裡。

法布里休斯認識到了解人體的腸架構大有裨益，將其稱爲「一座由硬皮和軟皮組成的宮殿」，是上帝創造的最藝術的部位。他生動寫實地描寫著，如果發臭的氣體不停地從下面的內臟經過小腸進入胃部，將會產生多麼噁心的結局。

混亂，受傷

上文描寫的人體內臟系統的確已經給人類造成了足夠的麻煩。毫無疑問，這是一個可以摺疊、外翻、表面能夠伸展多倍的器官，是一個可以加工數百萬種食品的工廠。它能夠提供敏感度不同的系統來獲取能量、處理廢物。我們從同時期的一篇虛構散文中可以體會到十七、十八世紀的一名腸胃患病者的心情。

法國人拉薩吉有部小說的主角是西班牙探險英雄布拉

斯，他曾落入一幫強盜之手。當那些惡棍們又劫持一位年輕女子時，布拉斯計畫和這位美女一起逃跑。第一次逃跑在那幫惡棍的嚴密監視下宣告失敗。於是，他嘗試著第二次逃跑。他巧妙逼真地假裝肚子絞痛：「我將牙齒弄得咯咯作響，不停地露出一臉怪相，假裝痙攣，還發瘋似的跳來跳去。突然，我又安靜下來，彷彿疼痛減弱不少。一眨眼過後，我又開始在空中亂跳，到處亂撞，結果胳膊脫臼了。」

「強盜們完全被我的舉動迷惑住了，他們採用了自己信賴的方法幫我治療，其中一個拿來一瓶燒酒，讓我喝光一半，另一個用杏仁油為我灌腸。我非常不情願，還有一位將滾燙的毛巾敷在我的肚皮上，簡直要燒起來。對我這種本來沒病的人來說，他們簡直太殘忍了。我大聲地叫喊，毫無用處，他們絲毫不理會我聲嘶力竭的叫喊。也許這是我裝佯作態的報應吧！他們替我驅趕那些我壓根就沒有的痛苦，因此我必須忍受那種令人恐懼的疼痛……這場戲竟上演了三個鐘頭。」就這樣，強盜們第二天放棄了，沒有將布拉斯拉上他們搶劫的旅途而離開。布拉斯輕鬆地逼迫廚師交出大門鑰匙，這位勇敢的浪子便帶著錢財和美女從賊窩逃跑。布拉斯清楚真正的肚子疼是什麼樣子，知道如何很容易地裝成腸痙攣的病患。

　　過去的幾個世紀裡，腹部疼痛比如今更為普遍，是家

常便飯。這與當時的飲食習慣有著密切的關係。柏拉圖尼克斯「爲了這些腹部疼痛的人」於 1575 年推出了有效的治療法：「從兔子的腳上抽一根筋，將它繫在肚子上，療效顯著。」如今兔子的腳筋可能在治療某些腹部疼痛中有較爲明顯的作用。但在緊急情況下，疾病還是遲遲不能消失。

像荷蘭外科醫生巴貝特這樣高信譽的醫生在爲病患治療腸胃疼痛時可沒有那麼簡單。他描述的事例說明了和他同一個世紀的人們必須要忍受腸部疼痛帶來的巨大痛苦。「一位五十五歲、令人敬重的女士天性爽朗活潑，在連續七天沒有排泄後，她請我開藥給她，我根據灌腸的習慣開給她一種瀉藥。但她服完瀉藥後，並沒什麼效果。第二天，也就是生病後的第八天，她爲了排泄，服用了其他藥性較強的藥劑，但仍是毫無用處。這一直困擾著她，她感到很憂鬱，大腦也迷糊不清。第二十一天時，她說，某一個內臟好像爆炸了。她的頭腦終於清醒了，也就在那天，她告別了人世。第二十二天時我剖開她的屍體，發現胃和腸都沒有任何可能引起死亡的原因。我非常驚訝，於是就當著助產士的面檢查她的子宮，發現在離直腸不遠處的結腸破裂了，腸壁受到嚴重損壞。」

誠然，並不是所有的便秘故事都如此悲慘。歷史學家胡柏曾講述過一個故事。有一次，丹麥國王的掌酒官連續

十八天沒有解便。醫生例外地幫他進行三次不同的灌腸，然而所有的藥劑都毫無療效，但他並未因此而徹底放棄希望。「他背著醫生請來了他的好友，喝下好多優質萊茵河葡萄酒，想和他們一起共度剩下的短暫時光。奇蹟發生了，在他喝了大量平時經常喝的葡萄酒之後，肚子裡的腸竟然開始蠢蠢欲動，腹部全面被帶動，一會兒之後就康復了，著實讓醫生們大吃一驚。」

所以，人們大可不必由於內臟缺乏抵抗力而搞得自身情緒低落。眾所周知，醫術高明的醫生可以妙手回春，數千次腸手術在他們的手下都獲得了成功。曾有醫生將這樣一個起因描述得天花亂墜，如同吹牛一樣：「有個男孩在村落裡被人用一把軍刀捅在肚臍的左下方，刺穿了大腸，其中一根大腸受傷，含有糞便的排泄物溢了出來。我使用一種療效顯著的香脂，沒過幾天他就痊癒了。」

德國醫生史密特也經常講述一些有關腸受傷的故事。如果腸在嚴重受傷之後溢出體外，覆蓋了整個胸膛，那麼，這種疾病是很難治癒的。但史密特簡單地將所有東西塞進去，病患竟痊癒了。據說，日後，他過著幸福安康的生活。但是，對於奧格斯堡的一個女孩，一切就沒有這麼幸運。她也是在那一年被人在腹部擊中一劍，腸子全都流了出來。女孩立即暈倒在地。「人們把她抬到床上，然後前來叫我，但我不在家，他們就把我的弟弟巴塔薩叫去

了。他當時還不知道怎麼處理，只好先把它們塞進去，但是，腸子還是流溢出來。不久，我回來了，他們又把我叫去，我用熱的乾毛巾包住所有的腸子。她似乎好一些，然而我卻發現她將死亡的徵兆。於是我把她放在一邊，跟她的主人說她很快就會死去。大家對此表示奇怪，因為她面色還不錯，沒有那麼虛弱，但是，一切還是應了我的預言。這個丫頭傍晚死去了，沒有什麼特別跡象，後來我發現，她的腸子已嚴重受損。」

腸道是崎嶇不平的。但奇怪的是，還沒有人用它直接來比喻人類的生活。

便秘，像瘤一樣

德國醫生史密特在 1633 年發現一個極為稀少的病因。有一名木匠，碰到了類似令人噁心的腸阻塞。這位木匠剛蓋好屋頂，有人就邀請他品嘗一道白菜燒豬排。不過，他吃到一塊硬肉，上面凹凸不平，有瘤狀的東西，但他仍毫不遲疑地一口吞了下去，卻引起陣陣可怕的疼痛。他只好叫來醫生，但醫生根本不知道怎麼一回事，而且一點忙也幫不上，最後那個史密特醫生救了他。史密特為他動手術，大膽地伸進直腸的陰暗處，徹底將它排空。

「當我檢查這個病患時，我什麼也看不到，但他一直哭叫著他的肚子痛，甚至拿椅子抵住肚子。又有人跑過來叫我，我還是用前面的操作方法，對他進行第二次檢查。當我用一個工具伸進直腸時，我感覺到有一個硬硬的東西，再也伸不進去了。我就讓人把赫尼斯大夫叫到病患那兒來，我指出病患直腸內的情況，但還是沒有其他方法，我只好用一把起子捅開他的直腸，伸進一把小鑷子，夾住那塊硬瘤，使勁把它拖出來。一切就像從渣滓桶裡出來一樣，那塊瘤出來了，木匠當然也沒事了。

「用椅子抵住肚子」也意味著此人正遭受糞便無法排泄的痛苦。更糟糕的是關於腸扭結的報導，它有一個非常流行的名字：「吐糞」。德國名醫伍夫蘭在 1836 年做出診斷：「便秘久治不癒，嘔吐不停，胃部產生酸水，下體劇烈疼痛；病患有發炎的危險，甚至有生命危險。雖然大便散發出陣陣惡臭，如果大便突然排空，病患感覺到有所解放，其實是死亡一步步地逼近。醫生為他放血，使用鴉片，最後使用水銀，但希望還是渺茫。」這實在讓人感到悲痛絕望。

在消化系統受阻的情況下，腹瀉也被稱作「拉肚子」，是胃和腸最常見的、折磨人類身體健康的反應。如今的瑞士人在說到某人內急時，總是委婉地說他要辦一個緊急的公事。當然，腸的超級反應並不總是滑稽的事情。

　　比利時醫生海爾蒙特於 1683 年講解了一種病因：「我記得有一個年輕人，他的身體一直很健康，吃飯時也很有胃口。一天早晨，他吃幾個洗得非常乾淨的新鮮桑葚加一個黃油麵包。半個小時後，他的胃口突然消失得無影無蹤，渾身一陣劇烈絞痛，每天必須上七十次廁所，排出的東西有點像白牛奶。醫生立即讓他服用治瀉藥，並讓他持續服用，也就是梓果汁加乾玫瑰花粉，還有一些百合根植物中催人興奮的東西，及其他類似的東西，還給他灌大量起司水，但一切都付諸東流。」

　　後來，海爾蒙特來了，他將兩個雞蛋黃放在醋中煮，接著讓那個可憐的病患吃下硬邦邦的雞蛋黃。他成功了，病患不一會兒痊癒如初。

肛門

　　直立行走的人類將體內物質消化的最終出口處稱為肛門，它隱藏在臀部的內部。當肛門周遭的括約肌打開時，經過胃和腸消化的食物剩餘物就經過這個位置排空。人們從科學的角度將這個過程稱為排糞，在口頭語中人們熟知的是「拉屎」這一說法。此外，肛門還是在消化過程中產生臭氣的排放口。在新時代的早期，臟兮兮的肛門、發臭

的排泄物、令人作嘔的茅房這些東西都不夠乾淨，讓人聞起來不太舒服。人們總是對它們嗤之以鼻，深惡痛絕。這些排泄物的排泄者——肛門在正常情況下總會引起人們的厭惡和反感，以及包圍在它周遭的部位都是臭名昭著的。整個臀部，包括外生殖器官，都是人們謾罵的出發點，例如「屁」。

這個部位似乎毫無價值，甚至常常受到攻擊，給人們一腳正中臀部，殃及生殖器。如果一個男人在違背女同事意願的情況下觸摸她的臀部，就是一種「性侵犯」；那些循規蹈矩的巡迴演出中總是出現許多小丑場面，有人從背後踹他人的臀部，以引起觀眾的陣陣笑聲；此時，鼓手總是不停地猛擊黃銅製的鈸。

莎士比亞在《國王亨利五世》中也講述過一些規矩的事情，但並不是個個體面。法國國王凱爾六世和伊薩貝尼兩人的愛情結晶——女兒卡塔雷娜，曾努力跟隨她的侍女學習英文字母。正如這位年輕女子為公主講解的那樣，腳和裙子在英文裡被稱為「foot」和「gown」。卡塔雷娜開始模仿，咿咿啞啞地說個不停，帶著濃濃讓人陶醉的純正法國口音。

我們可以設想一下，用一口純正的法國音調來讀這兩個單字，肯定會讓人們捧腹大笑。「Arschloch」（中文意思為：「屁眼兒」）是一個罵人的單字，它在德國已經變

成了日常生活詞彙（單單講「Arsch」也就夠了）。雖然我們很樂意將世界上關於這部位的數百種罵法和詛咒都一一列舉出來，但這裡的重點不是這幾個單字的原意，也牽扯不到人們對於肛門排糞的接受，而只是嘗試解釋一下怎麼來鎮靜處於激動狀態的人們。

人類的這個身體部位真的可鄙嗎？法國人拉伯雷在他的《巨人奇遇記》中花了大量精力和筆墨去描述人類怎樣進行肛門護理，並且指出一些行之有效的方法和用具！

龐大固埃向他的父親巨人高康大解釋道：「經過長期孜孜不倦的鑽研，我發明了一種工具，可以用最威嚴、最體面、最傑出、最有效的模式來清洗我的屁股。有一次，我用一位年輕女士的天鵝絨披紗擦我的臀部，發現這樣做相當不錯，因為絲綢的柔軟讓臀部產生一種色欲的感覺。還有一次，是用她的帽子，效果同樣不錯。然後，用一塊圍巾，接著用帽子上由緞子製成的朱紅色護耳，但是護耳上縫著幾個該死的流蘇，擦破了屁股。再之後我又使用一頂按照瑞士風格做成的兒童便帽，上面裝飾著翎毛。有一次，我在灌木叢後面向別人獻股勤，在那兒我發現了一隻貓，就在牠身上蹭了蹭。但是，牠的毛爪把我的會陰抓破了……之後，我使用過鼠尾草、茴香、茴芹、茉喬欒那，還使用過玫瑰花瓣、白荼葉、紅荼頭葉、葡萄葉、錦葵和毛蕊花（用它們擦拭之後，屁股會變成鮮紅色）。另外，

我還使用過色拉葉和菠菜葉……後來，我用一些東西撓癢，比如：褥單、窗帘、枕頭、地毯、襯布、衣服的翻邊、餐巾布、手帕以及晨服。所有的用品都讓我感到莫大的興奮，就好像人們在刷洗疥瘡一樣。『這是真的。』龐大固埃當時這樣說道：『你倒是跟我講一下，你認為用什麼擦拭屁股才是最佳呢？』『如果要擦拭屁股，沒有什麼能比得過一只毛髮柔軟的小鵝，把鵝頭夾到兩腿間就行了。相信我，我以我的人格擔保，你會感到屁股眼兒有一種奇妙的性欲快感。原因之一是小鵝毛的柔軟性，其次，鵝毛可以產生適宜的溫熱！現在，你該聽清楚了吧。』」

肛門不僅僅因為它是垃圾處理器才受到人們廣泛的讚譽。通常情況下，它的括約肌功能能夠一直完全保持到人老年時期。雖然它每天都要受到衛生紙的虐待，得不到細心的呵護，雖然它的黏膜一碰就可能受損，雖然人們經常粗暴地對待它，但它很少反抗。即便痔瘡已破裂出血，也不會受到包圍在它四周的糞便感染。如果肛門得到溫柔體貼的呵護，它就會成為感受性欲快感的地方。

其實，人體的任何一個部位都不醜陋（除非人們從美學的角度認為全裸的人體是不美觀的），同樣地，肛門也是個值得尊敬的身體部位。我們只需要閱讀一套有關畸形肛門和直腸的科學醫學叢書，心中就會明白人類必須好好感謝一下雅致、能夠正常發揮功能的肛門區。肛門不僅作

爲人體日常消化所產生垃圾的出口，而且是某些物質的入口處。我們在這裡並不討論實際的「陰莖穿通直腸」，異性之間的肛交以及男同性戀之間的做愛。雖然如今公開談論這個方面已不是什麼犯罪，我們還是不該對它的細節進行討論。

爲什麼法國滑稽畫家皮查德（Georges Pichard）作畫時總是喜歡將木棍、木棒或者硬脂蠟燭插到畫中男女英雄、孩童或成年人的屁股裡？它涉及的是日常生活中最直接現象，物質總是透過肛門口侵入到人體的直腸內部。

過去，人們在發燒時使用體溫計，經常在體溫計上塗一層凡士林，然後將它插到這個地方（如今爲嬰兒量體溫時還是這樣），而不是插在口腔處或者胳肢窩。無論是肛門處發炎還是發燒、疼痛，只要特效藥劑所含的物質被吞服後會對胃造成腐蝕，人們就會捨棄它，轉而將栓劑（坐藥）直接塞入肛門之內。

對下體進行的手術操作起來就如同過去放血一樣存在或多或少的困難。人們認爲借助灌腸從肛門向直腸內注入液體，這個過程可以讓本來難以駕馭的腸道將所有硬化、有毒的或者難以排出的物質迅速排出體外。德國醫生布勞納說道：「灌腸有不同的用處，分爲通便、止痛、排石、排氣等等，最爲常見的是用於通便。灌腸的藥物大多數情況下是由四～五份軟化劑加一～兩份油料製成。」

　　十七世紀早期，比利時的名醫海爾蒙特一直在研究人體的化學反應，他說：「如今，對於那些豐滿肥胖的人來說，灌腸已是一件常事。人們認為它可以幫助人們清洗腸道，就好像洗掉污垢一樣。儘管如此，人們還是樂意觀察醫生嫻熟的治療技術。其實，裡面充滿著狡詐、欺騙和謊言。在篤信宗教的耳朵聽來，甚至會覺得害臊。這樣，這些人在他們的口中就成了齷齪醫生、糞便清掃工、惡意藝術的發明家。

　　重複使用灌腸並不能替代自然消化，自然消化是借助於其他方法，而不是透過機械手段來進行的。用灌腸的模式為病患灌入肉汁的做法也是荒唐可笑的。『懷著某種願望，為別人灌進食物』這種荒謬的過程會帶給病患無法忍受的痛苦。簡言之，對病患灌腸肯定會導致病患的外生殖器官發紅。」

　　肛門周遭和肛門內部飽滿的靜脈還被稱為「金脈」。有人認為，這意味著它們避免了昂貴的放血手術，因為它們自身能夠放血，它擾亂了人類的日常生活。它有一個古老的名字，叫「膽小的疣」。

　　海爾蒙特醫生聲稱，人們可以借助一塊特別的金屬治癒「膽小的疣」上長出來的、讓人噁心的贅瘤，它形如位於肛門外側褶皺式的括約肌上的玫瑰花飾。「人們只需套上一個金屬環（在祖先所處的那個時代，『膽小的疣』不

會為人們帶來痛苦），二十四小時後，『膽小的疣』就會徹底消失。從裡到外，肛門看上去完全消腫了。」

據說，這種金屬型的圓環也能治癒括約肌。用一句基督教口吻來講就是：「你的願望降臨了！」該是什麼金屬呢？海爾蒙特向我透露了這個天大的祕密：它是一種細鋼釘或鐵釘，尖頭下平，狀如牝馬蹄上的鐵掌……把它的外形敲圓，清理乾淨，固定住，使其不能彎曲，兩個末段做上小鉤，用一根線將它連到手指上。

好在我們如今可以使用一些價格便宜、效果不錯的輔助方法來治療贅疣。廣告語是多運動——離開辦公椅，離開汽車座，飲食習慣合理化，促使消化系統順利流暢！如果你想保持沿襲下來的生活規範，不妨牢記保利尼醫生在《垃圾藥局》序言中寫到的一首德國順口溜：「讓頭部保持溫暖，飯後不馬上睡覺，休息時開窗通風，醫生就不來打擾。」

尷尬的最終產物

張開的八字形孔洞最終排出糞便，這句話很少使用在人類身上。文雅的醫生在提到「大便」時都很講究且小心謹慎。法國女皇在如廁時習慣蹲在一種家具上（在公共場

合除外）。受過良好教育、較有修養的人從來不提排泄的
事情，對於這個每天必須完成的大事，人類有一大堆委婉
說法。這些說法經常從一些動詞出發，進而和其他詞語相
結合。至於那個排糞的「幽靜地方」，人們同樣有大量豐
富的同義詞，但這只不過是間接地談論人體故事這個話
題。我們應另外寫一本相關的學術專著將這類的豐富語言
以歡愉的模式給予詳細的解說。相反，粗俗野蠻的口頭語
總是直截了當地使用「屎」、「糞」等詞彙。一位美國民
俗學家兼心理分析家認為，「屎」是德國人最鐘愛的單
字，德語中的「肛門」一詞在奧斯威辛非常流行。在德國
文學中，特別在醫學書籍及魔術書籍中，也可以找到一大
堆關於人類排泄方面的引文。

德國符騰堡的普里馬留斯（Archiater Primarius）醫
生在《醫學奇聞逸事》中寫道：「魔鬼並不比人類糞便更
加噁心」。烏爾姆的哥科爾醫生曾這樣寫著：「人們盡情
地用這個讓人望而生畏的東西填充一個豬囊，每隔幾天就
把它掛到煙囪上。阿爾騰堡市的一個僕人被女妖打傷左胳
膊，那裡出現潰瘍、毛髮抓傷，甚至還有一隻青蛙。阿格
里考拉大夫知道如何解救：『他讓人將自己的排泄物敷在
潰瘍上，然後把部分排泄物放進一個豬囊裡，懸掛在煙囪
上方。不到三天，那些中邪的東西自行消失了，病患又重
新獲得安寧。』」

　　於是，人們信以為真的使用這種療法。先將骯髒的排泄物敷到傷口上，然後將小便澆在髒兮兮的傷口上。傷口會生寄生蟲，令人痛苦不堪。人體的排泄物能夠驅散這些痛苦和不幸，是用一種相似的東西治癒與它相似的疾病，也就叫做：以毒攻毒。

　　如今人們也一直使用這個原則來談論小便。保利尼醫生大夫在他《療效較佳的普通藥》書裡一再強調：「不一定總是塗抹人或鴿的糞便會好轉，孔雀的糞便效果一流，兔和狗的糞便效果也不錯。不過，無論在哪裡，人類自身的糞便總是一種有效藥物。」

　　「如果小孩中邪，身上出現腫傷，他們只需要把自己的排泄物塗抹在傷口上，就會出現立竿見影的效果。還有，我認識一個三歲的小男孩，他病了很長時間，一直在求醫，使用過各種方法，均沒見效。在小孩子受盡煎熬之後，別人勸他的母親讓他服用一點男孩自己的糞便，小孩連續服用幾個早晨之後竟完全康復了，直到今天還很健康。」

　　為什麼人類的排泄物，能夠幫助人類減少痛苦？保利尼不惜尷尬地列舉大量事例，並證明了古老的說法：「蓋倫讚揚這種方法。他常說，人們若將燃燒過的糞便包在一塊布裡，並懸掛在主要活動的地方，它強烈的滲透性便可以散發出陣陣臭氣，但它卻非常有益於健康。另外一種方

法是，將它包紮在一塊布裡，燒成灰，讓病患們喝下去。」

　　如今，世界各地竟都上演著這種在我們圈子裡所搞的鬧劇，使我們感到欣慰和自豪。然而，我們並沒有特定的把握，「醫學應用糞便」這個棘手的話題會不會穿過「科學」迷信的後門，蔓延到其他地方？

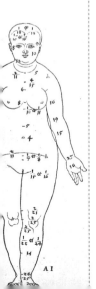

生殖器官
與性別

是否需要遮羞布？

有些學者認為，男人或女人一定會因為擁有性器官這個部位而感到害臊。在他們的語言中，「生殖器官」就是性器官。不管是詞典，還是醫生，大都更願以「生殖器官」來取代「陰莖」，即使它不只是一個「性裝置」。

1652 年，英國作家波頓在《憂鬱解剖》中找到一個巧妙的藉口。為了不讓人覺得他是談論這個話題的先鋒，他簡明扼要地解釋道：「陰莖是兩性所共有的，男女的陰莖都有它特殊的地方。但它們對我這本書的目標是毫無意義和價值的，因此，我乾脆刪去。」

當然，所有陰部遮蓋物和下體遮掩物都可能是以《聖經》為依據的。《創世記》的第三節、第六節和第七節都講到亞當和夏娃的性意識。他們看到自己赤身裸體，「於是，女人看見那棵樹的果子好作食物，也悅人的眼目。那是棵非常有趣的樹，能使人有智慧。她摘下果子來吃，又送給她丈夫一個。她丈夫也吃了。雙方的眼睛一下子明亮了，終於意識到自己的赤身裸體，於是拿無花果樹的葉子為自己編作裙子。」

十五世紀早期，佛羅倫斯的畫家馬薩奇奧（Masaccio）和馬索立諾（Masolino）在畫中所展示的亞當生殖器官就沒有遮羞布，夏娃也一絲不掛。馬薩奇奧畫中的第一個女

人用她的手和胳膊遮住了不該裸露的部分。波提切利（Sandro Botticelli，1482）畫中美麗動人的維納斯則用右手遮住右胸，左手遮住左胸，長髮好似一堵牆，披散著，遮住她的陰部。德國畫家杜勒早在 1504 年就為他的銅版畫畫上遮羞布，顯然，他不想褻瀆觀賞者或者市政廳官員，不想引起他們的害臊。

從那以後，在幾乎所有圖像式的描繪中，世界的第一批人即使沒有「圍裙」，也會在這些所指的身體部位前面加上一塊著名的遮羞布。亞當的生殖器官，也就是陰莖和陰囊，夏娃那塊由陰毛三角區所覆蓋的陰部，都是被包裹起來的東西，你絕不會看見陰道。其實，這些沒有什麼好大驚小怪的。如果你想知道，親自驗看一下就是了。

男人和女人的生殖器官是迥然不同的。如果我們仔細觀察，可能會感到很舒服，也可能會覺得很噁心。法國小說家巴雅薇（Rene Barjavel）在小說《幼稚園》中講述到，一位年輕女教師在上課時看到一群小孩子的動作非常粗野，目光就流露出十分的不安。他們在相互穿裙子，可誰也沒有穿內褲（這在十九世紀的法國相當普遍）。她問幼稚園園長：「我該怎樣區分男孩子和女孩子？」園長回答：「我們也沒辦法，他們總是混淆不清。」

不久之後，青春期來臨了（意味著陰毛在這段時間裡開始生長），男女區分特徵逐漸顯現出來。從這時候起，

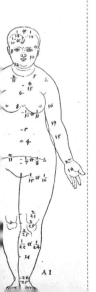

男孩和女孩、男人和女人都必須努力合理、嚴格地掩蓋敏感區域。是的，虔誠的人們已經對「生殖器官」深表謝意，並不認為它是一種不潔的罪過。不可否認的是，所有的生物都要服務於繁衍後代這一目標。所有哺乳動物在尾部都會裝備上這個可以繁衍的工具，每當生產幼子時，這些工具就可派上用場（人工培育除外）。

當涉及到同性之間時，「膽小」和純潔的規則至少在公共場合還是一如既往地有效，因為不管是小孩還是成年人，至少在思想上不會坦率地發表自己的見解。但在私人空間裡，即使把遮羞布當做劇院的帷幕拉到一邊，他們也不會感到害羞。在我們看來，如果您有強烈的求知欲，就可以毫無顧慮地窺探人們裙子底下的祕密，以便達到自己的目標。

畫筆還是懸掛物

在歐洲，不管是男人還是女人，都有一種可以自由開關的活躍想像力。他們能夠用委婉的模式轉述人類行為的忌諱區和人體的祕密區，而且能夠把它表達清楚。男人、女人和小孩苦思冥想的時候經常會觸及這些人們本來忌諱的話題（生殖器、性交、射精、死亡等）。陰莖是男人最

喜歡的生殖器，帶著這個東西走到競技場是男人最快樂的
消遣。

　　但它究竟是個什麼樣的別致東西呢？法國外科醫生帕
雷在 1601 年熱情洋溢地自詡了陰莖的勃起能力：「受到
性慾的刺激和愛情的燒灼之後，一切如春風吹過，這個小
伙子一下子振作起來，心情激動，無法平靜下來。他自身
的經歷就告訴我們這一點。」

　　而外科醫生穆拉特則在一個嚴格遵守信仰的統治者監
督之下，決不可能在公會的講座上使用突出性慾的單字和
自身經歷的價值。他在《解剖學集》裡只是簡潔地說：
「陰莖有三個功能：1.做愛；2.射精；3.排尿。」就再也
沒有多說了，說這些空話有什麼用呢？在生活中人們不僅
僅涉及到性功能的問題，還留有一些關於功能發揮的形式
和種類的問題，以及關於它的複雜性或實踐可能會帶來的
衝突問題等。再說，它的確是個棘手的事情，對於穆拉爾
特大夫也是一樣。

　　猶太人、土耳其人和波斯人在孩子出生後的第八天，
他們就會對其進行包皮切割手術。根據聖經中《創世記》
第十七章的規則，人們用一塊鋒利的石頭切除覆蓋在陰莖
頭上的包皮，這是因為陰莖的包皮經常會長在一起，使它
沒有足夠的空間進行排尿，更不用說求偶做愛了。隆起的
陰莖頭不能被包皮覆蓋。此外，陰莖可能是彎曲或短的，

這使得陰莖頭和包皮之間容易出現肉贅、畸形或潰瘍，也常出現腫瘤和炎症，使得陰莖勃起最終導致性功能的完全喪失。

穆拉爾特為行割禮提供了證據。特別是在美國，人們可以一如既往地找到這些證據。 1996 年，人們在洛桑舉辦一次以「性殘廢」為主題的國際研討會，會上人們了解到，北美大約有 60 ％的新生男孩在未經過麻醉的情況下就實行去除包皮手術。部分是出於宗教的原因，是出於衛生保健的原因。然而，許多當初非自主被切除包皮的人現在卻起來反對繼續進行這種信仰基督教的歐洲及其他地方人們，對這些還毫無知曉的人所做的人身侵犯。他們大部分還站在女性一邊，替她們說話。他們對那種非人道的割除少女陰蒂和陰唇的手術表示抗議，而這一點在一些正統穆民統治的國家一如既往。

至於陰莖的其他複雜性，專業性的書刊會有更詳細的介紹，特別是性學書籍，經常是人們好奇心的聚焦所在。「當男人的生殖器由於痙攣而變得僵硬死板，並總是處於一個位置，就叫陰莖僵硬症。」蒙紹克斯大夫在《醫學軼事》中這樣寫著。接著，他講述了一位正在戀愛的男人故事。這個男人發瘋了，經過醫生的幾次治療後，他的陰莖仍陷入一種持續激動的狀態，最終在冰水的幫助下才恢復正常。假如那些性情不惡的男人經常撫慰自己至愛的寶

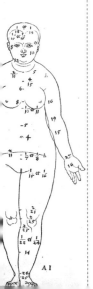

貝，完全是可以理解的。

　　如果一個人完全失去這個如此重要的身體部位，結果將是災難性的。報紙上的此類報導總是讓人驚訝。蘇黎士《每日報》在 1996 年 8 月 22 日報導：「一位阿根廷婦女因男友離她而去，就僱幾個朋友將他的陰莖割下來扔了。這個價值連城的東西再也沒有找到，女人被關進了監獄。」

　　這個故事在遠方的南美又上演一次，在非洲的赤道區也發生過同類情況。「小港灣自由學校文理班三年級的四位學生在聊天。五年級的一個學生突然朝他們直衝過來，前三個人沒有發生什麼事，但第四個人卻說：『我突然感到褲子裡有什麼奇怪的東西，忙把手伸進去，那兒只剩下幾根陰毛了。』兩個學生（作案人和受害者）都被帶到看守所，那個學生懷疑這是一起陰莖偷竊行為，要求得到五十萬法郎以重新恢復正常狀態。案件正在進一步審理之中。」

　　這兩個案例留給我們深刻的印象。一個男人在青春期結束前，總是發現這個工具像一個沒有劍的劍套一樣毫無用武之地。對於全神貫注的觀察者來說，廣告或者英雄紀念碑上對男人身體的公開描繪總是引人注目的。男人身上的這個必要裝置應該少暴露一點。當然，這種做法應該有法律上的原因。

　　1997 年 5 月，德國慕尼黑博物館邀請一位藝術家展示他的一幅油畫《寶石和傻瓜》，引起了轟動。畫上是一個裸體的青年男子，他用右手抓著他那強勁的陰莖，往外噴尿澆花。專家的鑑定讓慕尼黑市長伍德（Christian Uhde）明白畫中描繪的裸體男人的噴射管處於一種開始抗拒重力的狀態。而市長對這種藝術卻嗤之以鼻。是的，它絕對是直接擾亂了公共場合的安定秩序。如果一位藝術家敢在他的繪畫中描繪人們一再忌諱的部位，這表明了他希望得到人們對文化史中英雄崇拜的普遍敬重。

　　十五、十六世紀的大多數繪畫所描繪的耶穌都是躺在聖母的懷裡，露出他的小東西。為什麼所有立法的人對這個甜美的小東西並不感到憤怒？當耶穌變成一個身強力壯的小伙子來到人世間，所有的法衣都脫光了。文藝復興時期，人們對男人的描繪傳統是描繪他們的陰莖和睪丸，這實在難以想像！但是，苦難柱上和十字架上的男人的確都是筆直的，有時甚至還要露出他的陰莖。

塊狀的睪丸

　　人們很少想到身體上的這個高貴部位，也很少有詩人敢用詩歌來吟唱這個所謂醜陋的陰囊。不過，人們倒是經

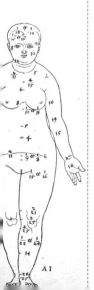

AI

常用「袋」來罵人！德語口語顯得不太友好，德語口語中提到陰囊時，使用的總是如下幾個概念：「腺容器、風笛、採買網、再植黏液囊、生殖器、行李箱、掛墊、睪丸鞦韆、核裝置、門鈴殼、炸藥倉庫、胚珠」，當然還有「奶油夾心餅」等等。

然而，這不僅是一個正常且重要的身體部位。德國醫學教授瓦爾特解釋：「這個囊雖然遮遮掩掩的，但本性是善良的。它要隱藏和翼庇懸掛在睪丸上的輸精管，用一張肉皮所覆蓋，可以借助肌肉的力量和睪丸裡的小老鼠進行結合，從中部畫一根線或一個縫可以將它分成左右兩個部分，它們見証了男人的特徵，能夠保護人們免遭事故。這裡已經三次提到翼庇的功能，稱揚了人類的本善。這個囊有著肉褶褶的皮膚，甚至被稱為「裝飾品」。

當然，瓦爾特也了解「陰球」、惡性腫瘤和令人痛苦的炎症。它們都是「性病的一種偶然情況」。法國皇室的外科醫生羅梭教授曾在 1617 年寫過有關侵襲身體的可怕現象，對於最終出現的熱壞疽，只有動刀和塗抹水銀軟膏才管用。

不過，法國南部小鎮的醫生所用的醫療方法倒是徹底：「鎮上一名男子患了嚴重的睪丸膿腫病，被稱為睪丸小老鼠的陰囊及其內壁的皮膚完全被熱壞疽所侵襲。我切除他所有的東西，不久，病就痊癒了。」

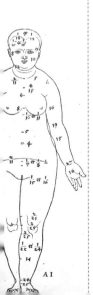

　　人們可以猜測，殘酷的手術（不經過麻醉！）並不總是能夠取得成功的，但醫生總會從濟死扶傷的目的出發進行手術。在幻想和現實中，沒有人因為蔑視敏感睪丸而乾脆將它切除。假如切除了睪丸，它一定帶有其他目的，或者對他人有施行刑罰的意圖。

　　正如美國學者格來澤（Mark Glazer）曾說過一個故事，有個小伙子虐待自己的妻子，態度極其惡劣，還在公共場合讓妻子出糗。參加舞會時，他只和其他的女人起舞，然後喝得醉醺醺的，回家後倒頭就睡。「他的妻子忍無可忍，拿刀割下了他的球囊，然後到警察局自首。警察們還沒來得及把他送到醫院，這個傢伙就因大出血而命喪黃泉，老婆也因謀殺罪而被判重刑。」

　　維多利亞女王時期，男人的身體世界總是受人嘲諷、遭到褻瀆，一如既往地受到審查剪刀的威脅。男人的身體世界在這種狀況下一定希望能夠回到德國畫家杜勒時代。大約 1505 年，杜勒在一幅裸體照中全面且清楚地描繪了自己的生殖器。他對自己擁有這個由三部分組成的懸掛物而倍感自豪。

　　維多利亞的男人要是回想起拉伯雷，一定會感到傷心。拉伯雷用超過兩百種不同的特徵來描述這個耷拉的部分，他將其稱為男人的鐘擺。約翰兄弟使用下列詞彙談論睪丸：「塞滿、不可救藥、陳舊、滾圓、健壯、繡品、縫

補、輕率、愚蠢、塊莖、圓滾、男性、敏感、性命攸關、橢圓、袋狀、積極、正面、閃電、打雷、豔陽高照、天晴雲朗、大眾淫蕩、完全、果斷」。

如果人們希望自由而廣泛地了解這一說法，盡可在歐格拉斯（Owlglass）大夫——拉伯雷作品的優秀翻譯那兒——找到對睪丸的大肆褒揚且更為詳細的描述。

再深入：前列腺

很久以來，人們對前列腺的構造和功能還沒有確切的了解。法國外科醫生帕雷在描繪男性生殖器官時提到前列腺，說它們大而圓滾，有點長，長出一個長而軟的懸掛尖頭。它的任務是：「將擴散的精子集中到睪丸，並留住這些精子。」

德國醫學教授瓦爾特於 1737 年將這些腺描述為「球狀」或者「蛋形」，它們有「輸出通道，亦即尿道。許多人認為，他們的作用是擴散精子，保留精子並將它們輸送到尿道裡。」當然，需要注意的是，並不只有前列腺才能生成精子。那種黏稠狀的白色精液是由數億個細胞組成，是在前列腺、睪丸的精子槽、附屬睪丸、輸精管及精囊共同合作下產生的。在射精過程中，精子細胞會被排到尿道裡。

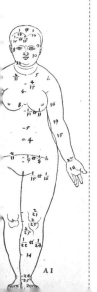

除此之外，年老的作家們並未談到前列腺的過分腫脹、良性腫瘤，也沒有談到威脅人類生命的癌症。男人在受到這些疾病威脅之前，大部分人就已經去世了。如今前列腺的變得容易侵襲老年男子的身體健康。

醫生拉魯斯毫不掩飾地解釋道：「年齡位於六十～七十歲之間的男人中有 80 ％都會得前列腺瘤，攝護腺癌是司空見慣的，男人在八十歲之後的發病率高達 50 ％。」中年男性出現上面提到的這種混亂情況的機會較少。可是，越來越常見的是他們由於下體這些疾病和痛苦進行著各種各樣的手術。

精子和手淫

我們的祖先為了避孕，嘗試使用一些秘方。赫維西除了《聰明詼諧的醫生》之外，還有寫過一本《性交》的手冊，內有題為「對不同珍貴而美麗的生理部位的奇異描繪」章節。這本手冊寫道：「人們發現一種藥品可以避孕，方法是：取鹿發情期的乳液 1.3 克，海狸香 1.3 克，狗油 7.8 克，鹿舌頭 3.9 克，紅門蘭 3.9 克，用這些材料做成一種油膏，抹到肚臍上。假如是男士，還可以將它抹到生殖器官的頭上，然後吞服一個豌豆大小的薑。如果願意，

還可以將它含在嘴裡。這樣，你的精子就不會流動，而僅僅停留在女人的那個美妙場所；當你再把薑吐出來時，你又是原先的男人了。請注意，狗油不能來自母狗，要從那些剛剛交配過的公狗身上獲得。」

帶有「男」字的自我性滿足的名稱是俄南，它指的是一種不正當行為。《聖經》舊約裡這樣寫道：猶大（雅各的一個兒子，是「夢想家」約瑟的哥哥）和書亞生了三個兒子，分別叫珥、俄南和示拉。珥娶了一個名叫他瑪的女人為妻。耶和華視珥為惡，不久以後將他殺死。他瑪和珥並沒有生孩子。因此，猶大就讓俄南靠近他瑪。他應該接納這個寡婦為妻，「你為你哥哥生子立後。」然而，俄南不想生子，「即使他和哥哥的妻子同房，生子也不是自己的。」於是就「遺精子於地」。

俄南用生命作代價，拒絕生子，在如今看來是可以理解的。然而，他所做的一切在耶和華看來是一種罪惡，「於是也把他給殺了了」。這種射精不是用來繁殖後代的，所以俄南這個名字就儲存下來。後來，他瑪裝扮成妓女，施用伎倆迷惑他們的父親，不是別人，就是她的公公，生出一對雙胞胎。這種性活動在耶和華看來自然是可行的。聖經的鏡頭轉向了約瑟的故事。猶大和他瑪的故事可以改編成一部長篇小說。

十八世紀以來出版了大量有關此話題的書籍。這些書

籍首先講述的是男孩們及青年男人受到一種惡習的危害。他們一而再、再而三地重覆發射精子，以滿足自己的性慾。這不是一種性歇斯底里，而是涉及到工作道德問題。所以「節省精力」的字面含意即是如此，從另一個角度說，就是「聚集能量，創造更加能幹的力量。」

牧師和教育學家打開了這個軍械庫的大門，裡面果然藏著一些威懾性武器。手淫會使人大發雷霆，即使不會使人立即變得痴呆木然，脊髓也會很快萎縮。在二十世紀，雖然改變了藐視手淫的人，但基本原則並沒有變化。人們不再威脅男孩們，而是建議他們借助於冷水威懾法來習慣禁慾式的生活模式，或者睡在像木板一樣硬的床墊上。所有這一切都無濟於事，活躍的吹牛大王還是海闊天空地炫耀自己在戀愛交往時的激情和力量。

然而，就是在今天也沒有哪位男人敢公開承認當他是個男孩子、男人、白髮老人時手淫的頻率。事實上，在男人生殖器官慾望和功能方面如今還存在一些忌諱：忌諱精液流出。

外陰部和陰道

當談到女人生殖器時，赫維西在 1728 年開始用拉丁文

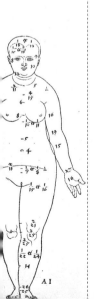

來表達這些讓人面紅耳赤、感到羞赧的地方。他同時還採用解剖學從上而下及由內往外的模式，將女性生殖器官分成卵巢、輸卵管、子宮、陰道、陰蒂和陰脣。

　　除了卵巢、輸卵管、子宮和子宮頸和子宮脣以外，赫維西尤其提到陰道、陰蒂和陰脣。這三個概念對大多數男人來說，還是一個黑暗的祕密世界，或者是個遙遠的陌生世界。女人的生殖器官在男人的幻想中是物理行為的對象，這帶有一定的偏見，體現了人的無知，是一種謾罵式的侵犯。嚴格而言，人們對女人的生殖器官並不熟悉。它是個陰森森的東西，是下等世界異教女黑人為那些虔誠、佔領世界、支配一切的白種人服務的工具。

　　「陰戶」在古代法國滑稽劇中已經被人們嘲笑過數萬次，許多普通的法國老年人和中年人在日常生活中使用這個詞來罵人，它和「婊子」是同一級別的咒語。期間，年輕人則借鏡並效仿美國人，也得到一定的罵人詞彙量。這些詞彙都涉及到暴力的性愛活動和亂倫。

　　長期以來，醫生一直刻薄尖銳地貶低女人世界的陰暗面所存在的陌生物。像伍夫蘭這樣能夠合情合理思考問題、思想開通、現代化、負有責任感的醫生，他們的觀點使得這種態度更加明顯。「對女人而言，性交易具有佔上風的趨勢，而男人在性交易中反倒是受支配的。這一點已經透過性器官狀態得到體現，內部已和有機體交織在一

起。這裡是外部的（在男人那裡），同時只是一個附加物。女性的特徵是接納男性的給予，因此，那裡就有更多的被動、敏感、順從，而不是更強的積極性。」他接著說，女人有著更多的承受力量，而少一些行動力量。女人和男人相比，更容易陷入消極狀態，更容易生病。

有人認爲，女人的生殖器官位於內部，男人的生殖器官在外部。十六世紀下葉，解剖學家卡斯帕在《解剖學》一書中引用了蓋倫的話：「子宮與男性陰囊相一致，是一個向外覆蓋的包囊，懸掛在恥骨上。蓋倫認爲，睪丸和子宮僅僅是在位置和倒轉方向上有所不同。」

古代人認爲，陰莖與陰道至子宮頸的長度等同，只是女人的陰道位於內部，男人的則位於外部。伍夫蘭從道德的角度強調了這一觀點——女人的性欲深藏在體內，男人的性欲則比較外露，或者僅是一件附屬的事情。女人一直是被動、處於劣勢且忍受痛苦的。

女人在外陰部上長著厚大或較小的陰脣，它們部分露在外面。人們還可以補充的是，雖然男人的性器官懸掛在外部，但它並不像人的辮子一樣掛在後面。如果不考慮男性胎兒的睪丸在九個月時才從母體內的腹部經過腹道進入外囊，人們並不能將男人的生殖器官僅看做是外表上的一個附加物。儘管如此，許多陳舊的醫學書籍，包括一些當前的書籍，都沒有對人體的性器官進行過正確的評價，顯

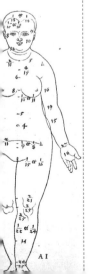

然只是在尋找女人的內在決定性和劣等性的證據。

女人的性器官位於內部，女人相應地屬於家庭；男人的陰莖位於外部，因此，男人必須外出，到「人類互相仇視的生活」中去，並爲了生活而「進行不斷的奮鬥」，在生活中「不斷地發揮作用。」人們可以進一步推測，強壯的男人同樣喜歡投入到戰爭中去。

德國男人在提到陰道時都比較隱晦，不直接使用。人們往往借助於性用語大詞典。詞典含有明顯的攻擊色彩，裡面包含大量挑釁性和勞動技術性的比喻。例如：電樞、電池、建築工地、輕電荷、鑽孔、突破口、辦公室、噴管、上車視窗、火爐、榴彈炮筒、靶子、戰壕和低壓室等，這些只是數百種說法中的幾個而已，它們足以證明這部詞典的確缺少幾分溫柔。

女人的這一部位能夠刺激男人去發現隱蔽和陌生的東西，尤其是當這個身體部位失去貞潔之後，女人的身體更容易成爲男人攻擊的對象。

處女膜的神話

孟德斯鳩在《波斯人的信札》中讓一位來自巴黎旅行者烏斯貝克（Perser Usbek）對他在家鄉所做的報告做出

批判性的回應。一位新婚男人在洞房花燭夜時發現自己的
新娘不是處女,故引用當時社會的一個舊法規,把妻子的
臉龐劃破。烏斯貝克認為:「我覺得這樣一則法規太強硬
了。人們可能讓一個家庭的榮譽毀於傻瓜的一時念頭。雖
然人們可以認定存在一些確定的跡象,這些跡象使得人們
能夠看出她的貞潔性,看出她沒有被人接觸過,但這些證
據還是站不住腳的。這是一個事實。為此,我們的醫生為
我們提供了無可厚非的理由。」

　　孟德斯鳩精通醫學,他所寫的醫學文獻著實展現了自
己的博學。例如他能夠引用外科醫生帕雷的話來證明:
「一些少女在陰道頸的小井口或者陰道的入口處有一層薄
膜。古代人稱其為處女膜,它阻擋男人的生殖器官進入女
人體內。」帕雷在《神奇醫學》這本書中寫到「處女膜」
一章時就是這樣開頭的。同時,帕雷也急切地得出這樣一
個結論:「並不是每一個少女都擁有處女膜」。他在給巴
黎醫院的女孩子們進行檢查時總能驗証這一點。

　　的確,外科醫生會謾罵「那些狂妄放肆、濃顏無恥的
女人」,也就是那些助產士,她們自以為能夠根據現存或
者非現存的處女膜確定一個女人是否和一個男人發生過性
關係,或者處女膜是否完整。如果新婚男人第一次和女人
做愛時,發現女人沒有流血,就認定妻子已經有過性經
驗,那麼,這種新婚男人就是個傻瓜。

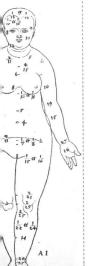

　　非洲北部居住著一些柏柏人（Berber）。如果在柏柏人的土地上新近結婚的人被關在一個房間裡，那麼，這是一件非常可憐而且丟臉的事情，因為人們在第一次做愛之後必須將血跡斑斑的褥單拿到外面去，以證明新娘確實是個處女，這種證明童貞的風俗習慣在地中海島上一直保留到我們這個世紀。一些助產士從事的就是為女人的貞潔提供證明或者為那些失去貞潔的女人修復處女膜。她們到處吆喝、謾罵。荷蘭醫生貝弗里克教授曾對此進行詳盡而深入的譴責。

　　處女膜，是男人從多層意義上構造的一個傻瓜式的單字，它是指年輕少女外陰部和陰道之間的一層薄膜，位於尿道出口的另一邊。至於它的功能，人們並未進行詳細的探討。它就像一塊小擋板，有一個或者多個月經出口，是一個可以伸展的中間物。它的存在、不存在，出血、不出血，既不能表示它是否被觸及，也不能說明一位年輕少女的性格和道德，更不能說明她是否可愛。

　　此外，在帕雷之前，義大利的宮廷醫生多納提詳細地探討過這個問題。如果男人用暴力戳破處女膜，處女膜的主人會感到巨大的疼痛。所以，每一位男人都應該知道，所謂的「破貞」最多是為男人的陰莖帶來無窮樂趣。

　　人們在舉行宗教儀式時，如果年輕的小姑娘頭上戴著白色的花環，說明她還是個處女，這是少女所表現出的外

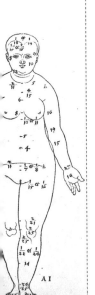

在特徵。如果取而代之的是一頂帽子，說明此人是已婚女人。

彼利埃（Bonaventure Desperiers）是十六世紀聞名的小說家。1557年，他在《新消遣》一書中向人們講述三姐妹的故事。她們每一位都在婚禮的洞房花燭夜裡爲自己的不純潔行爲找到各自的藉口。她們在結婚之前已經和男人快樂逍遙過了，其中有兩個已經是孕婦，一直和遠房的阿姨生活在一起。而她們的父親一直期待著他的女兒能夠找到如意郎君，最終找到了三個願意結婚的兄弟。父親大人答應給每一個女兒兩百個金幣。如果女兒的新郎在洞房花燭夜時探問妻子爲什麼不是少女，女兒就將這些錢給他們的丈夫。

正如莫瑟萊斯所展示的那樣，人們喜歡嘲笑那些年輕女人，她們痴痴地不停地嘮叨，言語中透露了自己婚前的經歷：「一位年輕的小伙子和一位年輕的姑娘結了婚。男人原本以爲小姑娘是個處女，結果卻大失所望。當他睡到她身旁時，她開始和他聊天。她說：『我今天的狀態好嗎？』他回答道：『非常好。』『是啊！』她說道：『那些曾經和我上床的人也這麼說。』」

另一方面，這些書籍還一再向虔誠的人們傳播處女的崇高價值。自從義大利大主教瓦拉金的《金色的傳奇》以來，首先是基督教徒們不厭其煩地在典型故事裡歌頌那些

聖潔的少女，瑪莉亞在她周遭世界中是最為高貴聖潔的。但是，人們也經常會想起那些大部分還保持著少女貞潔的殉教者。其實，重要的是要投入你的生命來保護人體上最為高貴的東西，保證它的完整無缺。

　　當然，人們也可能是借助這些故事來證明民族的美德。史家恩格爾（Andreas Engel）為了稱揚以往普魯士人的基督意識，就在他的一本名為《布蘭登堡童話年鑑》一書中講述了一個野蠻的封建貴族想偷取一個修女的貞潔，毀詆她的榮譽。這位年輕的女子對他念了一段異教的咒語。她認為咒語可以固定住他，使他受到傷害。她補充說，他只需要自身去體會言辭的真實性。咒語純粹是在祈禱人的實際行動。我將我的精神推薦到你的手掌中去。那個封建貴族打消了佔有這個修女的念頭。少女拯救了自己的純潔性，而他卻覺得自己受騙上當。

　　然而，正如上面所說的那樣，大部分歷史故事涉及到的都是處女膜，要不就是講處女膜如何價值連城，要不就是說處女膜一文不值。這些故事有些詼諧風趣，有些諷刺辛辣，有些冷嘲熱諷。

　　上個世紀發生過各式各樣的「性解放」運動，之後又形成了一個新的趨勢。女人要保持自己的純潔性，直到結婚為止。法國著名的諷刺周報「娛樂小報」曾經在 1996 年 6 月 5 日對這一趨勢進行討論。這一點也不奇怪。

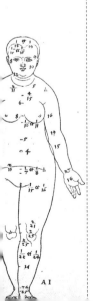

　　然而，追尋愛情運動僅僅是泰勒河 TLW（等候眞正的愛）的一個分支。那個地方有二十五萬人都是純正愛情的擁護者，他們還在期望眞正可靠的愛情出現。在法國，有六百名年輕女人以這種方式進行登記。這是什麼意思呢？處女膜這一器官並不是一種障礙，而是這一障礙激起了愛情的熱情。每一個人都可以自由地賦予奇特的處女膜生理或者心理上的意義；相反的，也可以不賦予它任何意義。對於那些不想出賣處女膜的女人，又有什麼理由去和她們尋歡作樂呢？

子宮和歇斯底里症

　　子宮屬於女人生產的性器官，也是女人特有的器官。希臘文將這個包囊表示爲「歇斯底里」；拉丁文稱之爲「子宮」或者「母體」。子宮經過子宮頸和陰道連在一起，兩根管道「輸卵管」通向兩個杏仁狀的「卵巢」或兩根「卵莖」。

　　人們直到最近才搞清楚它們的架構和功能。每個卵巢都是由成千上萬的卵細胞組成。女人到了可以生育的時候，卵巢中有四百個成熟的卵細胞。這些卵細胞被包裹在一個個小球體裡。一個卵細胞在女人月經週期的第十四天

開始破裂，釋放出直徑大約 0.2 公釐大小的熟卵泡，排到輸卵管裡。這個過程也被稱為「排卵」。卵子和男人精子可以結合成一個受精卵，在子宮裡慢慢長成一個胚胎。

需要說明的是，這裡我們只進行簡單的介紹。實際上，圍繞女人性器官的德語概念都是模稜兩可、難以理解的。人們有理由去盡情發揮自己的想像力。卵巢不僅僅是一個藏有卵細胞的小巢。

德國醫生布勞納早在啓蒙運動早期就在《衛生知識彙編》一書中簡潔地解釋了這個事物，介紹了生育母體的功能和狀態。「這樣的生育母體是女性內在的一部分，是人類再繁衍所必需而不可缺少的生殖器官。男女的精子和卵子在其內部相互融合，形成一個軀體狀的胚胎，不斷地供應它養分，直到出生時為止。胎兒一般是在九個月末或十個月初出生。胎兒所處的位置是身體的下部分，在膀胱和直腸之間。解剖學家將出生分為三個部分：底部、子宮頸內外側和陰道。」

法蘭克福的醫生急於駁斥當時盛行的迷信思想，說：「好比一個女人躺在小溪旁，生育母體從她的子宮裡爬出來，來到陰道，在小溪裡游泳，又像一隻小老鼠急忙地回到陰道裡。女人根本就沒有感覺到坐在她旁邊的男人是否看到了什麼，是否給了她什麼暗示。夢很少會成真。受精卵在女人身上也不一定能夠到達子宮頸。」

　　實際上，《德國迷信大詞典》講述了人們將受精卵視爲動物陰險的生命個體，主要是這個小搗蛋在胡作非爲。研究大眾虔誠性的行家們在基督教的聖地教堂裡發現了許多用蠟製成的子宮感恩圖，外形如同紅黃兩色的蠟蛙，以充當供奉的祭品。

　　子宮的確帶給女人不少麻煩。對於這個問題，前幾個世紀的醫生們已經給予很大的關注。誠然，這些關注並不是個個都有價值。解剖學家們認爲，女人體內的聲音是可以聽到的，他們經常對聽到的聲音進行探索和研究，將這些聲音和一般的嘮叨聲進行比較。

　　丹麥解剖學家巴托利努斯在 1654 年用一大章「子宮裡的呼喚」來探索。赫維西則是在《對不同珍貴而美麗的生理部位的奇異描繪》爲子宮疾病患者提供了一個長生不老的處方。具體的配方如下：「取量爲一滿果仁殼的優質葡萄酒，1.5 洛特的海狸香，1 洛特的樟腦（古代一磅因是 470 ～ 480 克，1 洛特就是古代一磅因的 1/32），0.5 洛特荷蘭干漿果，將這些東西放進葡萄酒裡，封緊玻璃瓶，以避免精華流出。必須將玻璃瓶在室溫下擱置二十四小時，這樣人們就可以服用了。每天都有固定的藥量，十四天爲一個療程，早晚各服用滿滿一勺的優質熱葡萄酒。母體身上所有的毛病都會消失，月經也會正常到來。如果孕婦在分娩之前的十四天服用這種藥劑，就可以使分娩變得

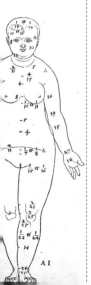

順暢，促進胞衣的排出。」

人們應該想到，子宮可能是個非常平靜、溫柔的器官。首先，人們可以用溫熱的紅葡萄酒來安撫子宮。就是歇斯底里症一再讓男人有機可乘，並為他們提供充分的理由來批評女人的行為模式或者性格，甚至還要對女人進行紀律和素質教育。子宮如同人的脾一樣，是人類想像的匯聚點。人們認為男人的「陰莖」和它長得一模一樣，可以與女人的生殖器官相吻合。孕婦的眼睛和性情可以接受各式各樣的圖畫，包括恐怖的和喜氣洋洋的，用所接受的東西來塑造她的胎兒。

但也有許多醫生認為，懷孕期以外的女人也會經常考慮子宮的問題，賦予子宮各種幻想。這些幻想可能會帶來負面影響，使女人的行為變得古怪起來，甚至有可能把男人惹惱。因此，人們將它總結成「歇斯底里」這個概念。

「歇斯底里」的起源首先是用來專指胎兒的形象，這是人們在十六世紀的奇觀文學裡特別喜歡討論的話題。法國外科醫生帕雷在他的《怪胎和奇蹟》一書裡花了一章的內容，列舉「許多幻想導致生育失敗的例子」。裡面講述的是一個小男孩的故事，他出生時身上裹著一層皮，原因是小男孩的媽媽在分娩時一直注視著掛在婚床旁的一幅畫。這幅畫描繪的是施洗者約翰身上裹著的一張獸皮。帕雷仔細地闡明它們之間的關聯：「必須注意到的是，女人在受

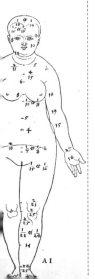

胎以及胎兒尚未完全成形期間不允許觀看或想像畸形的東西。胎兒一旦在母體內完全成型，這樣的幻想就不會發生作用，即使女人觀看了畸形的東西，也不會出現轉移現象，因為此時胎兒已完全形成。」

　　從十九世紀至今，人們對女人所謂的歇斯底里狀態一直持有普遍的厭惡態度。例如德國女醫生杜克曼也說道：「在患有神經疾病的人當中，痙攣比例較大，而剛剛提到的病態性的憂鬱症的症狀比較明顯。人們對歇斯底里症的研究還不夠完善。解剖學上的變化不僅在大腦裡無據可查，而且在神經裡也同樣如此。

　　因此，生病的女人不得不忍痛受苦，好多年過去了，沒有任何好轉，似乎已是無可救藥。人們看到那些患有歇斯底里症的女人癱瘓了，長年躺在床上，喪失了思唯能力……突然，她又恢復了能力。」

　　從心理學的角度來看，人們完全無法預測那些患有歇斯底里症的人。她們今天是天使，明天可能就是魔鬼。不幸教育和病態的思唯共同產生作用，共同形成歇斯底里的本質。如果女人不滿足於周遭人們為她們提供的利益，那她們的神經系統就容易受到刺激，被人寵壞，或者對一切都悲觀失望。「一般情況下，這些人就患有無法治癒的歇斯底里症，而許多病快快、精神緊張或者是不幸的女人常患的是暫時性歇斯底里症。」

第一次世界大戰之後，布瓦希埃大夫在他的《常用醫學圖解字典》一書中提出了相反的觀點。「通常情況下，歇斯底里症是女人容易患上的神經機能病，男人偶爾也會患上。這種病在孩提時代和青年時代就會露出端倪。孩子總是過分地容易受到感動、頭痛、心跳、窒息、情緒變化無常等等。性格特徵表現在誇大、謊言、持續不斷的要求、自我操縱的注意力、掩飾僞裝還有神經衰弱的痛苦。」

法國醫生的「痙攣性歇斯底里症」一文中也再次提到杜克曼醫生描繪的幾種症狀。同時代的心理分析家（如弗洛伊德）雖然沒有對人體進行診斷，但還是對「歇斯底里」的症狀進行大量研究，例如：易受影響性、戲劇化的出現、撒謊欲、神經危機、軟弱無能、癱瘓現象、痙攣狀態以及循環受阻或是將戀母情節向化的影響。

儘管這一切沒有得出一幅明確診斷的圖畫，還是表現了一定程度的一致性。過去，這些疾病被其他醫生稱爲憂鬱症或者神經衰弱症。今天人們知道，這種病大多起因於疑心、灰心、害怕或者驚慌。人們不是幫肉體上這種複雜心理狀態下一個定義，就是保持這種無法解釋的狀態。不僅僅是女人才會患上這種怪病，男人也會患上，它們和女人的子宮並沒有任何內在的關聯。

第九章
胳膊和腿

　　卡那（Karner）是德國南部一座小教堂風格的建築。在這裡，各式各樣的人體骨骼、荒棄的墳墓殘骸堆積在一起，使每個來此祭奠的人強烈地意識到人類肉體存在的短暫。

　　事實上，僅僅一個凱爾那是不足以讓人領會到人類軀體和生命之間的緊密聯繫的。若將這些被盜墓者破壞了的扭曲的骨頭按順序組裝成一副骨架，或許能揭示人類的「上帝之軀」的部分奧祕。

骷髏的腿

　　「骨架」，其名來源於希臘文，意為「乾枯」，大多由鈣質骨頭組成，是一個結實有力的組合體。脊柱及其三十三塊椎骨、十二塊肋骨和位於身體前部的胸骨支撐著全體。脊柱也稱為脊椎。它支撐著最上方的頭骨、鎖骨與肩胛骨，左右分別與臂骨相連。大腿骨與小腿骨固定在盆骨的鑵面上，透過腰骨與五根腰椎骨相連。這個強大的組合體由總共約兩百個單位組成。

　　其實，可以建議男人們在某家極富傳奇的巴伐利亞酒館門前鬥毆時，順便將骨頭的順序排一排。這樣，再突發意外時他們就可以把骨頭按順序組裝起來了。顯然，總會

有這塊或那塊骨頭顯得多餘。這或許位於喉部靠上一些的位置，或許是關節處的支撐球狀物，或者是一塊渦蟲狀的小骨頭——人們得在頭骨縫隙中為其找一個位置。即使那些喜歡滋事打架的人對組合手骨和腳骨很在行，在組合耳朵時也得向專家請教。因為即使有序號作參考，他們也會碰到麻煩。換句話說，人體骨骼與木器店製作的家具是截然不同的。欣賞別人製作銅畫時，人們會感到其間並不缺乏一種憂鬱的魅力。

　　與平時所展現的相反，骨架並不總顯得那麼堅硬。德國作家默里克在其作品《斯圖加特的乾果小人》中將骨架稱為一件「易碎、易折、相當酥軟的骨製藝術品」。今天，幾乎所有的醫生和理療師在工作中都要用到骨骼模型（這些模型大多是塑膠製品）。

　　三百年前，骨骼模型還相當罕見，教導醫生為了講解骨骼的架構與組合就必須親手製作骨骼標本。比利時著名的解剖學家瓦塞琉斯於 1546 年展出一具男子骨骼。德國解剖學家普拉特在 1576 年展出一架女子骨骼。瑞士醫師法布里休斯於 1624 年在為他的《解剖學要點》答辯過程中向伯恩的議會首次闡明在參事會圖書館中陳列一架骨骼模型的必要性，其目的是使從事醫療工作的人員了解骨骼架構，有利於他們能得心應手地治療骨病，挽救那些垂死的人。

　　議會大廳裡曾擺放過瑞士外科醫生法蘭克（Pierre Franc）製作的一副骨骼模型。但由於這個模型是用腸線縫製的，不久就慢慢散落開來。法布里休斯將自己擁有的骨骼模型作為珍貴的禮物贈給城中貴族。他只要求不得惡意損害它，應當小心翼翼地對待。如果能慎重對待，模型可以儲存一百年，甚至更久，因為所有骨頭都是用金屬線縫製而成，用力才會弄壞它，而金屬線都隱藏在裡面，從外面看不到。然而，這副骨架也有小瑕疵：肩胛骨和頸椎骨都已破損。

　　據說，「骷髏」一詞原本是人的名字。此人活著時是個罪犯，飽經風霜、受盡磨難後又被人一劍刺死。看來，骷髏也有自己的受難史。

骷髏展覽廳

　　德國劇作家萊辛（Gotthold Ephraim Lessing）曾告訴我們，古人對死亡的描繪是另外一種樣子：死亡不僅意味著屍骨殘骸，它更像是沉溺於睡眠或回到溫柔的嬰兒時代。一位飛翔的天使在音樂的伴奏下將亡人接到另一個更加美妙的世界。自中世紀早期起，人們一直將死亡想像成骷髏手持鐮刀或計時沙漏的場面。在宗教改革和巴洛克時

代，最常見的亡靈圖都畫有亡靈舞蹈和令人毛骨悚然的幽靈。每個人身邊都站著一個瑟瑟發抖的骷髏，他們正等著將人們領入萬劫不復的地獄。自此以後，儘管墓地中設有各式各樣的公園設施，墓地依然是一個引起人們恐怖聯想的地方。

歌德筆下的骷髏像長腿蜘蛛在鐘樓牆壁上爬上爬下，試圖取回自己的裹屍布。當鐘聲響起，「壯美的鐘聲下，骷髏潰散無影。」顯然，詩人的想像來自於解剖報告上那些由金屬線連接起來的骨架。

「地下室牆壁上有一個骷髏，戴著一頂天鵝絨帽子」──這是默里克《火騎士》的結尾。德國一位神父更進一步描寫屍骨的腐朽：「快點快點，一切終將變成灰燼。」我們最終都將化成塵土。

在哥德式的英文小說中，骷髏們都居住在宮殿的拱頂上。它們活生生地擠在一起，像石頭人一樣參加聚會。它們按秩序躺在床上、箱子裡或站在衣櫃深處。它們穿著衣服，手持凶器，有的手指上還帶著戒指，好讓活著的人認出它們。

在法國，此類恐怖小說大受歡迎，在英國和德國也同樣如此。曾有這樣一個故事，一位先生在講解他的旅行經歷。同遊的是另一位品德良好、作風正派的諾伊利先生。但是，他的床上每晚都有女人睡過的痕跡。這位先生決心

揭開這個祕密。一天晚上，他揭起諾伊利的床幔，看到諾伊利「正安靜地睡在一個醜陋骷髏的懷裡。骷髏躺在床上，正用驕傲和威脅的目光盯著我。一想到這兒，我還禁不住發抖。」後來，諾伊利先生講述了他與美麗的芙羅倫迪娜之間的愛情故事。

　　芙羅倫迪娜懷孕時，他正在外旅行。一位朋友告訴諾伊利，芙羅倫迪娜欺騙並背叛了他。諾伊利氣急敗壞地趕回家，掐死了她。之後，他去教堂作告解，每晚都夢到他死去妻子的屍骨。

　　諸如此類的故事在民間很流行。酒館裡和夜晚閒坐時，總有講故事的人不厭其煩地為在座的聽眾講述一些恐怖故事作為娛樂。童話故事中那些骷髏無論在流血或在唱歌，總在暗示一樁謀殺案。

　　歐洲大陸廣為流傳的一本民間故事書以格林兄弟的作品《會唱歌的骨頭》為標題。這本書在西西里島也十分有名。故事的主題是講述逗留在屍骨中的靈魂。這一構想自然是由 tibi（意為頸骨和風笛）一詞的雙重含義引發而來。

　　故事講的是「一個牧童發現了被哥哥殺害的弟弟的骨頭，就拿它做成一個風笛，並吹起來。骨頭風笛唱起來：「親愛的小牧童，你吹的是我的骨頭，我的哥哥殺死我，把我埋在橋下頭，只為背走一頭野豬，好把我的公主搶

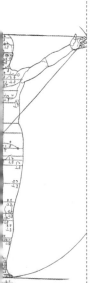

走。」牧童把羊群留在原地，吹著笛子向那不勒斯方向走去。國王站在窗旁，聽著笛聲，說：「多麼美妙的聲音，把牧童帶來」。牧童進來，演奏起來。國王問牧童：「風笛在唱什麼？」「陛下，我撿到一枚小骨頭，把它做成笛子。這個笛子會說話。」國王對牧童說：「風笛說什麼？你來演奏一下。」牧童順從地吹起笛子。風笛開始唱：「我的哥哥，你把我握在手裡，你把我推進冰冷的水中，又殺死我，這一切惡行都是你幹的！」

傳說中也有可怕的骷髏故事。義大利北部城堡主的屍體每個禮拜五晚上都在午夜時分沿梯子爬上墓地圍牆，面對被他親手所害的妻子墳墓而哭泣。

山區居民的神奇傳說中，骷髏大都坐在靈車上，它們揭發已發生的謀殺事件或預言將要發生的慘劇，它們也看守財富，嚇唬年輕人（這顯然來自於格林兄弟的《學害怕的故事》或某個義大利民間傳說）。

一個年輕人的祖母擁有一幢房子。她說：「我曾去過那裡，睡在鬼屋裡。我想知道到底能不能在那兒睡，便去了……半夜先是椅子開始搖動，我安靜地躺在那兒，仔細瞧著到底是什麼。然後，伸出一條胳膊，又伸出一條腿。我覺得應該是一個骷髏，接著，又伸出一條腿，最後出現的是一具骷髏。骷髏的腿上掛著鐵鏈，叮噹叮噹地響個不停。它來回地走，然後在椅子上坐下。」

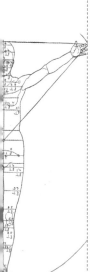

　　自然，「關心亡人」是值得尊重的生活態度。十八世紀時，教育家當然未曾料想到，這些傳奇故事的銅版畫會使那麼多毛骨悚然的想像在孩子們和成人頭腦中扎下根。另一方面，這些骷髏也產生了積極影響。這樣的骷髏模型形象比較硬朗乾淨，因而，道德學家借模型提醒我們考慮人生的短暫時，他們的話並不是很有說服力。他們若想在我們心中留下一種深刻的印象，必定會描繪出一副恐怖的、或者像默里克所說的那樣，一幅人死後化為塵土的畫面。

　　自本世紀初以來，骨骼架構圖（尤其是脊背圖）得到良好的教育效果。小孩子的天性本來就表明了他們不能接受一個小時以上的束縛，不得不歪著身子坐在硬板凳上，結果患了脊椎病。教育者和醫生不是企圖學萊比錫矯正外科醫生施雷伯（Daniel Gottlob Moritz Schreber，1808～1861年），用醫療的方法糾正畸形；就是在教科書中繪製可怕的骨骼圖片，宣傳錯誤的坐姿所帶來的惡劣後果和正確的姿勢帶來的好處。這樣，骨骼圖就獲得了新的功能。

　　坐得直，行得正，這種教育自然導致僵硬與呆板，而這不僅存在於德國。當然，這個方法有利於整頓軍容，而且，大多數士兵多半不會享受毫無強制與拘束的幸福生活。

吃苦耐勞的肩膀

誠然，不僅僅骨骼的辛苦歷歷在目，記載於冊，人們也對人體其他部位的辛勞進行了描述。「肩膀：肩胛骨與上臂骨頂端垂直，組成人體關節。肩窩：肩胛骨的凹陷處。肩胛骨：背部的寬骨，其中部凸起部分是構造肩膀的。肩峰：連接鎖骨和肩胛骨的部分。鎖骨：頸部下面的骨頭，它與胸骨構成一個關節，可以避免像其他無鎖骨生物那樣，雙肩與肩胛骨相連，人類因而有寬闊的胸腔。肩肘是指肩膀下方的窩狀部分，肩膀經常會在這裡脫臼。」

顯然，這些舊知識無需補充，也夠日常使用了。儘管如此，如果外科醫生對治療上身的各種損傷時，能夠了解更多或掌握更正確的方法，就更值得欣慰。

肩胛骨復位並不像波蘭外科醫生葛赫馬（Janusz Abraham Gehema，1662～1700 年）在《外科二十特例》中所寫得那麼簡單：「一位年輕的貴族打獵時策馬飛奔，不慎右肩胛骨脫臼。當時，他身邊沒有外科醫生，而我恰好在另一位貴族那兒，離他不遠，於是就派人來找我。我竭盡全力將脫臼的肩胛骨復位，然後用加熱的酒精塗抹傷處，敷上藥膏。五天之後，傷便痊癒了。」

此外，也有人稱胳膊為肩肘。肩被公認是承擔一切重擔的優良架構。比如奴隸將枷鎖戴在肩上、肩可以挑起艱

辛的命運。神話中普羅米修斯的兄弟亞特拉斯用堅實的肩膀扛起天空和地球。力大無比的參孫在葛撒城追求一個女僕，葛撒人計畫在城市口伏擊參孫。參孫卻在半夜離開情人，將兩扇城門和柱子背到哈布隆的頂峰上。

　　不僅是要扛門，人首先要將責任背負在肩。那些只肯擔負小責任、嗜輕怕重的人是無法挑大樑的。如果一個人對別人冷淡，他對工作也不會狂熱。人更不可能像巴貝城國王的士兵那樣，在迪烏斯之前甘願磨破肩膀。與之相反，有些人甘願雙肩負重，替他人做好事。如果這些人有著共同的目標，他們就會肩並肩作戰，齊心協力地抗鬥。

　　肩胛骨在新拉丁文中不僅被稱爲 scapula（現在依然用的醫學名稱），而且它還有一個神奇的名字 spatule（小鏟子或劍骨）。這個詞既指刮刀和抹刀，又指肩膀，或一些高階動物的肩飾。行爲學家研究的結果表明，寬闊的肩膀是雄性權力的標誌。肩膀越向前伸，越表明他想引起其他同類的注意和恐懼。這稱爲雄性的求愛行爲。

　　我們知道，婦女柔弱的肩膀同樣也能擔負起重擔，雖然有人認爲是裝腔作勢。百歲的亞伯拉罕在埃及女僕哈加爾的肩上放上麵包和一管水，還有他的小兒子，然後就將她打發到荒漠去。亞伯拉罕相信哈加爾能夠完成這件事。

　　除此之外，我們得清楚一點，如此盛譽在身的肩胛骨其實只是易折的小輪葉。瑞士醫師法布里休斯 1624 年在

其論文《解剖學要點》中寫道：「的確，有些肩胛骨在受刑的時候會被打斷。因而，我不得不用金屬線將它湊合著縫起來。我不能忘了以上的事實。我想以此提醒和勸告那些被指派去調查案情的人，不要折磨那些可憐的犯人，將他們的肩胛打得粉碎。從我的兩個骨架模型的磨損情況判斷，毋庸置疑，犯人們總是承認那些自己從未想過的事。只為了一個目的——不再受折磨。」

肩膀能負重，並且很敏銳。此外，眾所周知，無論肩膀看起來多麼鬆弛或在打顫，都有手臂與之相連。

主宰世界，探尋自我：胳膊

胳膊猶如一台現代挖土機。設想一下，它發出轟隆隆的響聲，耗費了多少能量與柴油，將車鏟送到目的地。挖土機駕駛員用四肢前前後後地操縱把手，動作輕緩，但毫不猶豫，充分發揮挖土機的功能。誠然，履帶農耕機比人的胳膊的工作能力大過百倍。然而，它僅是一台笨重複雜、功能有限的機器！這一點人們從 1997 年夏天的奧德河大堤事件中可以明晰。人類胳膊（並非所有四肢）的功能比農耕機小上幾百倍，但胳膊的速度大得令人吃驚，其搖、擺、曲、轉幾乎不受限制，動作自然輕鬆而優美。

在勞力型工作和肢體表現藝術及感覺領域中，胳膊的動作溫柔體貼而充滿愛意。在某些方面，機器人的觸手可代替人的胳膊工作，但並不能完全取代。

「所有動物中，只有人類能夠直立行走。正因此，人類不需要使用前肢，前肢進化成胳膊和手。」西元前四世紀，亞里斯多德就對人類胳膊的功能讚嘆不已，說了此番話。在我們看來，胳膊只是一個簡單的兩部分組合。

從外部看，胳膊根部和上臂三角肌與肩膀相連。它是由兩個部分組成的：上臂骨和下臂骨，與手相連。就骨架模型來看，長長的上臂骨及其上圓頭連接在已提到的肩胛骨的關節窩中，組成肩關節。在下端，透過肘關節與下臂骨相連，再與手腕骨相連。關節特點是靈活，負擔過重時易受傷。上肢對人類來說意義不僅如此。

手臂是新生嬰兒觸摸和感覺這個冰冷新世界的手段。借助手臂，嬰兒感觸溫暖的、美好的東西，當然，主要是母親的胸脯。手掌及五根手指是肩胛骨與可旋轉扭動的關節——如肩關節、肘骨、腕骨——連接的末端，是一個感觸器。人類主宰世界和認識自我的工具是胳膊。手臂幾乎可以觸摸身體的任何部位，上自頭部，越過雙肩，直至胳膊以下。手臂可觸摸身體的全部，自然包括下肢。

然而，上脊柱有一小塊卻是雙手碰不著的。英雄齊哥弗里德無法摘去這個位置上掛著的一個樹枝。無論用左手

或右手，他都無法摘掉樹枝。正如傳說中所預言，這一障礙將把他帶向死亡。如果我們的腿也能像手臂那樣有這樣大的跨度，我們就更神通廣大了。

如果人類沒有手臂，又將如何呢？如果下臂或上臂骨折了，情況就會不堪設想。宮廷藥師瓦柏格在日記中記載了一則意外事故：1654 年 8 月 7 日，艾卡特家舉行宴會。市長約瑟夫喝得醉醺醺的，摔倒在房間裡，竟將右臂摔斷了。

引人注意的是講述一位生活在四百年前的無臂男子勇敢挑戰生活的故事。「幾年前有位男子長得矮矮的，身材很結實，雖然沒有胳膊，但他並不因此少做什麼。他能把每樣事都做得很好。他在脖子與肩膀間拴住一個球，然後用力甩向石頭或樹幹上。這對他來說並不容易，然而他嫻熟而靈活地做到了。他還能像車夫一樣甩鞭子，響亮而有力。吃飯、喝水、玩牌等，他都是用腳來完成。

帕雷醫生還認識一個無臂女人。「她能裁剪並縫紉。許多日常、諸如此類的事情，她都能用腳或嘴來完成。她用鋼筆手工製作了一幅長五十八公分、寬四十四公分的畫，畫有耶穌和井邊的善男信女，畫的上下用美術字體寫著闡釋性的聖經段落。上面寫著：『我寫下這段文字，以示對上帝的崇敬。他是大自然的珍寶。我用僅在肘上附著的一截抖動的手臂，套上皮套，用嘴來配合。』」

西班牙有句諺語：「如果預先支付了工錢，胳膊就會折斷。」意思是說工匠爲了完成任務，別的什麼也不做了。十七世紀西班牙小說裡有許多可怕的場面，內容都涉及到胳膊。一位大副割下了一個基督徒奴隸的手臂，用來刺激其他奴隸更加努力工作。這段悲劇小故事以壯烈的場面提醒人們，能幹的胳膊同樣面臨著各種危險。它敢於伸出去，暴露弱點，自由伸縮，而不像一遇危險便願意依偎在母親身邊的小動物的四肢那樣，緊緊貼在身體上。

折斷、拉斷或砍斷手臂是懲罰罪人和惡人打鬥時常出現、富有英雄色彩的場面。老式英國超人比爾烏夫就是一例。他把對勝利者心懷仇恨的惡龍格侖得的雙臂打下來。「高貴的領袖高高地聳立在怪物面前，抓住了龍的鐵爪，捏碎它的骨頭。那醜陋的胳膊從肩膀上掉下來，靜脈和肌腱從骨頭上脫落下來。」人們在處決死刑犯時，也要砍掉他們的胳膊。許多可怕的想像都由此而來。

諾肯（Regine No1ken）於 1994 年將一具陶製雕塑稱爲「英雄的臂膀」。「地面上橫擺著一個個一公尺多長、濃濃的、蒼白的東西，有的已經撕裂了，有的還在抽搐，上面千瘡百孔，胳膊的驕傲是有限的。戰爭的創傷使它失去表面榮光，但僅一瞥就足以引起人們的敬畏。」

愛克曼・沙特里昂（Erckmann-Chatrian）的作品在十九世紀廣爲流傳。 1864 年，他們出版了具有法國天主教

色彩的反拿破崙小說《1813 年新兵在萊比錫內戰時期的經歷》，其中就描述了戰爭留下的恐怖場面：「五六捆秸稈遠的地方坐著一個雙腿包紮的老兵。他眨眨眼睛，對旁邊一個剛切除手臂的人說：『新來的，看看這堆胳膊。我敢打賭，你找不出你的胳膊。』新兵雖然作戰時英勇無比，此時卻變得面色蒼白。他四處巡視了一下，幾乎失去力氣。老兵開始大笑說：『現在他認出他的胳膊來了，是下面的那個，還戴著一朵藍色的花。』新兵也很奇怪，不知自己是如何將斷臂找出來的。但是沒人和他一起發笑。」

　　現實生活中並不乏可怕的獨臂。這一點也反映在文學上，並且不僅僅侷限在反映拿破崙戰爭時期的文學中。格林童話《學害怕的故事》中對於屍體的恐怖描寫不僅是人們想像的結果，而且是對戰爭的感受。

　　黑伯爾（Johann Peter Hebel）在 1814 年的日曆小說《驚嚇而死》中講述了一則打賭的故事，依然是與「斷肢」有關。一位作家從一個鄉村醫生那裡討來一隻自殺者的前臂。晚上，他帶著斷臂躺到一位同事的床下，因為這位同事曾說過，不會懼怕任何事。作家剛開始用自己的手撫摸同事的臉三下。同事開始醒過來，抓住這隻手時，才發現是隻冷冰冰的手，手裡還有一些碎末。這種冰冷的死亡恐怖一下子擊中他，並影響他的一生。很快地，他在第二天發起高燒，七天之後就死了。

　　根據這個故事，小說家多德雷爾在《七則故事》中進行了誇張的渲染。他在紙盒中發現了一張失血的臉，扭曲的臉頰，雙眼盯著他，他被恐懼籠罩。床上的手臂碎末還未清除掉，另一隻手仍握著斷臂，不停地打哆嗦，蒼白的肌肉，紅色的傷口，曾經與關節連在一起的手臂直直地從盒子中指向外面。幾天之後，這個受到驚嚇的人死掉了。

　　當胳膊不被用來勞動或擁抱愛人而別有用處時，比如被用來瘋狂的鬥毆或傷害他人時，就很少受到人們的讚美。每日報紙上都會報導這樣的事，不同以往的是，關注的焦點卻沒有指向道德問題。因而，人死後，手臂也會從墳墓中伸出來，警告虐待母親、妻子和孩子的人只會落得無可救藥的死亡下場。

腿的故事

　　人直立行走，站立時身體挺直，跑動時兩腿支援。脊柱方向與地面垂直。人體正是憑藉這種簡單的機械構造而於其他大多數的脊椎動物有所區別。它們站立或跑動時需要四肢的支援。只要沒人刻意製造麻煩，我們就能靠雙腿支撐，筆直站立。我們蹦跳，行走自如，都依靠這套行走工具。

「只要我能走，就能保持活躍。」每人都要受控於此。在運動中，主要進行腿部運動。有急事時，得趕緊跑（有勞於腿）。然而，究竟腿的哪部分最美？關於這一話題也頗有爭議：德語暢銷書中的美腿是指小腿部分（指女性的小腿）。

標準德語中，下肢是由大腿、小腿和腳組成。自內部看，腿自盆骨到髖關節、大腿骨、膝關節及膝蓋骨，尖棱的脛骨和與之平行的腓骨，再到踝關節和許許多多的腳骨和腳趾骨。它們共同組成一座「骨頭塔」。依靠三個主要關節，腿能夠彎曲、延展、伸縮自如，稱得上是一個肌肉發達、肌腱結實、皮膚緊繃的構成物。但如文中所講，此組合體也是易損傷的。

世上不存在完全相同的腿，就連同一個人的左腿和右腿也有些許差別。老年人的腿與孩子的腿迥然不同。女人的腿和男人的腿相比，則有本質上的區別。這不僅是從生理角度來講，更多是從社會角度出發。我們可以從男女的坐姿洞察這種差別。

然而，不僅是不同性別的四肢擺放姿勢有所區別，而且人們評判男人和女人的腿部是否美麗的標準也不盡相同。法國小說家科萊特在小說《金粉世家》中將女性讀者的目光從優美的膝蓋向下引至腳弓（而一位男作家則將目光向上引至裙子底下），並且在小腿肚上逗留一會兒。

　　女主角琦琦的纖細小腿和優雅的腳在那個年輕女人們大出風頭的巴黎上層圈子裡引起足夠的注意和目光。當然，這種欣賞角度並非具有普遍適應性。男人大腿的強健肌肉如果在女人身上就不一定好看了，也並非所有男人都願意女子像游泳運動員那樣擁有肌肉如此結實的大腿。

　　男子只鐘情於美麗的腿嗎？並非如此，在農民圈子裡所器重的不是琦琦那樣纖細的優雅，而是農家女子的健美。當然，年輕人也必須展示自己結實的肌肉。

　　農家人談婚論嫁，看中的不是美腿，而是力氣和健壯。但是，沒有誰比歌德《浮士德》中的墨菲斯托更能洩露祕密，他在女巫廚房裡的對話告訴我們，只要是年輕人都同樣重視自己的腿形。

　　在警告他人別冒險時，常說「小心折斷脖子和腿」。原則上，我們不必擔憂那些骨折的故事。腿傷雖然很疼痛，但可以治癒。不過，骨頭雖然堅硬如鋼，遭遇突如其來的打擊還是會折斷，若像金屬般堅而不韌，則容易脫臼和破碎。

　　如今，如果情況不太嚴重，外科醫生（前提：沒有破碎和內出血的情況）可以用簡易的板子和鐵圈將骨頭自然地支撐起來，但也有「相反的情況」。如果傷者皮膚敏感時，「他們好發高燒，傷口會潰爛。只要傷口開始腐爛，整個肢體就會漸漸腐爛，可能會導致死亡。應當注意不能

發燒……否則，傷口會漸漸腐爛，發出惡臭。這時，應當換上新繃帶，不要三天才換一次繃帶，而應該一天兩次，直到確認不會出問題。」

「瘸腿信使」是十七世紀以來廣爲流傳的民間虛擬故事，裡面有代表性的傳奇人物。他讓人們想起了鄉下走路一瘸一拐的人比比皆是。他們在連續不斷的戰爭中失去腿，拄著拐杖，單腳行走或用一根木製假肢蹣跚而行。每次戰爭根本就無助於人們之間的和解，反而成爲潛在的殺人場所。它源源不斷地往外輸送大量受傷的人，後來被冠以傷殘者的稱號。

顯而易見，傷殘的公開化、普遍化和在酒館裡以及義肢生產商那裡對獨腿者習以爲常的一瞥都可以引出不少故事。奧地利作家貝拉的《夏日消遣》中，有一個年輕人講述了一條木腿的幸運故事。他是一位獨腿人的僕人，主人的另一條腿是用木頭製成的，做工精巧，能穿上襪子和鞋。年輕人怎麼也沒有想到，主人的一條腿竟是木頭作的。一天，一個人來向他的主人挑戰。「他策馬飛奔，我就在樹林裡等候，拿著他的獵槍。他們在草地上決鬥得激烈兇猛，後來都開槍了，幸好兩人都沒受傷，但是晚上我爲他更衣時，從襪子裡掉出一個小球，我這才意識到他的木腿被打中了。我和他都從心底暗自慶幸。」後來，這個年輕人對他的主人鬧了個惡作劇，他想阻止主人去調查一

椿偷竊事件，就趁晚上將他的木腿鋸掉一塊埋起來。這樣，主人就無法追蹤了。

「主人會不會在死後幽靈再現，尋找他的腿呢？」小說家的想像絕不會放棄這種題材。法國作家夏多布瑞昂 1817 年講述了在他父親的布列塔尼宮發生的事情：「我去睡覺之前，她們（母親和姐妹）要我檢查一下壁爐和門。我檢查了樓梯、相鄰的門廳和通道。所有關於宮殿強盜和幽靈的聯想讓她們驚嚇不已。她們相信，已死去三百年、有條木腿的宮殿主人在某個時刻就會出現。人們能看到他站在樓梯的台階上，他的木腿在遊逛，有時還帶著他的黑貓。」

類似的故事也讓我們想起格林童話《六個好漢走遍天下》，講的是戰後返鄉艱難度日的故事。作者塑造了一個相當藝術性的人物：他們看見一個人用一條腿站著，把另一條腿卸下來放在旁邊。老兵說：「你這樣休息倒挺舒服的！」「我是一個長跑專家，」那人回答：「為了避免跑太快，才卸下一條腿。我用兩條腿跑起來，比飛鳥還要快呢！」後來，長跑家克服了擅長賽跑的公主所設下的障礙，用義肢參加比賽，並取得勝利。「簡直像一陣風刮過似的。」

這是對戰爭中傷殘者的安慰，還是對殘暴戰爭的指控？我們無法回答這個問題。不由得會想起小說家多德雷

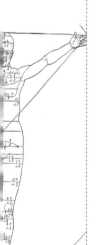

爾《截肢》書中講述的一個女孩的故事。雖然她只有一條腿，但她依然樂觀積極，對生活充滿勇氣和信心。她的表弟們拿她的腿開玩笑時，她總是將自己綁牢的義肢卸下來。她以此懲戒表弟們，義肢不是用來開玩笑的。如果沒有這條義腿，她將要承受莫大的痛苦。

布瓦希埃博士 1918 年所著的《醫藥學匯粹》中有一篇文章附著三副義肢的繪圖，下面還有對截肢後的殘餘部分的說明：「截肢後，先用一個機械裝置來代替截肢部分，可保證擁有相當的靈活性。」但對戰爭帶來的傷害絲毫沒有提及，更不用說其後果及隨之而來的肢體殘缺。這根本不是藝術品。重要的是誰還會想到那些戰爭中存活下來的人，那些將一條腿或兩條腿留在戰場上的傷殘者呢？

三、四百年前的截肢手術是在無麻醉的情況下進行的，這是一個可怕的過程。我們雖然不用遭受此罪，但至少應該聽聽外科醫生穆拉特博士於 1686 年與同行討論外科手術時的談話：「我在此想舉個例子，剔除膝蓋底下的脛骨。先給病患提供可以麻醉心臟的東西（如燒酒或葡萄酒），手術中的病患就無力反抗。然後，一個強壯男人自上而下從膝蓋部撫摸病患的皮膚，用一個結實的繃帶綁在膝蓋處，綁得很緊，病患便不會感到疼痛。同時，將紗布墊在蛋清裡浸泡。膝蓋下部也要使用繃帶，留一個邊在外，可以抓住皮膚底部。骨骼被切除之後，皮膚還可以拉

下來。然後，醫生將割刀切進繃帶底部的皮膚和肌肉裡，使骨骼皮膚從骨頭上脫開，然後用鋸子將骨骼切下來。大出血時（其實在使用繃帶時很少出現這種情況），用烙鐵燒傷口處的血管，敷上用來止血的粉末和蛋清浸過的藥膏，用豬水囊包住傷口處，纏上十字繃帶，直至流血量明顯減少。在解開繃帶時，病患可乾燥傷口，將皮膚自上而下拉下來。今天就講到這裡，有疑問者請提問。」

　　從今天的眼光來看，確實還存在相當多的問題有待向外科醫生、助手、強壯的人及堅強的病患提問。帕拉塞瑟斯、帕雷、法布里休斯、穆拉特或戰爭中的醫生們切除的腿到哪去了？被埋起來了嗎？如果病患找不到身體的某一部分時會有何反應呢？

　　最近，巴姆堡醫院的一個病患被切除了一條健康的腿，而那條應當被切除的腿依然在身上。他該怎麼辦呢？人們會像崇拜聖物一樣，崇拜墳墓裡四處散落的獨腿和獨臂嗎？屍體是否會缺少這類的肢體部位呢？可怕的問題。這裡借幾位能幹醫生的嘴來回答這些問題。

　　《百姓口中事》有個故事，講述的是醫療奇蹟和死亡傳奇。 1885 年，義大利民俗學家皮德烈寫了一則發生在義大利托斯卡納的故事。一位母親因貧困而死，有個多日天氣寒冷，大女兒無奈之下，將墓中母親的壽衣拿出來，二女兒拿了外套，三女兒想要脫下母親的襪子，一用力，竟

将母親的腿扯下來了。死人多一條腿，少一條腿又有什麼區別呢？沒什麼關係。後來，每個夜晚都有人來敲門，是母親赤裸裸的幽靈，只有一條腿。女兒放母親進門來，問：「誰拿走了妳的襯衣？」母親陰森森地對大女兒說：「是妳。」「誰拿走了妳的外套？」母親低沈地對二女兒說：「是妳。」三女兒問：「親愛的媽媽，誰把妳的襪子脫了？」幽靈雷鳴般地說：「是妳！跟我進墳墓吧！」

我們希望，母親出現不是為了責備女兒，而是要把她的腿帶回墳墓。

膝蓋檔案

在戰爭與和平交錯的眼光下看，人們可以將膝蓋解釋為自我貶低的象徵。戰爭中，雙方都將在一定程度下被迫屈服於別人，或敵人迫使他們屈服，這就意味著這些人的膝蓋數目會不斷地減少。

如果奴僕下跪了，他一定想請求得到什麼。宮廷裡女子的屈膝禮是這些屈服姿勢中的最後一個形式。下跪的人祈禱能夠得到上帝的賜福，基督徒在教堂裡參加宗教儀式時必須重複進行的活動就是屈膝，尤其是在進行告解儀式時，信徒們要在聖地一步一步地下跪，以求上帝帶給人類

和平與福祉。義大利拉特蘭宮（Lateran）以及後來各式各樣的仿製建築物都有用來下跪的台階。究竟是誰來下跪呢？人們可以看到聖地教堂上鑲著大理石的邊緣上印有雙層凹槽，虔誠的信徒曾經在上面失過足。人們在虔信基督的其他地方展示了石坑，遁世修行者和聖徒般的人在那裡不停地祈禱，在那兒下跪。

　　然而，爲了找到那些似乎被判定要用四肢來贖罪的人們，我們並不需要漫步到遠方去，也不需要透過下跪式的告解來傳喚那些該死、罪孽深重的人。有數百萬女人跪在地板上，用含有沙子的洗淨劑擦拭地板，或者是爲別人擦地板，目的是保持整個社會能夠擁有一個整潔的環境。

　　那些虔誠勤奮的人擦來抹去，會不會爲自身帶來任何傷害呢？ 1767 年的《醫學軼事》裡這樣寫道：有一天，一位年輕的女子膝蓋處特別疼，讓她痛不欲生，危在旦夕。「人們爲了搶救她的生命，想盡了所有辦法。有人爲她放血，疼痛卻絲毫沒有減輕；有人爲她熱敷膝蓋，但也毫無幫助。錐心的疼痛折磨了她整整三天，她艱難地熬了過來。人們突然看到一根針刺穿了她的膝蓋，於是立即把它拔出來。頃刻間，所有的疼痛都銷聲匿跡，病患重新恢復了健康。」

　　一些有行走障礙的人會用膝蓋挪動。在早期，人們將這種人稱爲「小板凳」，因爲他們的左右手裡都拿著四條

腿的凳子。在凳子的幫助下，他們能夠站起來，就像一個長有四條腿的人一樣靈活地向前移動。

　　有時，日常的「下跪」會被看做是基督教的規矩。一個好的觀察家從膝蓋部位灰紅色、被壓之處觀察，並得出結論，這個虔誠的人使用了教堂裡滿是灰塵的板凳。看看孩子的膝蓋，血跡斑斑，傷痕累累，便知道是由跌倒造成的，常常有淚水的陪伴。

　　我們還是讓法國小說家巴雅薇（Rene Barjavel）來講述吧！「吉拉特夫人經常打開百葉窗，衝著我喊道：『妳難道就不能走慢點嗎？非得像時間一樣飛奔嗎？當心點，否則妳又會跌倒的！』馬路是條礫石小道，沒有鋪瀝青。如果誰跑的話，一定會被石頭絆倒，向前跌到老遠的地方，災難性的後果會不堪設想。誰一旦在這種坑坑窪窪的路面上摔倒了，肯定會把膝蓋和手心擦破。每當我發生這種事，吉拉特夫人都會急忙打開兩扇百葉窗，大叫道：『蕾妮又摔倒了！』我開始大哭起來，『你不要碰我，有人會把我拉起來的。』幾個婦女急忙從麵包房裡衝出來，圍在我的周遭，把我扶起來，吻我、安慰我，為我擦淨鼻子上的髒東西，幫我洗澡，還用紗布包紮我的膝蓋。」

　　我們也會說，孩子坐在一個成年人的膝蓋上。然而，這種表達顯然掩蓋了人體的另一個區域。這個區域是指從下體到大腿的延續部分。其實，這部分應稱為「懷抱」。

懷抱裡的呵護

懷抱，一定程度上不是指人體的某一個部分，而是指大腿和陰部之間的區域。或者，空間上更大一些，指膝蓋和乳房之間的區域。只有坐著的人才會有懷抱，他能以一定的角度隱藏某一個物品或者一個有生命力的生物，保護它、給它溫暖。因此，聖母瑪莉亞既能夠讓她的兒子躺在她的腹部，又能讓他躺在她的懷抱裡。《聖經》裡的路加福音解釋說，「亞伯拉罕的懷抱」就是那些膽怯的靈魂所尋求的安全所或者避難所，就像可憐的拉撒路被天使帶去，放在亞伯拉罕的懷裡。

「Schoss」這個單字原本指一種懸掛著的布（如同晚禮服的後擺），有點像一個圍裙。這個「避難所」在拉丁文中叫做「gremium」，而「gremium」原義是指人們在教堂翼庇所舉行的聚會。主教坐在教皇寶座上，人們將一小塊布放在他身上，亦即放在他的膝蓋上，這就被稱為「Gremiale」。「grem-biale」現今還表示人們懸掛在腹部和大腿間具有保護作用的圍裙。

同樣的語言現象也在法語中出現。人們經常使用衣服上的某一部分來委婉表達那些人們出於害羞而不願直接命名的身體部位。此外，法國人和英國人為了不將「懷抱」說成「下體」的意思，更喜歡移用人體的另一個部位——

胸脯。亞伯拉罕的懷抱還叫做「亞伯拉罕的竇房結」。正如福音歌裡所唱的那樣：「我的靈魂在亞伯拉罕的胸懷裡輕搖」憑著它對人類心靈的慰藉，從普通的搖籃曲變成享有國譽的民歌。當然，「懷抱」這個詞同樣也常引起人們的性愛聯想。在莎士比亞的《哈姆雷特》中，演員出場之前，丹麥王子坐在地上，坐在嫵媚動人的奧菲莉亞面前，說了一句意義模稜兩可的句子：「我可以躺在妳懷裡嗎，夫人？」奧菲莉亞是否允許他躺在她懷裡呢？他將他的後腦勺靠在奧菲莉亞緊攏的雙膝上。如果她打開大腿，他就能感覺到她下體的溫度。這樣的姿態表明她願意和他同床。

　　坐到某人的懷抱裡可能是進一步戀愛行為的前奏。這個故事講得有點含糊，不像宮廷文學《哈姆雷特》那樣細膩：「一個人到神父那兒去告解。他開門見山地說：『我有一個嫂子。我哥哥出去旅行了。當我回到家時，嫂子表現得溫柔可親，一下子撲到我的懷裡。我究竟該怎麼辦呢？』神父回答道：『那，如果她要和我這樣子的話，我就會好好報答她！』」

　　奧地利劇作家格里巴爾澤和情人芙洛利赫之間心酸的纏綿過程持續了很長的時間。格里巴爾澤在日記中寫道：「中午，我在芙洛利赫那裡，她突然醒過來。我們每次和好之後，她都會向我提出要求。我把她摟在懷裡，溫柔地

撫摸著她。我們已經有好長一段時間未如此過。然而，感覺已不復存在。我甚至試圖再一次煽起她的激情，但一切都毫無效果。哦！時間的距離。她已經枯萎凋謝，我們兩個都老了。」

時光如同舊的蠟菊花環，已失去了光澤。感覺的色彩也已轉變爲遺忘的灰色旋律。但是，歷史進程裡的變化是值得思考的。瑞士教育家斐斯塔洛齊在他的一張肖像畫上畫了兩個孩子坐在他的「膝蓋」（這裡指大腿）上。沒有人會懷疑他有什麼性愛的成分。如今，人們對職場或是在學校裡的性騷擾這個話題的討論如火如茶，大家對之非常敏感。如果是現在的話，斐斯塔洛齊絕不會再讓哪位女孩子坐在他的大腿上。

我們可以大膽公開地說，如果一個男人或一個女人的懷抱對某一個人來說是個敏感區域，那接觸到他或她的臀部就可能是冒天下之大不諱，肯定會惹惱他或她。因為「臀部」足以引起一件駭人聽聞的事情，不是嗎？

總會讓人惱羞成怒：臀部

瑞士納沙泰爾（Neuchate1）州山谷附近的警察署曾在1995 年 11 月懲罰了七個青年，每人罰款兩百法郎，半年

內不得進入酒店。究竟是怎麼回事？這些青年年齡介於十八～二十二歲之間。他們自供不諱，一場足球賽之後，來到一家酒店聚餐。他們情緒激昂，縱情歡樂，他們甚至脫下褲子，排成一隊，站在酒吧裡，光著屁股讓人拍照。女店主惱羞成怒，叫來警察，告發了那群年輕人。後來，他們把膠捲扔到小溪裡去了。這種「放縱」讓那個女店主和警方惱羞成怒，那些將他們的裸臀展示給公眾看的人也受到了懲罰。臀部是人體上負有重大作用的部位，也是一個不可褻瀆的部位。

英國披頭士樂隊約翰藍儂的夫人小野洋子是名行為藝術家，也是攝影師。她不是曾兩次向我們展示人類的三百六十五種臀部嗎？1995 年書局不是到處人們在公開銷售畫家溫格爾（Tomi Ungerer）的畫冊嗎？上面可是印有各式各樣紅撲撲的裸臀。普羅旺斯人不是一如既往地玩著他們的「球球」遊戲嗎？如果誰以 13：0 或者 15：0 輸了，就必須親吻那張被稱作「趣味」的圖片，上面也是畫有女人的裸臀。誰還會對幾個活生生的屁股發怒呢？

過去，人們一直認為男人的臀部毫無用途。法國古代作品《列那狐的故事》中的第十四個故事講述的是野狼「普裡茂」從農夫那裡咬來一塊新鮮的臀肉，但列那狐噁心地搖了搖頭。農夫的肉，無論是黑的還是白的，都是無法享用的，它倒更喜歡吃小鵝的肉。

顯然，這個由分成三層的臀部肌肉包圍的、隆起的身體部位還是一再引起人們的積極關注。它是由兩個部分組成的，因此，拉丁文以複數的形式稱其為「nates」或者「clunes」。大多數法國人稱臀部為「fesses」（意為：「分開的部分」）。

當然，關於這個部位並非每個說法都很體面。例如小屁股、壇子或尾部、半球、世界地圖或月亮、尾部裝置或渦輪機、胡桃、長條麵包或花瓶等等，還有一些簡直無法翻譯的詞。

英文用「ass」來表示這個部位。由於它既指「屁股」，又有「驢」的意思，這倒為人們搞不清這個單字的意思提供了藉口和理由。為了避免意義上的模棱兩可，拘謹的維多利亞人決定稱「Esel」為「驢」，而用「arse」這四個字母來表示人的臀部。但是，英國人當然還有其他方法來稱呼這個難以啟齒的身體部位。他們可以稱它為「底部」或者「軀幹」。「bum」（屁股）在當前還是可以接受的。

德國人有時也比較粗魯。大部分情況下就說「Arsch」（屁股）。這個詞帶有一點鼻音，在鄙夷和尷尬之間耍花招。這個聲音混亂的單音節詞讓人們無法對它加以讚賞或給予熱情。這個單字要不就以單獨的形式出現，要不就是包圍在文字遊戲裡，一向會引起人們的哄堂大笑。

在一個小城的學校裡，學校教員中曾發生過激烈的爭吵——拉丁文語法是藝術（art，音似 ass 屁股）還是科學？……可憐的男孩子們不停地發抖，希望這場殘酷的單字口角離他們遠一些……放學之後，父母親要聽一聽孩子在學校究竟學了什麼。結果，父母大怒，罵道，這是一種恥辱，竟敢如此放肆地脫口就講「屁股」這個單字。小男孩說，我們學校的校長自己也說過人們完全可以將拉丁文語法稱為「屁股」。

其實，人們的嘲笑是建立在人們預先對它表示忌諱的基礎之上。人們敢於用這樣的言語或者在其他地方用裸體的行為（譬如在酒館裡）來衝破人們對它的忌諱，稱呼「臀部」，甚至提到「親吻臀部」。

一位法官於 1629 年在德國科隆對二十四歲的克莉斯汀進行審訊，她被懷疑是個巫婆、施過巫術。法官就曾問她：「是否看見女妖在離開舞會時親吻了魔鬼的屁股？」1630 年，他又詢問六十四歲的愛爾絲貝：「在這樣的舞會上，那個小婆娘拿起蠟燭，在離開之前一定要吻一下魔鬼嗎？」顯然，法官們很樂意聽到那些異常的性活動，比如「拿起蠟燭」和「親吻臀部」。然而，這些過於自由的言語絕對會讓在場的人羞得臉紅。

臀部不會為每個人都帶來樂趣。如果臀部會使一些人感到特別興奮，那麼，另一些人也許會憎惡它。不容緘默

的是，人的臀部，特別是小孩子的臀部，過去經常是人們野蠻毒打的對象，現在還是這樣，這一點大多數人都熟知。

我們可以在高爾基的小說《三個人》中讀到：「有一天，帕施卡對一個小男孩惡作劇。父親沙烏爾（鐵匠）為了懲罰他，就抓住他，將他的頭夾在膝蓋之間，用纜繩的末端抽打他……帕施卡大聲號叫，直跺雙腳，纜繩的末端毫不留情地抽打著他的臀部。」

假如我們把鞭笞派的色情文學排除在外，具有教育意義的自傳性美學裡面，倒是含有大量有關的引文。我們將這些引文組合在一起，就可以出一本關於教育文化的系列黑皮書。保利尼醫生的《暴打治病》建議人們對於人體的任何一個部位的疾病都可以採取「暴打」的模式。他對人體構造的不屑一顧已達到了巔峰。

不過，體罰中的確有很多近乎殘忍的行為。值得注意的是，不同民族的人喜歡指責其他民族的行為模式。德國人譴責俄羅斯人的皮鞭，英國人指責法國人的彈簧錘等等。

有人認為，體罰行為所導致的精神創傷可以和肉體創傷一樣，可以快速的復原，而這種觀點是錯誤的，精神創傷可能會至今還無法徹底消除，而使精神受創的人做事拖拉和心情鬱悶變得更加明顯。

人們需要思考一下，人們的懲罰想法通常樂於和聖經裡的鞭子戒律和鞭子模式聯繫在一起，其最終後果變成一種恐怖行爲或者是被其他罪犯任意引用部分內容。

　　不過，轉變和改善的徵兆開始出現。 1997 年 5 月 28 日，丹麥議會透過一項法律，禁止父母以任何形式虐待自己的孩子。

第十章
手和腳

西元前四世紀，亞里斯多德在他關於生物的一本書中這樣描述：「人並不是因爲擁有手才成爲最睿智的生物，而是因爲人是最睿智的生物，所以才擁有手。因爲只有睿智的生物才會有目的性地使用大部分的工具。顯然，手並不僅只是某一種工具，而是很多的工具。它是所有器官的器官。人這種生物，具備使用大多數技能的能力，是大自然賜予人類這種器官。手和其他器官相比，是用途最廣的器官。」

工具的工具

手是人體的一個部位。它能力的多樣性和用途廣泛性並非是寥寥數語就可以描述出來的，首先要提到的優點當然是它的靈活性。手的舉止靈活，可以改變形狀，而在手心還能夠存放東西。此外，在手上還長了靈活、可以握住物品的手指。

亞里斯多德在著作中首先想到的是手這一工具的操作功能。相反地，在舊約聖經中著重指出的是手的力量，而這是和權力理念聯繫在一起的。舊約聖經千百次地提到上帝那雙強壯有力、統治萬物的手。摩西的手也具有這種力量，在對阿馬雷克人之戰中，他站在山頭，總是在他「抬

起手時，以色列人才取得勝利」。摩西的手一旦下沉，雅
連和戶珥就扶著他的手。「這樣，他的手就固定在上面，
穩住了」，而約書亞就可以打退敵人的進攻。在西元前的
神學中，手一般是表示有活力的生命——它與眼睛不同，
眼睛是我們生存的精神、思唯象徵。

　　手的優點不僅是舉止靈活、展示力量、顯示權力。它
和十指相連，與胳膊合在一起構成一個靈活的表達系統。
它當作身體語言時可以表達豐富的訊息——相見及別離、
招手示意別人過來及過去、要求別人給出一定數目的錢及
要求別人數錢、辱罵及威脅、譏諷及蔑視、顯示人的謙卑
及尊敬。

　　在此要注意的是，同樣的手勢和表情在不同文化中可
能具有不同的意思。還有，男人的手常常被賦予不同的意
義（與女人手的意義有所差別），其評價方法和女人的手
同樣也是有區別的。最後還要特別指出，一雙精美的手套
會留給人性感的印象。比如，握手是中世紀時的習俗。如
今人們在某些公共場合還會握手，但不再只是代表問候對
方，還可以用來確定一項合約或協議。在許多民族中，握
手還具有下面這種意義：「我手裡並沒有武器，我是抱著
和平願望而來的。」

　　直到十九世紀，英國人和美國人、德國人相比，更加
重視握手，他們脫掉帽子，甚至是擁抱對方。手和手之間

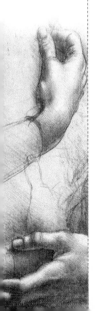

的緊緊相握，幾乎被普遍認為是男子氣概的一種標誌。
「我在給予信任，不是嗎？」諾貝爾文學獎得主法國作家
卡繆（Albert Camus）在他的小說《倒塌》中，那位自負
的律師克拉門斯就曾自信地說：「我有燦爛的笑容，而且
我的握手也顯示出我精力充沛，這就可以獲得所有人的好
感。」

今天，我們用這種手勢來表示人與人之間的友誼及信
任，同時還表達出我們的認同。我們將我們問候的這個人
視為一個具有平等地位、相同思想的人來加以接受，或者
我們向這個人明確表示出我們對他的賞識。最近，一些運
動員及一些別的同伴使用了完全不同的另一種手勢：他們
向上舉起（右邊的）胳膊肘，向頭頂的高度揮去，準確地
拍一下對方張開的手。

但不同的國家、不同的時間和團體有著不同的風俗。
從這個世紀開始，人們逐漸重視教育，人們對孩子們的手
進行訓練，使它們具有另外一種交流能力以及藝術創作的
能力──寫和畫。

法國昆蟲學家法布耶（Jean-Henri Fabre，1823～
1915）在他的回憶錄中講到，他那個村莊裡的教師、理髮
師以及教堂神職人員，人人都長有一雙特別擅長書寫的
手。他用小指頭支撐住手，微微地彎曲關節，就能正確自
如地讓手運動。接著，他突然提起手，開始飛舞、旋轉，

在空氣裡打轉,而在紙上就出現了類似捲曲、螺旋、開塞鑽的圖形。它們就好像一隻鳥兒展翅不斷往上攀緣。這一切用紅墨水寫出來,就已經將這支筆的價值展現得淋漓盡致。大大小小的字符讓所有在場的人都對這個了不起的傑作讚不絕口。晚上,一家人坐在一起,這個從學校裡帶回來的傑作就在大家的手裡傳來閱去。「真是個了不起的傢伙啊!」大家都這麼說:「他只用一筆就幫你們完成了畫龍點睛的一步。」

　　手也是顯示美麗思想的器官。這對一切的作秀藝術都是一樣的(繪畫、雕塑、作秀性舞蹈),對於所有的樂器也是一樣的。還有,我們借助電子儀器寫信,出版書籍及聲音製品時也是如此。在進行圖像和聲音產品的生產時,我們的手不僅要靈活、有力,還要有敏銳的感覺、優雅的舉止、溫柔的態度及技巧和影響力。而這些特點也讓手成為人類傳達溫情、溫暖、保護、精神感受的部位。

　　法國歷史學家拉維斯是一位細微身體語言的觀察者。他描述了母親在一個節日結束後所表現出的慈愛體態,也是家庭主婦常常擁有的體態。「太陽已經落到地平線下面了。大人叫孩子們回家。母親將孩子們的手洗刷乾淨,把他們衣服上的灰塵和乾草屑拍掉,並用手當做梳子,理順他們的頭髮,然後親他們一下。」手的輕柔在這裡用平民化且不顯眼的方式表達出來。

巴洛克時期的義大利童話詩人巴吉雷於 1635 年在詩中歌頌了一位可愛的新娘，並生動寫真地描述了她小手的輕柔：「她有著一雙小手，那麼溫和，那麼白嫩，那麼柔軟，撫摸上去像杏仁點心一樣甜蜜。啊！這雙美麗的小手抓住了我的心，纏繞著我的身體，喚起了我的情趣。」

巴吉雷也許還可以繼續說，手是治療疼痛的膏藥，它帶走痛苦，去除高燒，是雙能夠治病的小手。因為沒有人會懷疑，我們的手——不僅是頂尖或專業治療師的，都具有治療的力量。最顯而易見的例子是耶穌用手治病，人們多次祈求他：「你來吧！把手放在病患身上，他們就會康復並活下去」。還有一個例子，耶穌交替使用雙手把雅路斯十二歲的小女兒從死神那裡救回來，「頃刻之間，小女孩就站起來，跑來跑去」。

確實，當孩子或是成人的一雙手壓在另一隻手上，並對自己說：「不要怕！」這樣就夠了。「母親會告訴他，自己也畏懼暴風雨的來臨，像孩子一樣。她唯一的辦法是盡量保持鎮定，把兩隻手交疊在一起，直到暴風雨過後才鬆開雙手。連懸掛在頭頂的十字架，在他獨自睡覺時也成了他的避難所和牢固的支柱。因為他相信，不管是魔鬼還是幽靈都傷害不了他。」

不用說也知道，不只過去的作家或教育者對於讚揚手是有分別的：比起左手，人們更喜歡右手，因為右邊總被

說成是正確的。而左手被認為是笨拙而令人討厭的。英國
布朗寧爵士早在十七世紀就在「關於左右手」的章節中
說，他認為這種區分是沒有道理的。儘管如此，直到二十
世紀中期，中歐的國小生還是被逼著一定要用右手寫字，
按照傳統，用左手是不靈活的。習慣就像迷信一樣堅韌，
難以打破。

手的喪失

工具越精巧，手就越容易受傷。手用得越多，就越容
易損壞和損失。「治病的手」這種說法有了確鑿的反例─
─手和災禍。人們的手常常受傷，所有領域（包括這本書）
講到的不幸都比幸福多，例如受傷、生理殘障或截肢的事
例。

值得詳細描述的是，砍手的酷刑曾在歐洲風靡一時
（神聖羅馬帝國皇帝查理五世 1532 年的《卡洛林納刑法》
中將其合法化），主要是想恐嚇竊賊。關於這些想法，人
們也許還記得《聖經》中殘忍的「典範」。當猶大和賽門
與貝塞克對抗時，打敗了迦南人和非利士人，抓住了亞多
尼比色，然後「砍掉了他的手和腳的拇指。」這個受刑者
曾讓人砍掉七十位國王的大拇指和腳趾，故他說：「這是

上帝對我的報復。」對於司法界這些酷刑的例子我們無話
可說，卻也不能忘記。

　　德國中世紀騎士伯利辛根是位一流的勇士。他在蘭德
蘇特的繼承權戰中喪失右手，按他自己的話說：「照我
看，如預先知道的那樣，在我們失去優勢之後，紐倫堡人
已經把大砲對準我們，對準了敵人和朋友。穿制服的騎士
擺出農民打架的姿態，想把我一劈爲二，劍的一半刺進我
的胳膊，儘管我胳膊上帶著三層護甲，劍尖還是刺穿護甲
……我的胳膊前後被刺碎了。如我看到，手還連在皮膚
上，不過只有一點點……似乎和我的身體已沒有什麼關係
了……就像我已經脫離敵方陣營一樣。一個老奴隸跑了過
來，我對他說，他得待在我身邊，並叫個醫生來。從那一
刻起，我就躺在地上，被漆黑的夜吞蝕。人人都可以看出
我已經忍受長時間的疼痛了。」

　　在上帝的幫助下，伯利辛根不僅康復了，而且還領導
過戰爭、做過生意，達整整六十年之久。他的義肢，那隻
聞名遐邇的鐵手，只有裝飾作用。這個故事多次指出，一
個男人多麼需要他的手，它可以用來戰鬥，而不是只有裝
飾作用。但這個故事還是向人們表明，手對一個男人來
說，是必不可少的，男人可以借助這雙手去戰鬥，赤手空
拳地戰鬥顯示出他具備較強的戰鬥能力。

　　一個沒有手的男人，比沒有陰莖的男人更加糟糕，因

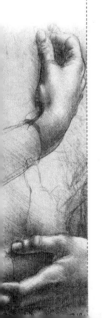

爲他的軟弱無力是一眼即知的。所以，砍掉犯人的手不僅意味著讓犯人的能力終生受到影響，而且也是一種恥辱，這一點在違法者死後可能看得更清楚一些。

在瑞士的最後一次女巫審判中，「投毒者」葛蒂於1782 年 6 月 13 日被斬首，傳聞中的幫凶施坦米勒被迫參加聽審，他感到恥辱，在監獄裡自殺。他死後兩天（即1782 年 5 月 14 日），屍體的右手被砍掉了，自殺者死後竟被人弄殘。劊子手弗爾馬把它釘在絞刑架上，然後再掩埋在十字架下。這種恥辱遠遠超過了死亡本身。

女巫和手——提起這個，人們也許會想起小漢斯。蜂蜜房裡的壞女人想先把他餵肥，然後吃掉他。這是個眞實故事嗎？童話研究者們現在才知道，早在十六世紀早期就有一些編年體文學以殘害兒童和吃人肉的犯罪故事爲題材。米蘭作家布加提（Gaspare Bugatti）曾經在他的歷史和故事集中記述小漢斯的故事。

根據他的記錄，這個故事是發生在 1519 年的義大利米蘭諾。之後，義大利宮廷醫生多納提在他的《醫學歷史傳奇故事》一書中也提到了這個故事。當時，那裡一個名叫伊莉莎白的女人，她將一些孩子鎖在房子裡，然後將他們殺死，用鹽醃好，慢慢地品嚐。

後來，有人揭發了這個野蠻、毫無人性的壞女人。一個女孩西羅娜失蹤了。她的父母到處找她，突然，有一隻

貓從鄰居家裡帶回一隻手，正是卡特琳娜的。女孩的父母
著實被眼前的一切嚇了一跳，但是，還是小心翼翼地緊跟
著那隻貓。貓溜進了伊莉莎白的屋子。她正在幹著同樣的
勾當，用同樣的方法謀害他人。女孩的父母走進去，很快
就發現，通往聖母瑪莉亞秘道的門旁埋著女兒的屍體。就
在這個時刻，手的故事出現了。

　　義大利詩人尼瑞（Ildefonso Nieri）帶著三個願望在
童話《一百種描述》中抒發了男人在喪失手或胳膊時的苦
惱和怨恨之情。心地善良的神仙答應實現一對貧窮老夫妻
的三個願望。年老的老頭餓的飢腸轆轆，想偷一份豬排，
但這愚蠢的行為惹惱了他的妻子。「她氣得頭暈目眩，近
似瘋狂，克制不住內心的憤怒，大聲叫著：『真該把你的
手砍掉！』說著，那隻手就立刻掉在地上，沒有血跡也沒
有傷口，就像石膏做的一樣。可憐的老頭成了獨臂人，坐
在那裡。如果是你，你可能會徹底絕望。『噢！我真可
憐，少了一隻手！啊！我真不幸，一隻胳膊短了一截！上
帝啊！我究竟做了什麼孽？哦！我的手，我美麗的手！』
他用另一隻手從地上撿起斷手，望著它。」老頭的第三個
願望當然就是將可憐的胳膊接回到身體上。

　　男人就是這樣。然而，歷史上男性英雄人物身上總是
配備著不會損害的武器，這是歷史賦予男性英雄人物的特
徵。而歷史上的女英雄人物並沒有這樣的特徵。

人們可以追溯到十五世紀義大利廣爲流傳的民間話本《三角地帶的故事》。皇帝朱利安有個女兒奧莉薇,她有一雙纖細修長、美麗絕倫的手。因爲這一點,皇帝非常仰慕他的女兒,甚至想娶她爲妻。爲了阻止亂倫危機,奧莉薇砍掉了自己的雙手,結果她被驅逐出境。她跑到卡塔羅寧國王那兒,後來遭到官員的誣告。這位臭名昭著的官員誣告她謀殺嬰兒。人們把她放進一個木箱,扔到大海裡。

最後,仁慈的國王救了她,並娶她爲妻。國王遠征時,她生下一個小男孩。惡毒的婆婆卻擬了一封信,告訴國王她生了個怪胎。奧莉薇又被趕走了。儘管她沒有雙手,她還是帶著孩子來到羅馬。眞相大白之後,國王派人將他母親燒死。爲了贖罪,他去羅馬朝聖,那是個幸運的地方,國王找到了他那飽經滄桑、歷經磨難的妻兒。奧莉薇最後還從聖母那裡重新獲得了她的雙手。

十九世紀末時,這個故事在義大利尙未受到普遍的青睞。1880年,義大利民俗學家皮德烈記錄了一個類似的故事:從前有位國王,他有一位美若天仙的王后。這位王后只和國王共同生活了短短幾年。期間,她時常大力救濟窮人們。當她命在旦夕,奄奄一息之時,她叮囑著小女兒,要求女兒能夠像她一樣繼續救濟更多的人。我們可以想到,小女兒一定會答應媽媽,繼續廣施救濟。有一天,她正在酒窖裡開葡萄酒桶,想把它拿去給窮人。這時,父

王走了進來，想瞧瞧女兒在幹什麼，突然她那雙纖細美麗的小手引起了父王的注意。父王說：「女兒，我戀愛了。」「親愛的父王，您愛上誰了？」「愛上了妳美麗的小手。」女孩不一會兒，立即拿起刀，砍掉了自己的雙手，放在金罐子裡，呈給父王。讓我們設想她父王看到這一幕的情景吧！父王憤怒至極，抓起她，把她塞進木箱裡，只提供她少許食物，就把木箱扔到大海裡。

到處可見的酷刑，特別是砍手，永遠烙在歐洲人的腦海裡。

受傷的手

人死後，手還可以**繼續**儲存下來。這一點在《光榮的手》中得到了清楚的說明，手代表著權力、名望、尊敬，至少具有一定的象徵意義。中世紀傳教士海斯特巴哈在《神奇對話》中講到一家英國修道院的兄弟在抄寫員理查的墓裡意外地發現死者的手和屍體的其他部分不同，一點兒也沒有腐爛。從這一點可以看出，中世紀的抄寫員和排字人受到人們的敬仰。

另一方面，屍體上剩下的手代表著過去的罪孽。許多傳說都記述了這樣一個提醒人注意的標誌：一個小孩如果

太頑固，品性惡劣，甚至打過父母耳光，那他死後，手就會從墳墓裡長出來。有環境意識的德國詩人席勒，就曾在《威廉‧泰爾》中讓小瓦爾特問他的父親，如果用斧頭砍樹，樹是否真的會流血？對此，威廉反問：「誰說的，孩子？」兒子乖巧地回答：「赫特師傅說的。他說樹被施了魔法，誰要傷害它們，誰的手就會從墳墓裡長出來。」

　　格林兄弟也沒有迴避這個題材，並在他們的恐怖童話《頑固的小孩》中插入這個情節：那個脾氣倔強的孩子被「仁慈的上帝」處死了。「當小孩被埋進墳墓，蓋上黃土時，他的胳膊突然又伸出來，高高舉著……一次又一次舉起。親愛的母親只得走到墳前，用荊條抽打他的小胳膊。此時，那小手臂才縮了進去，孩子也就靜靜地在地下安息了。」打人的棍棒從墳墓裡跑出來了？德國神仙？他的時代就是這樣講的，引用「薩羅摩語錄」的話：「誰愛他的兒子，就應該早點教育他、責打他。」今天人們很可能會說，若愛孩子，就提醒他注意恐怖的德國童話和傳說。

食指和它的指示

　　有位男士在牆上寫：「我的一隻手有十個手指，另一隻手和腳有二十五個指頭。」這首兒童短詩不管是對大

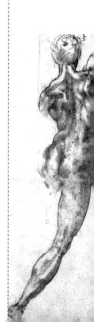

人，還是對小孩都有一定的教育意義。人類喜歡用愚蠢的話自尋開心。主句和從句正確，並用逗號隔開，這一點很重要。還不會正確寫字的男人就只有二十個指頭。在一些斯拉夫和羅馬的語言中，手指和腳趾都用同一個單字。到處都有人生了一個每隻手和腳都有六個手指或腳趾的嬰兒，我們不要被童謠的內容所困惑了。

雙胞胎間的身分假冒在英國曾引起轟動。顯然，造物主有時想提醒我們，除了十進法，還有一種古代備受重視且被廣泛使用的方法。不僅是在鐘面上和舊曆裡，還是在測量和稱重時，都用十二為單位。為什麼沒有十二個手指？若有的話，就可以以它作為記數的單位來使用。

手指總是人們偏愛的教學工具，也許米開朗基羅在西斯汀小教堂的壁畫中，想讓新創造的人用帶電的手指觸碰亞當，為他的生命增添最後一點教學力量。教育學家和心理學家都知道，手指可以服務於語言的發展和記憶的強化。家裡的大人掰著手指，為孩子們講幾代人的生活規則和宗教習俗。讀者您最後會注意到，年歲已高的醫生經常用「指寬」來測量。

人們有了手指，還有什麼不能發現學習的呢？大家必須注意到，這五個手指的名稱，除了拇指外的四個手指在許多語言中都有相似的名稱：第二個手指一般叫做索引或指示；第三個手指叫中央或中間，即中指；第四個手指叫

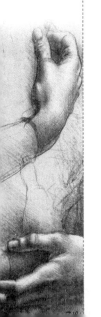

戴戒指的婚指；第五個手指在各處都稱作小指，但在口語中手指還有另外的名稱：「Elucidarius。」中世紀後期和新時代早期的一本流行的小教科書把戒指手指和小指稱作金指和耳指（今天在法語中小指還叫「auricu-laire」）。

人的手和手指是世界上最古老、最小的舞台。借助導演和指揮者的手指或某個孩子的手，身體部分就可以在全世界巡迴演出。在歐洲，五個手指演出的小型戲劇頗具名聲。這種劇的德語版是以詩歌《這就是大拇指》開頭的，似乎是《搖李子》中無關緊要的一段插曲。但和其他國家相比，劇中講述的是一個小型、關於搶飯事件和嚴重偷竊行為的偵探故事。這齣戲是由兒童演員演出的，顯然反映了一個飢餓的時代。

義大利那不勒斯的一齣劇內容相似，不過是從小手指開始的：「小指要麵包，無名指說：『沒有了。』小指說：『那去偷吧！』食指威脅說：『我要去告發你。』」還有大拇指「還插在洞裡」，也就是說被其他手指包圍。

在西班牙的加泰隆尼亞上演時變成用手、手指（和嘴）來演：「在這條路上（盤子上）有隻小豬在跑，然後一個（大拇指）給了小豬一些粉末，第二個接住它，第三個篩選它，第四個吃掉它，第五個（小手指）說：「呸，呸，看在上帝份上，為什麼我什麼也沒有？」

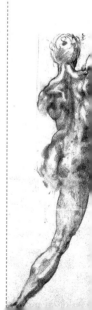

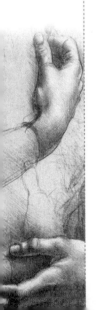

手指在無序的世界裡表現得越大膽魯莽，就越容易碰到受傷的危險。民間的幻想故事講了許多這類的災難。假如我們更仔細觀察，格林兄弟倆的《兒童和家庭童話》不僅是一本真正謀殺和死人的書（書裡很容易找到上百個暴力死亡的事件），而且也是手指受傷的「急救站」。

在童話《七隻烏鴉》中，善良的妹妹為了救她已變成烏鴉的哥哥，打開通向玻璃山的門，切掉小指。斷手更是常被提及。在《強盜未婚夫》中，有個年輕女子被抓住了，並以慘無人道的模式被人剁碎。屍體上有個手指還帶了一枚戒指：「當強盜無法將戒指順利取下來時，他就抓起斧頭，把手指砍斷了。誰料手指卻高高跳起，飛過大桶，正巧蹦到他未婚妻的懷裡。那個強盜端起燈，想找手指……但老婆婆叫道：『來吃來吃，明天再找，手指頭是肯定逃不出你的手掌心的。』」當然，手指後來出現了。強盜的未婚妻把它當做濫殺和邪惡的證據拿了出來。屍體被醃漬後，留在犯罪現場。

在《教父先生》中，一堆死人手指散落在樓梯上。其中一個手指為那個已成為醫生的可憐男人指路，而邪惡的教父宣稱，這些手指是黑香腸變成的；然後是《睡美人》中的手指被紡錘刺破。這麼一個小小的意外竟然導致如此長時間的昏睡；《畫眉嘴國王》中公主受的傷稍微重一些。她試圖去紡布，但粗糙的紗線勒進了她柔軟的手指，

勒出了血。當然這是她自己的錯。「你看，」那個男人說：「妳什麼事都做不了，算我倒霉娶了妳。」

人們不應該總是在童話裡安排一些手指受傷的血淋淋情節。畢竟也有一些帶來好結局的手指。在《雜毛丫頭》中，正是她的手指使情節有了好的轉變。她在匆忙中忘記把自己抹黑，這樣王子就看見了她雪白的手指和王子在舞會上送她的那枚戒指。他一把抓住她的手不放，然後他們就結婚了！

但是，也有很多例子告訴我們，這十根如此勇敢和手一起征服世界的手指，也可以變成非常危險的東西。瑞士醫師法布里休斯在他的《手術》中描寫道：一根被人咬過的手指可以導致生命危險，或者留下終身的烙印。在一個離瑞士伯恩不遠的村莊，一個農民被捲入一場鬥毆，他的對手非常憤怒，在他左手中指的第二節上咬了一口。兩個月過去了。該農民在一名庸醫的治療下，傷口惡化到了非常嚴重的程度，以至於他不得不另找一位醫術高明的醫生。醫生認為，他不得不把他的手指從掌心處連根切掉。醫生花了好幾天的時間來說服他動手術，他都不同意。「於是，他的醫生推薦他來找我。我發現他的手、胳膊、甚至整個身體都因持續的巨痛而變得消瘦。他的手指腫脹異常，關節表面也發炎了，裡頭的肌腱和軟骨都被腐蝕，骨節也散開了。」

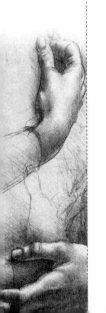

　　法布里休斯醫生並不愚蠢，也不是個頭腦簡單的醫生，所以他使用乾淨清潔的工具（包括對他的病患進行腸胃清理），切掉了一切多餘的東西，給他抹上專治骨折的藥粉，然後綁上繃帶。六個星期後，我們這位農民在「上帝的幫助下」又重新恢復了健康。因為這位醫生預測，這根手指以後會變得僵硬，他得經常稍稍彎曲他的手指。這樣，整隻手又恢復了勞動能力。

大拇指：一個厲害的傢伙

　　大拇指是手的第一根手指。它的拉丁名字「pollex」中含有強壯的意思。有一篇法國童話「小小大拇指」，這個題目中前置的定語和詞綴，展現了這個小傢伙儘管微小，作用卻不容小覷的意味。

　　正是因為它非常小，所以人們把它當做幸運指。當人們說「抓住拇指」的時候，他的意思是指幸運之神能夠垂青於你，或者是厄運之神對你毫無興趣。這個用語可能出自羅馬時期的競技士對決。觀眾拇指朝下指時，表示祝福鬥士取勝；如果觀眾不開恩，便將拇指對著胸口。該用語也可能源於日耳曼迷信，日耳曼人認為，拇指是人身上最富有魔力的部位，抓住拇指可具有鎮痛效果，甚至有治癒

疾病的作用。如果一個盜賊被絞死，誰得到他的大拇指，那麼，他就有希望大發橫財。

莎士比亞曾經在《羅密歐與朱麗葉》中引用了拇指的另一用途。卡布萊家中的僕人桑普森和葛萊戈里有時會開一些含有雙關意思的玩笑，來對付蒙泰古家的僕人亞伯拉罕和巴薩沙，因為他們想跟敵人決鬥，於是就想出了一個計畫。

葛萊戈里：「走過他們身邊時，我要對他們做個鬼臉，讓他們知道，他們是多麼可笑。」桑普森：「不，他們是多麼怯懦，我要在他們面前咬我的拇指。如果他們忍氣吞聲的話，那麼他們就是懦夫、無賴。」

亞伯拉罕：「您在我們面前咬大拇指嗎，先生？」桑普森：「是的，我在咬我的大拇指。」亞伯拉罕：「您咬大拇指是針對我們的嗎，先生？」

桑普森輕聲地對葛萊戈里說：我是不是無理，如果我說「是」的話？」葛萊戈里：「不！」

桑普森對亞伯拉罕說：「不！我咬大拇指絕對不是針對你們，先生。但我確實在咬我的大拇指。」

葛萊戈里加入，說：「您想吵架嗎，先生？」

關於這幕劇，有些德語翻譯對其中的身體語言感到無從下手，到底是什麼意思呢？桑普森把大拇指的指甲尖伸進嘴裡，並且在拔出來時，在門牙上發生喀嚓聲。這在當

時是一種侮辱性的姿勢，帶有可恥的含義。這跟粗俗的姿勢有相似之處。如果人們想表達某種不言自明的謾罵時，可以將自己的大拇指從食指和中指間穿過。

在現代美國的「叩門聲」已經沒有這種手語了，但是人們還是清楚地用語言表達出來：「fuck your mother（英語『操你媽』）」。四個世紀甚至更長時間以來，人們的日常交際已經有重大的突破。如果今天領導民族文化前鋒的官員還使用嚴厲措施來禁止這種詞句的話，那就說明他還不知道自己實在是太落後了。

跟其他手指相比不同的是，大拇指只有兩個關節，但它的作用卻非比尋常。它是個獨特的傢伙，因為它跟其他手指分開時指向一個完全不同的方向，它可以單獨抵制其他手指傳過來的力量，它可以和其他任何一個手指組成一個鉗子。沒有它，人們無法輕易抓取東西或使用工具（大家可以想像喝飲料、解項鍊時的情景），或者根本就不可能做到。

另外，在逃避外界傷害方面，大拇指跟其他手指相比並沒有太大區別。大拇指對痛非常敏感。早期，人們在審訊的時候會使用一種絞刑器具，將它放在犯人大拇指的指腹上，強迫犯人招供認罪。

類似這樣的故事，特別是有關被砍掉大拇指的故事，頗受人們喜歡。人們也經常虛構這樣的故事。布萊尼希

（Rolf-Wilhelm Brednich）在他《傳奇故事》中曾經描述此類冒險經歷。有一個人在交通事故中傷了手指，手指飛離出去，正好被一隻狗叼走了。雖然那隻狗後來又把它吐了出來，但是成功進行一次手部手術的希望還是比較渺茫。後來，這個受傷的人把狗打死了。一場官司就在拇指受傷的人和狗主人之間展開了。最後，這個手部殘廢的人還必須付賠償金。當然，人們用不著以自己的身體去做試驗，照樣可以斷定：不要看它小而小看它啊！

用或不用指甲油的指甲

人類的指甲是個神奇的造物。它的用處在法國外科醫生帕雷的《神奇藥劑》中得到了簡明易懂的解釋：「細小的東西。（猶如針、芒刺、荊棘刺等）」但是，說到抓取東西，天生柔軟的手指就必須配有指甲，只有當柔軟的肉和堅硬的指甲配在一起的時候，雙手才能靈活地發揮它的作用。

一方面，指甲不能太鋒利，這樣才能避免擦傷、刮破、撕碎物品；另一方面，構成指甲的元素也不是骨質。亦即指甲必須有足夠的硬度，這樣才不容易折斷，但同時它又可以變軟。這就是指甲軟硬均衡原理的實用性。

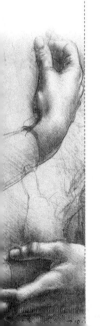

　　德國御醫賽內特在他的《臨床醫學》中寫道：如果指甲挫平後影響到消化系統的話，便會引起劇烈的嘔吐。賽內特介紹了幾種治療的東西，比如使用橄欖油、牛奶或者新鮮的黃油；摻了錦葵湯劑或苦杏仁油的水灌腸也是很有用的。

　　人們發明的專用指甲剪是彎形的。之前，人的指甲是在工作中或在跑步的時候漸漸地磨掉。儘管如此，有人的手指甲或腳指甲還是不斷地長，而且彎曲得很厲害。丹麥解剖學家巴托利努斯在他的醫學信箋裡提到，他根據一個怪異的木雕證明了這種現象。

　　巴托利努斯想起了聖經中有個人物，他像個野獸一樣跑來跑去，從不梳理頭髮，亦不修理指甲。「從那個時候起，人們開始厭惡他，驅趕他。他像牛馬一樣在路邊吃草，在露天裡睡覺，經常被露水打濕。最後，他的頭髮像鷹的羽毛那樣結成一絡一絡。他的指甲也變得像鳥喙一樣。」

　　直到十五世紀，人們才開始重視身體護理，身體護理也隨之成為普遍的文明現象，儘管當時使用自來水的洗澡盆還很少。從德國醫生霍夫曼寫的《披頭散髮的彼得》中也可以發現，一般父母們可是很注重及時修剪孩子們自由意志的翅膀以及他們的長指甲。

　　越來越多的女人和男士將目光落在手和指甲的保養

上，人們也開始注意對方的手，就像十九世紀中葉的一段
引言所證明的那樣：「她的指甲如此白皙，查理斯有點驚
愕。它們很有光澤，慢慢地變尖，比迪普的象牙雕刻還要
潔淨，剪成了杏仁的形狀。但是她的手並不誘人，也許是
因為不夠白，而且手指關節處有一點乾燥。」

　　同樣，福婁拜（Gustave Flaubert，1821～1880 年）
讓他作品中的包法利（Charles Bovary）醫生看了看正在
縫紉的農家女兒愛瑪的手，包法利醫生同時還迅速地觀察
了一下她的眼睛。不久，愛瑪就成了著名的包法利夫人。
無色或閃光的指甲油在今天已經成為許多女士的化妝品
（即使是一向受冷落的腳指甲，如今也得到了越來越多的
呵護）。最近，一些敏感的男士也用起了指甲油。在兩性
關係領域，指甲已經成為傳遞性訊息的一個媒介。

站在地面上的腳

　　人類的雙腳是值得讚美的，正因為腳掌支撐著我們，
我們才能夠穩固地站在地面上。雙腳使我們變成了人，並
且在成為人之後繼續做出貢獻。

　　諺語裡所包含的智慧告訴我們，即使在最濕潤的天氣
中，用雙腳跑步也比用木製義肢跑要好。或者說，溫暖的

雙腳對一個冷靜的腦袋來說是尤其重要。順便提一下，這裡是存在危險的，亦即有時人們踩在高蹺上搖搖晃晃，以為無傷大雅。其實，它限制人們身體的健康發展。地球另一端的民族學家向我們講述了人們是如何赤足從熾熱的木炭上跑過去的。他們確實感到了神經的刺激，而且腳掌沒有被燒焦。

羅馬行色匆匆的遊客在參觀這座神聖城市的名勝古蹟的路上，將會看到幾隻令人驚訝的腳，這足以使他們忘記趕路所帶來的疲乏。古羅馬城堡的收藏館內陳列著兩隻碩大的腳，它們是一座古代巨型大理石雕塑的一部分，後來雕塑倒塌了。它們留給人類的印象是，它們似乎兩千年來一直試圖朝前邁步或者往前面挪動進城去。

其實它們是永恆不動的。而梵諦岡最大的建築聖彼得大教堂裡面端坐著用青銅材料做的「彼得的腳」，他的腳是用來禱告的，就顯得沒有這麼久遠了。這位長著鬍子的聖徒，左腳被數以萬計的朝聖者撫摸和親吻，以至於它的腳趾頭都快難以辨認了。而旁邊漁夫的腳就像潛水時縛在腳上的鴨腳板。地中海沿岸有一些信仰基督教的羅馬語民族，他們的耶穌受難像上有用木頭製成的小腳，其原形早已無法辨認了。

耶穌受難節時，參加宗教儀式的人們和虔誠的朝聖者把它們的腳磨壞了，它們早就需要修補了。要是有興趣在

羅馬參觀義大利民俗藝術博物館的話，還可以看到一雙還
願足，這是某位朝聖者為了感謝上帝治好他受傷的腳而贊
助的。

腳的苦痛

　　腳彷彿生來便注定要受苦。數以千計的醫生、足部護
理師、矯正醫生或接骨醫生都從事這樣一門行業，亦即使
下陷或拱起而疼痛的腳恢復正常的形狀，以便能夠正常地
行走。另外，又有誰沒有見過磨破的腳後跟流出的血呢？
還有雞眼也或多或少地困擾著人們。而稀奇的造物——腳
指甲或者叫做「身體的刺」，變成了庸醫的眼中釘。醫書
上有一打的備用藥方，可是沒有一個管用的。

　　德國醫學教授瓦爾特列舉很多化學藥物，之後還開了
一個藥方，亦即將施瓦本香腸或者小圓腸的肉汁和羊糞混
合後，添加醋，然後用加熱的瀝青、亞麻（子）油或芸香
油滴在上面。或者用一塊在亞麻油裡面泡軟了的毛巾蓋在
上面，摻上葡萄酒、酸醋和水、橡膠以及硝酸銀棒的生鍛
石。這些東西可以吃嗎？所有的東西都可以吃，特別是當
雞眼正頑固地長在你的腳趾上的時候。

　　我們不禁會想到灰姑娘的姐姐們和她們的自殘行為：

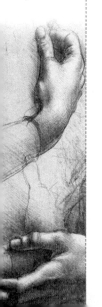

「她們的母親給了她一把刀,說:『把腳趾割掉。』對另一個女兒說:『切掉一塊腳後跟。如果妳當了皇后,妳就再也不用走路了。』」於是,一個女孩子就把腳趾割掉(另一個女孩子割掉了一塊腳後跟),把腳塞進鞋裡,忍住疼痛,跑出去見王子⋯⋯當他的目光落到她的腳上時,看見血從鞋子裡面流出來,染紅了她的白襪子:「快看快看,鞋子裡有血!」

對這種殘足,現在有專門的商店為之服務,為那些人減少疼痛,促進健康。關於消除腳的疲勞,還有一個眾所周知的藥方,並且可在藥店裡買到。這個藥方,在三百年前,傳自德國醫生史密特,他曾經在他的《神奇藥劑》一書中推薦過,原文如下:「鹿肉脂肪或鹿骨髓是一劑良藥。不僅是剃鬍師和外科醫生需要這個,而且所有徒步旅行的人、郵差以及諸如此類的人都知道,塗一些這種藥膏來緩解腳的疲勞,因為藥膏對僵硬的足肌腱的韌帶非常有用,對硬化的血管也頗有益處。人們只需在敷熱的雙腳上塗上藥膏,醫生只不過是為病患多加一塊繃帶而已。」

嚴冬時分,腳也會因為冷而在走路時發疼。「昨天在做大彌撒時,我覺得我的腳都快要凍僵了。」法國奧爾良公爵夫人伊莉莎白·夏洛特(Elisabeth Charlotte)在1695年2月3日在凡爾賽寫信給在漢諾威的侯爵夫人索菲,「因為在國王面前,為了表示尊敬,所以不可以穿我

的皮毛鞋……我對腳上的寒冷深惡痛絕，因爲它害得我又開始咳嗽，昨天咳嗽了一整夜。」

這種情況還可能會影響精神狀態。奧地利劇作家格里巴爾澤於 1819 年在他的日記中抱怨：「冰冷的腳會凍結我的想像力，而一雙羊毛襪會給我帶來靈感。這是不是很恐怖？」

瑞士民間詩人森恩（Jakob Senn ，1824 ～ 1879 年）在他 1888 年的回憶錄《民眾的兒子》中就敘述了類似的經歷。他在一個冰冷的夜晚等待一個朋友。這位朋友是個裁縫學徒，要帶給他一本通俗的民間故事書。「我的手指和腳趾上都長滿了凍瘡，疼得直切牙」。直到他回到簡陋的小屋之後，他感覺到凍瘡在溫暖的小屋裡才真正疼了起來。

赤腳跑並不總是帶給人們歡樂。有的農村小孩到了城裡之後，會嫉妒那些富人家的孩子穿著暖和的靴子。《愛麗絲夢遊仙境》的作者，也讓他平民出身的小讀者們明白了這一點。小女孩腳上穿好襪子和鞋，是多麼幸福。

故事的一開始，愛麗絲發現了一個含有魔酒的飲料和一塊有魔力的糕點，人吃了後會越長越高。「真奇妙，太奇妙了。」愛麗絲喊道：「我走起路來，就像一架活生生的巨型望遠鏡。如果真有這麼大的望遠鏡，該有多好啊！再見了，雙腳！

「哦，我可憐的雙腳，以後誰再給你們穿上襪子和鞋子呢？親愛的……我離你們太遠了，再也照顧不到你們了，你們只好盡量地善待自己了，我也會好好待你們的。」愛麗絲想道：「要不然，它們就不會順著我的心意走路了。那好吧！每年耶誕節，它們都會得到一雙新鞋。」值得注意的是，跟腳的清潔比起來，愛麗絲似乎更加關心腳是不是穿了鞋。不過也有可能是因為作者是個數學家，他覺得洗不洗腳並不重要，或者認為它是不值一提的。

如果雙腳一定要為我們服務的話，那它的作用不僅僅是走路或寫字。在那些大部頭、描寫性愛冒險的書中，肯定有不少的篇幅是描寫病態的戀腳者。當然，值得欣賞的並不僅僅是嬌嫩窈窕的腳趾，還有腳後跟。古羅馬人把它稱為（calx）。這個詞的含義是用鍛石做記號，記錄一件事情的結尾，在這兒是指腳後跟是人的身體末端。另一方面，這個身體部分是人在行走時是最先著地的。

它的架構很複雜，由骨頭和包在其周遭的脂肪和皮層組成。這根骨頭被稱為阿基里斯腱（阿基里斯是希臘傳說中的英雄，刀槍不入，只有腳跟是他的致命之處）。這異常有力、活躍、結實的部分構成了一個行動自如的基礎。

在口語中，腳後跟又被稱為釘耙。「釘耙都跑壞了」，意思是，為了辦成某件事而跑非常多的路。但是，釘耙的基本意思是開墾土地的工具。人們可以用腳後跟在耕地裡

挖出淺坑、踩斷乾樹枝、碾死小害蟲等。

　　法國昆蟲學家法布耶曾回憶，他所在村落的一位老師帶領學生到校外去參加消滅蝸牛的活動：「老師把我們帶出去，讓我們踩死窩在黃楊灌木邊緣上的蝸牛。我並未認真小心地完成任務。儘管我已累積了一小堆蝸牛，我的腳跟還是不敢前進，總是有點猶豫不決。它們多麼漂亮啊！我從中挑選了一些最絢麗多彩的蝸牛，放進口袋裡。這樣，我就可以悠閒自在地欣賞牠們。」

大自然的報復：足痛風

　　英國醫生薛登漢（Thomas Sydenham，1624～1689年），終身飽受痛風的折磨。他於 1681 年在他的論文「痛風研究」中描述了痛風發病的過程。「一月底或二月初的某天清晨，疼痛突如其來地侵襲病患的身體。通常出現在腳大腳趾上，有時在腳跟，腳底或是腳踝，隨之而來的便是渾身寒顫，高燒不止。起初輕微的疼痛逐漸加劇，直到最高潮，疼痛侵入到每一塊骨頭和肌肉，接著便是陣陣痙攣，感到韌帶撕裂，如同一隻瘋狗在撕咬肌膚，與之相伴的是陣陣壓迫神經疼和抽搐。此時，病患無法承受和被子差不多的重量。哪怕是在房中走動而引起的小小震動，也

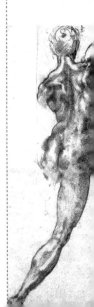

會讓他難以招架。病患將度過一個錐心刺骨的不眠之夜，不停地改變姿勢，輾轉反覆，千方百計想透過變換身體的位置來減輕痛苦，可是每每徒勞無功。」薛登漢敘述到，接著病情繼續惡化，直到兩隻腳都「痛風發作」。往往要持續兩個月之久，唯一的結果就是無法承受的痛苦折磨。

痛風病痛史也有總彙編作品。例如歷史學家胡柏就有此類作品。不過在他報導了一次出人意料的痊癒病例：「有位紳士由於痛風，不得不忍受巨痛。1642年的一天，他正在農田中走向他的馬群，他隨身攜帶一枝獵槍以為防身用。當他坐在田野的樹幹上時，不小心將獵槍碰落在地，不慎走火，打傷他的大腿，從此以後的十餘年間，他兩條腿上的痛風病突然消失得無影無蹤，未曾再發作。」

更為劇烈的創傷也許是巨大的驚嚇，終於驅散了小病痛。保利尼醫生在《暴打治病》中也描述了這一現象：「想盡辦法嘗試用意念來緩解他時常發作的……足部痛風，可還是沒有有效舒適的感覺，儘管他在疼痛最劇烈時用新鮮的荊條狠狠地抽打，直到鮮血淋漓，然後將雙腳伸入裝著新鮮溫熱或是加熱的牛糞木桶內，等好一會兒，他覺得疼痛也隨之蒸發了……當然並不是完全不見了，但畢竟不再頻繁發作，用這種模式來讓自己舒服一些。」

然而，這類模式並不是長久之計。手指（痛風）和腳趾（腳痛風）關節接縫處的尿素結石有時像石頭一般堅

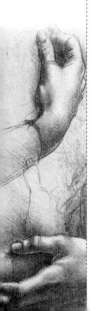

硬，如同瑞士醫師法布里休斯敘述的那樣：「在外部關節處會發現結石，特別是在痛風經常發作的關節處發現結石的機率更高。例如 1602 年，一位貴族讓醫師從他的腳部取出許多結石，有胡桃那麼大，我也在場。」

與痛風如影相隨的疼痛難以忍受，令人無法想像，而人們力所能及的只有在事後向身受痛苦折磨的病患表達自己的同情之心。「身體的那些部位受到了極大的損害，我們十分敏感脆弱，那裡有肌肉、血管（動、靜脈、神經）、骨膜、韌帶（肌腱、筋）等等，什麼時候我們才能不再聽到病患在一邊無助地獨自哀泣，抱怨疼痛，也不再見到他們四肢上數量眾多的突起關節。萬能上帝創造如此完美的人類……竟變成一個醜陋、石頭般的怪胎。」

終於，一位在東印度傳教的荷蘭教士畢卓夫（Hermann Buschoff）從東方帶來了生命之光，一種名為「莫克撒」（Moxa）的止痛藥品，形同長長的小管子，點燃後，在痛風關節處如同香煙般熏烤、燃燒。疼痛會迅速消失，駁斥了古羅馬詩人奧維德（Ovidius）多次被人引用的名句：「醫學還無法將痛風從世界上連根拔去。」

不久以後，德國醫生韋德爾（Georg Wolfgang Wedel）就發現，只要曬乾德國蒿屬植物的莖稈表皮，就擁有和印度的「莫克撒」同樣的療效。波蘭的外科醫生葛赫馬將這種「莫克撒」稱為「中國的莫克撒」，對牙疼也有奇效。

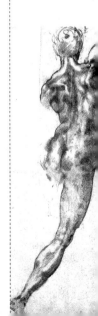

尾也腳趾，首也腳趾

　　陰性的腳趾應位於下部深處，緊挨著土地；儘管如此，它自身也有存在的尊嚴：我們用腳趾站立，用腳趾行走，我們踮起腳尖，期望看得更遠；當我們受辱時，覺得有人踐踏了我們的腳趾。

　　小腳趾對許多東西都心知肚明，當然是滿懷嘲諷意味。大腳趾（比照手指為『大拇指』）總是更敏感，和它的大腳趾跟一起承受身體的重量和腳痛風引起的疼痛。第二～四根腳趾和它們的手指兄弟一樣沒有特別的名字，只有腳趾藝術家和崇拜者才會賦予它們美名。

　　正如寓言所言，通常腳趾無法像手指那樣靈活運動。儘管如此，還有很多人能夠用腳和腳趾工作，就像我們運用自己的手指那般自如（大部分只用一個腳趾）。十六世紀後半葉的施維克（Thomas Schweiker，1540 ～ 1602年）可謂聞名遐邇，他失去了雙手，在城市中生活，用腳作畫，用腳趾夾著畫筆來描述生活。

　　最終，腳是人們最先接觸的部位。民俗學家認為，躺在叉型支架或是棺木中的死者，應抬著他的腳離開房子或教堂。新生的嬰兒才是抬著頭部。如今影集中經常出現這種場景，亦即解剖官從冷庫中拉出屍體，腳掌從屍體上蓋著的白色裹屍布中露出來，腳後跟如同粉筆一樣蒼白，這

是一切的終點。毫無生機的大腳趾上掛著一片小標籤，寥寥數筆表明了僵硬屍體的身分，甚至可能只是一個編號。這難道就是身體和生命，痛苦和歡樂的真正所在嗎？

國家圖書館出版品預行編目資料

100 個不爲人知的人體知識／魯道夫‧申達著；陳
敏、毛小紅、劉沁莉譯.── 初版.──臺中市　：好
讀, 2006[民 95]
面 ；　公分.──（發現文明；26）
譯自：Gui bei Leibe

ISBN 986-178-019-X
ISBN 978-986-178-019-1
1. 生理學（人體）－通俗作品
397　　　　　　　　　　95015017

好讀出版

發現文明 26

100 個不為人知的人體知識

作者／魯道夫‧申達
譯者／陳敏、毛小紅、劉沁莉
總編輯／鄧茵茵
文字編輯／郭純靜
美術編輯／徐明瑞
發行所／好讀出版有限公司
台中市 407 西屯區何厝里 19 鄰大有街 13 號
TEL:04-23157795　FAX:04-23144188
http://howdo.morningstar.com.tw
（如對本書編輯或內容有意見，請來電或上網告訴我們）
法律顧問／甘龍強律師
印製／知文企業（股）公司 TEL:04-23581803

總經銷／知己圖書股份有限公司
http://www.morningstar.com.tw
e-mail:service@morningstar.com.tw
郵政劃撥：15060393 知己圖書股份有限公司
台北公司：台北市 106 羅斯福路二段 95 號 4 樓之 3
TEL:02-23672044　FAX:02-23635741
台中公司：台中市 407 工業區 30 路 1 號
TEL:04-23595820　FAX:04-23597123
（如有破損或裝訂錯誤，請寄回知己圖書台中公司更換）

初版／西元 2006 年 10 月 1 日
定價：299 元

讀者回函

只要寄回本回函，就能不定時收到晨星出版集團最新電子報及相關優惠活動訊息
因此有電子信箱的讀者，千萬別吝於寫上你的信箱地址

書名：100 個不為人知的人體知識

姓名：＿＿＿＿＿＿＿＿　性別：□男□女　生日：＿＿年＿＿月＿＿日

教育程度：＿＿＿＿＿＿＿＿＿＿＿＿

職業：□學生 □教師 □一般職員 □企業主管
　　　□家庭主婦 □自由業 □醫護 □軍警 □其他＿＿＿＿＿＿＿＿＿＿

電子郵件信箱（e-mail）：＿＿＿＿＿＿＿＿＿＿電話：＿＿＿＿＿＿＿

聯絡地址：□□□＿＿＿＿＿＿＿＿＿＿＿＿＿＿＿＿＿＿＿＿＿＿

你怎麼發現這本書的？

□書店 □網路書店（哪一個？）＿＿＿＿＿＿＿□朋友推薦 □學校選書
□報章雜誌報導 □其他＿＿＿＿＿＿＿＿＿＿＿＿＿＿＿＿＿＿＿

買這本書的原因是：＿＿＿＿＿＿＿＿＿＿＿＿＿＿＿＿＿＿＿＿

□內容題材深得我心 □價格便宜 □封面與內頁設計很優 □其他＿＿＿＿

你對這本書還有其他意見嗎？請通通告訴我們：

＿＿＿＿＿＿＿＿＿＿＿＿＿＿＿＿＿＿＿＿＿＿＿＿＿＿＿＿＿＿

＿＿＿＿＿＿＿＿＿＿＿＿＿＿＿＿＿＿＿＿＿＿＿＿＿＿＿＿＿＿

你買過幾本好讀的書？（不包括現在這一本）

□沒買過 □ 1 ～ 5 本 □ 6 ～ 10 本 □ 11 ～ 20 本 □太多了，請叫我好讀
忠實讀者

你希望能如何得到更多好讀的出版訊息？

□常寄電子報 □網站常常更新 □常在報章雜誌上看到好讀新書消息
□我有更棒的想法＿＿＿＿＿＿＿＿＿＿＿＿＿＿＿＿＿＿＿＿＿＿

你希望好讀未來能出版什麼樣的書？請盡可能詳述：

＿＿＿＿＿＿＿＿＿＿＿＿＿＿＿＿＿＿＿＿＿＿＿＿＿＿＿＿＿＿

＿＿＿＿＿＿＿＿＿＿＿＿＿＿＿＿＿＿＿＿＿＿＿＿＿＿＿＿＿＿

我們確實接收到你對好讀的心意了，再次感謝你抽空填寫這份回函
請有空時上網或來信與我們交換意見，好讀出版有限公司編輯部同仁感謝你！
好讀的部落格：http://howdo.morningstar.com.tw/

廣告回函
臺灣中區郵政管理局
登記證第 3877 號
免貼郵票

好讀出版有限公司　編輯部收

407 台中市西屯區何厝里大有街 13 號

電話： 04-23157795-6　傳眞： 04-23144188

沿虛線對折

購買好讀出版書籍的方法：

一、先請你上晨星網路書店 http://www.morningstar.com.tw 檢索書目
　　或直接在網上購買

二、以郵政劃撥購書：帳號 15060393　戶名：知己圖書股份有限公司
　　並在通信欄中註明你想買的書名與數量。

三、大量訂購者可直接以客服專線洽詢，有專人爲您服務：
　　客服專線： 04-23595819 轉 232 傳眞： 04-23597123

四、客服信箱： service@morningstar.com.tw